多级火箭结构参数的优化理论

竺苗龙　竺雪君　竺致文　著

中国宇航出版社
·北京·

内 容 简 介

本书为关于航天力学中优化理论研究的学术专著，主要论述了多级火箭结构参数的优化问题，还包含了作者关于多级火箭的速度极限、相对论力学中多级火箭的特征速度表达式等方面的理论研究成果。

全书共7章，分别为：设计中的多级火箭的最佳质量比；多级火箭的结构参数优化问题及一些有关理论问题；多级火箭的结构参数优化问题及一些有关理论问题(续)；从相对论力学看前面的有关问题；关于前面几章；带有助推火箭的多级火箭一些有关问题的探讨；一些有关问题的说明及示例等。书中所论述的内容全部来自作者及其合作者多年的科研成果。

本书可供从事运载火箭总体与结构研究和设计的理论工作者及工程技术人员阅读，也可作为高等院校和研究机构相关专业的研究生教学参考书。

图书在版编目(CIP)数据

多级火箭结构参数的优化理论/竺苗龙，竺雪君，竺致文著. --北京：中国宇航出版社，2011.7
ISBN 978-7-5159-0001-8

Ⅰ. ①多… Ⅱ. ①竺… ②竺… ③竺… Ⅲ. ①多级火箭—结构参数—最佳化 Ⅳ. ①V475. 1

中国版本图书馆 CIP 数据核字（2011）第 134780 号

责任编辑 张艳艳
责任校对 王　妍　　**封面设计** 谭　颖

出版发行 中国宇航出版社

社　址 北京市阜成路 8 号　　**邮　编** 100830
(010)68768548
网　址 www.caphbook.com
经　销 新华书店
发行部 (010)68371900　　(010)88530478(传真)
(010)68768541　　(010)68767294(传真)
零售店 读者服务部　　北京宇航文苑
(010)68371105　　(010)62529336
承　印 北京画中画印刷有限公司

版　次 2011 年 7 月第 1 版
2011 年 7 月第 1 次印刷
规　格 787×1092
开　本 1/16
印　张 14.25
字　数 360 千字
书　号 ISBN 978-7-5159-0001-8
定　价 80.00 元

前　言

我在航天方面的应用基础研究工作，从1966年年底开始至“文革”后期，基本上是独自研究。

“文革”后期至1980年左右，我主要是与吕茂烈先生和广宇同志合作。

然后，我们三人由于工作调动而分散，基本上我们又各干各的了。

另外，跟我的部分学生杨峻松、刘清正、潘国林、汪师晓、刘华富、郭雷、严星刚等同志短时合作过；跟我的侄儿竺承志合作比较多。

1990年后，我的女儿、儿子也都走上科研的道路。他们一个以数学为专业，一个以力学为专业，也喜欢这方面的工作，在他们各自工作之余与我一起完成这方面的文章。这样，我们就以《青岛大学学报》为基地，进行了一系列的合作；至今已在《青岛大学学报》（自然科学版、工程技术版）发表了一系列论文（可参见本书后的参考文献），以后还将继续发表。

最近几年，我们三人共同完成了《多级火箭结构参数的优化理论》和《绕地飞行航天器最佳发射轨道理论及其他问题的研究》这两本书。老实说，由于年龄等关系，我无法单独完成上述艰难任务；他们跟我来往方便，书中很多内容又是过去共同研究的，所以我们花了两年多的时间，合作完成了这两本书的写作。

现在这两本书（《多级火箭结构参数的优化理论》和《绕地飞行航天器最佳发射轨道理论及其他问题的研究》）和我过去出版的那两本书（《关于多级火箭结构参数的优化理论及其他问题的研究》和《关于航天器最佳发射轨道理论及其他问题的研究》），不仅书名有所不同，其内容也如此，过去那两本书的很多内容，在这两本新书中已经用更好的内容（我们近期合作发表的一系列论文）代替了。许多章节的次序和包含的内容也有较大改变，当然也附带改正了原书中的一些文字错误。目的是为了更加精确、更加科学、更加完整和更加系统。

早在20世纪50年代，我国就决定要搞两弹一星。后来，在广大科技工作者的不懈努力下，取得了一个又一个的惊人成就。当然我们也看到及听到了一些理论问题，例如关于多级火箭的最佳质量比及对两级火箭，推进剂加满是不是最好？载荷改变时，多级火箭的推进剂如何重新分配才为最佳等。

我们就是为了解决这些理论问题开始从事航天方面的应用基础研究直至现在。我们是站在学科的角度搞的，所以我们的模型通过抓主要矛盾就比实际的情况简单得多。理由是有些因素在本书讨论的问题中可暂不考虑，而从地面起飞到第一主动段结束关机点 r_0 处时，其气动阻力和地球引力等引起的速度损耗可近似地看作为一个仅跟 r_0 有关的常量（有时甚至更好，详见两个仿真实例)，而这个常量不影响本书所考虑的优化问题；当然计算总值时要考虑这个常量。这些钱学森先生早在1962年就指出了。后来我们在国防科技大学进行了两年的仿真试验。通过这两个仿真试验（这两个仿真试验的报告，已分别作为实例收集在上述两书中)，可知我们在上述假设下所取得的部分成果经过实际部门工作人员艰苦的创造性劳动是可真正应用的，而且效果很明显；还有一部分则可为实际问题的解决提供理论基础，那里对在实际应用中应考虑的复杂情况统统给予综合考虑。另外从理论上讲，它们是一系列原始创新的成果。特别是“多级火箭结构参数的优化理论”和“绕地飞行航天器最佳发射轨道理论”完全是两个原始创新的理论，它们不但站在学科角度从理论上解决了这两本书中已提到的一系列问题，而且必将在今后解决与之相关的一些新的问题。

书中所有成果，包括“多级火箭结构参数的优化理论”和“绕地飞行航天器最佳发射轨道理论”本身，除个别明确指出的以外，都是我们独立完成的科研成果。如果有国内外的同行在我们的论文正式发表之前正式发表过书中所述的有关结果，我们热烈欢迎广大读者指出来，以便今后再版时说明。

最后我们要衷心感谢各级组织和领导的关怀和鼓励、同行中师长的关心和指导、同志们的大力帮助。没有这些，我们三人不可能在今天完成这两本书的写作。另外，我还要感谢我的爱人在本书写作过程中对我们三人的理解、支持和付出的辛劳。

展望未来，我深深祝愿我们伟大的祖国更加繁荣富强。

竺苗龙
2010年年底于青岛

目　录

第1章　设计中的多级火箭的最佳质量比

1.1　多级火箭的各主要部分的维特里吉特等标志及威廉斯等人的最佳质量比计算

关于多级火箭的各主要部件的质量以及这些质量相互间的比值，国外有各种标志，如参考文献[4]、[2]、[3]。

本节将介绍维特里吉特(Vertregt M)的标志及用此标志进行一些有关的计算。

图1-1为计算用的多级火箭示意图，注有其主要组成部分的符号。

根据此示意图，多级火箭可以分为级和子火箭。

火箭的级是由火箭工作期间所消耗的推进剂以及盛载这些推进剂的容器、发动机、附件和各舱的壳体和承力结构等组成。

子火箭则是多级火箭的有效载荷和一些级这样的组合，当其中的一级工作时，则其他各级与多级火箭的有效载荷一起作为该级子火箭的“有效载荷”。

维特里吉特建议将子火箭的序号由顶至底顺次排列，如图1-1所示。

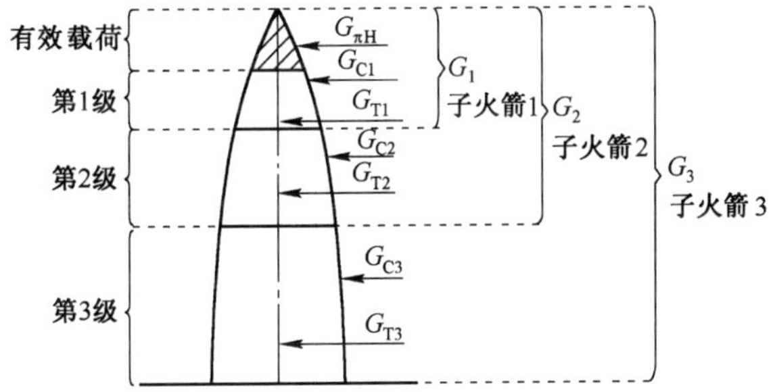

图1-1　多级火箭示意图(1)

这时对子火箭1来说，工作级为第1级，它的“有效载荷”就是多级火箭的有效载荷；子火箭2的工作级为第2级，其有效载荷就是子火箭1，即第1级与多级火箭有效载荷之和；子火箭3的工作级为第3级，其有效载荷就是子火箭2，其余依此类推，有效载荷不包含在级的概念中。

火箭的其他各部分具体标志如下：

1）$G_{\pi H}$表示多级火箭的有效载荷的质量。根据这一质量设计和制造整个火箭，它是最重要的质量。有效载荷由安置在火箭中的人员或设备、承载它们的受力结构和飞行中保护它们的壳体等所组成。

而对有些火箭来说，“有效载荷”就是它所运载的另一子火箭的质量，即子火箭 1 好像是子火箭 2 的“有效载荷”，子火箭 2 是子火箭 3 的“有效载荷”，依次类推。

2）G_T 表示每级所消耗的推进剂的质量。其中包括辅助物的质量，例如涡轮泵组工作用的过氧化氢和在飞行中该级工作时所消耗的其他化学品。

3）G_C 表示每级的净重。它由推进剂容器、发动机、涡轮泵组、活门和导管、承力结构、壳体、操纵机构等的总质量构成；也就是该级具有的、并将与级一起脱离开在飞行中火箭其余部分的全部质量。

4）G_n 表示由 n 级组成的火箭的初始总质量。

根据上述火箭组成部分的标志，G_{T2}表示第 2 级所消耗的全部推进剂的质量；G_{C3}表示第 3 级的净重；G_3 表示子火箭 3 的初始总质量等。

根据这些定义，显然可得

$$G_1=G_{\pi H}+G_{C1}+G_{T1} \tag{1.1-1}$$

$$G_n=G_{n-1}+G_{Cn}+G_{Tn} \tag{1.1-2}$$

除了以上 4 个最重要的多级火箭的主要部分质量定义外，下面再定义 3 个质量比值。

5）子火箭的“相对”质量即子火箭的初始总质量和它的“有效载荷”之比，于是

$$p_1=\frac{G_1}{G_{\pi H}} \tag{1.1-3}$$

$$p_n=\frac{G_n}{G_{n-1}} \tag{1.1-4}$$

多级火箭的总“相对”质量 P，即 n 级火箭初始总质量和第 1 级有效载荷之比

$$P=\frac{G_n}{G_{\pi H}} \tag{1.1-5}$$

由于

$$\frac{G_1}{G_{\pi H}}\cdot\frac{G_2}{G_1}\cdot\frac{G_3}{G_2}\cdots\frac{G_n}{G_{n-1}}=\frac{G_n}{G_{\pi H}}=P$$

故有

$$P=p_1p_2\cdots p_n=\prod_{i=1}^{n}p_i \tag{1.1-6}$$

量 P 是多级火箭最重要的比值之一。

6）S 表示级的结构特性，即表示包括推进剂在内的该级的初始总质量与净重之比的一

个量。

$$S_1=\frac{G_{C1}+G_{T1}}{G_{C1}} \quad (1.1\text{-}7)$$

$$S_n=\frac{G_{Cn}+G_{Tn}}{G_{Cn}} \quad (1.1\text{-}8)$$

7) r_i 表示质量比。这是子火箭初始质量与推进剂消耗完后的同一子火箭的质量之比。

这样

$$r_1=\frac{G_1}{G_1-G_{T1}} \quad (1.1\text{-}9)$$

$$r_n=\frac{G_n}{G_n-G_{Tn}} \quad (1.1\text{-}10)$$

质量比 r_i 确定了在没有引力场和介质阻力下相应于如下方程式的理想速度

$$\Delta V_i=W_i\ln r_i \quad (1.1\text{-}11)$$

其中，W_i 为火箭第 i 级的有效喷气速度。

显见，n 级火箭其载荷可获得的速度为

$$\sum_{i=1}^{n}\Delta V_i=\sum_{i=1}^{n}W_i\ln r_i \quad (1.1\text{-}12)$$

如果各级的有效喷气速度相同，即 $W_i=W$，则有

$$\sum_{i=1}^{n}\Delta V_i=W\ln(r_1r_2\cdots r_n) \quad (1.1\text{-}13)$$

用符号 R 来作为多级火箭的折合质量比，即

$$R=r_1r_2\cdots r_n \quad (1.1\text{-}14)$$

此时有

$$\sum_{i=1}^{n}\Delta V_i=W\ln R \quad (1.1\text{-}15)$$

由此可得

$$R=e^{\frac{\sum\Delta V_i}{W}} \quad (1.1\text{-}16)$$

请注意式(1.1-16)的 R 在 $W_i=W$ 时才为正确。

这样定义的 S_i 和 r_i 显然都是恒大于 1 的。

其次，从式(1.1-9)可得

$$\frac{r_1-1}{r_1}=\frac{G_{T1}}{G_1}$$

从式(1.1-7)可得

$$\frac{S_1-1}{S_1}=\frac{G_{T1}}{G_{C1}+G_{T1}}$$

从式(1.1-3)可得

$$\frac{p_1-1}{p_1}=\frac{G_1-G_{\pi H}}{G_1}$$

把

$$G_1-G_{\pi H}=G_{C1}+G_{T1}$$

代入上式则得

$$\frac{p_1-1}{p_1}=\frac{G_{C1}+G_{T1}}{G_1}$$

故知

$$\frac{p_1-1}{p_1}\ \frac{S_1-1}{S_1}=\frac{G_{C1}+G_{T1}}{G_1}\ \frac{G_{T1}}{G_{C1}+C_{T1}}=\frac{G_{T1}}{G_1}=\frac{r_1-1}{r_1}$$

即有

$$\frac{S_1-1}{S_1}\ \frac{p_1-1}{p_1}=\frac{r_1-1}{r_1}$$

就一般情况而论，由于

$$\frac{r_n-1}{r_n}=\frac{G_{Tn}}{G_n}$$

$$\frac{S_n-1}{S_n}=\frac{G_{Tn}}{G_{Cn}+G_{Tn}}$$

$$\frac{p_n-1}{p_n}=\frac{G_n-G_{n-1}}{G_n}=\frac{G_{Cn}+G_{Tn}}{G_n}$$

所以

$$\frac{S_n-1}{S_n}\ \frac{p_n-1}{p_n}=\frac{G_{Tn}}{G_{Cn}+G_{Tn}}\ \frac{G_{Cn}+G_{Tn}}{G_n}=\frac{G_{Tn}}{G_n}=\frac{r_n-1}{r_n}$$

故知，对任意的 n 都有

$$\frac{r_n-1}{r_n}=\frac{S_n-1}{S_n}\ \frac{p_n-1}{p_n} \tag{1.1-17}$$

由此可得

$$S_n=r_n\ \frac{p_n-1}{p_n-r_n} \tag{1.1-18}$$

$$p_n=r_n\ \frac{S_n-1}{S_n-r_n} \tag{1.1-19}$$

$$r_n=\frac{p_nS_n}{p_n+S_n-1} \tag{1.1-20}$$

对于 n 级火箭而言，由于

$$p_1=r_1\ \frac{S_1-1}{S_1-r_1},\ p_2=r_2\ \frac{S_2-1}{S_2-r_2},\ \cdots,\ p_n=r_n\ \frac{S_n-1}{S_n-r_n}$$

所以有

$$P=p_1 p_2\cdots p_n=r_1 r_2\cdots r_n \frac{S_1-1}{S_1-r_1}\frac{S_2-1}{S_2-r_2}\cdots\frac{S_n-1}{S_n-r_n}$$

故知

$$P=R\frac{S_1-1}{S_1-r_1}\frac{S_2-1}{S_2-r_2}\cdots\frac{S_n-1}{S_n-r_n} \tag{1.1-21}$$

把 $G_n=G_{\pi H}P$ 代入式(1.1-21)，得

$$G_n=G_{\pi H}R\frac{S_1-1}{S_1-r_1}\frac{S_2-1}{S_2-r_2}\cdots\frac{S_n-1}{S_n-r_n} \tag{1.1-22}$$

从式(1.1-10)，得

$$G_{Tn}=G_n\frac{r_n-1}{r_n}$$

把式(1.1-22)中的 G_n 代入上式，得

$$G_{Tn}=G_{\pi H}R\frac{r_n-1}{r_n}\frac{S_1-1}{S_1-r_1}\frac{S_2-1}{S_2-r_2}\cdots\frac{S_n-1}{S_n-r_n} \tag{1.1-23}$$

由式(1.1-8)和式(1.1-23)可得

$$G_{Cn}=G_{\pi H}R\frac{r_n-1}{r_n}\frac{S_1-1}{S_1-r_1}\frac{S_2-1}{S_2-r_2}\cdots\frac{S_n-1}{S_n-r_n}\frac{1}{S_n-1} \tag{1.1-24}$$

如果火箭各级的结构特性 S_i 和质量比 r_i 均相同，即 $S_i=S, r_i=r$，则可写出下列各式

$$P=p^n(\text{其中 } p=p_1=p_2=\cdots=p_n) \tag{1.1-25}$$

$$R=r^n \tag{1.1-26}$$

$$P=R\left(\frac{S-1}{S-R^{\frac{1}{n}}}\right)^n \tag{1.1-27}$$

$$R=P\left(\frac{S}{P^{\frac{1}{n}}+S-1}\right)^n \tag{1.1-28}$$

借助上述等式不难得出其他比值。

例如以 $\sum G_C$ 表示火箭所有 n 级的总净重，以 $\sum G_T$ 表示所有各级所携带的推进剂质量的总和，可得

$$\sum G_C+\sum G_T=G_n-G_{\pi H}=(P-1)G_{\pi H}$$

因此

$$\frac{\sum G_C+\sum G_T}{G_n}=\frac{G_{\pi H}(P-1)}{G_{\pi H}P}=\frac{P-1}{P}$$

由于所有各级结构特性值相同，故自式(1.1-8)可得

$$S_i=S=\frac{G_{Ci}+G_{Ti}}{G_{Ci}}=\frac{\sum G_C+\sum G_T}{\sum G_C}$$

由此可见

$$\frac{\sum G_C}{G_n}=\frac{\sum G_C}{\sum G_C+\sum G_T}\frac{\sum G_C+\sum G_T}{G_n}=\frac{1}{S}\frac{P-1}{P} \tag{1.1-29}$$

从而可得

$$\frac{\sum G_T}{G_n}=\frac{S-1}{S}\frac{P-1}{P} \tag{1.1-30}$$

注意对式(1.1-25)～式(1.1-30)而言，均有 $S_i=S$，$r_i=r$。

利用上面的标志及有关的计算公式，维特里吉特在假定结构特性 S_i 与质量比 r_i 无关的情况下，寻求因子 r_1，r_2，…，r_n 这样的一种分配方法，它在满足条件

$$F=\sum \Delta V_i-(W_1\ln r_1+W_2\ln r_2+\cdots+W_n\ln r_n)=0 \tag{1.1-31}$$

下使

$$P=R\frac{S_1-1}{S_1-r_1}\frac{S_2-1}{S_2-r_2}\cdots\frac{S_n-1}{S_n-r_n}=f$$

为最小。其中

$$R=r_1r_2\cdots r_n$$

为了解决这个问题，显然可用拉格朗日乘子法，记

$$\Phi(r_1,r_2,\cdots,r_n)=f(r_1,r_2,\cdots,r_n)+\lambda F(r_1,r_2,\cdots,r_n)$$

从

$$\frac{\partial\Phi}{\partial r_1}=0$$

可得

$$r_1r_2\cdots r_n\frac{S_1-1}{S_1-r_1}\frac{S_2-1}{S_2-r_2}\cdots\frac{S_n-1}{S_n-r_n}\frac{S_1}{S_1-r_1}-\lambda W_1=0$$

因为

$$r_1r_2\cdots r_n\frac{S_1-1}{S_1-r_1}\cdots\frac{S_n-1}{S_n-r_n}=P$$

故有

$$P\frac{S_1}{S_1-r_1}-\lambda W_1=0 \tag{1.1-32}$$

同理，从

$$\frac{\partial\Phi}{\partial r_2}=0\text{，可得 }P\frac{S_2}{S_2-r_2}-\lambda W_2=0 \tag{1.1-33}$$

$$\vdots$$

$$\frac{\partial\Phi}{\partial r_n}=0\text{，可得 }P\frac{S_n}{S_n-r_n}-\lambda W_n=0 \tag{1.1-34}$$

从式(1.1-32)～式(1.1-34)，可得

$$\begin{cases} r_2 = S_2 - \dfrac{S_2 W_1}{S_1 W_2}(S_1 - r_1) \\ \quad \vdots \\ r_n = S_n - \dfrac{S_n W_1}{S_1 W_n}(S_1 - r_1) \end{cases} \tag{1.1-35}$$

将式(1.1-35)代入式(1.1-31)，可求出 r_1 来，然后代入式(1.1-35)就解决了问题。

如果所有级的 $W_i = W$，问题就可大大简化。

此时

$$\begin{cases} r_2 = \dfrac{S_2}{S_1} r_1 \\ \quad \vdots \\ r_n = \dfrac{S_n}{S_1} r_1 \end{cases}$$

$$\begin{aligned} \sum \Delta V_i &= W\left[\ln r_1 + \ln\left(\frac{S_2}{S_1} r_1\right) + \cdots + \ln\left(\frac{S_n}{S_1} r_1\right)\right] \\ &= W\left(n \ln \frac{r_1}{S_1} + \ln S_1 + \ln S_2 + \cdots + \ln S_n\right) \\ &= W\left[n \ln \frac{r_1}{S_1} + \ln(S_1 S_2 \cdots S_n)\right] \end{aligned}$$

引入下列符号

$$S_1 S_2 \cdots S_n = \overline{S}$$

故有

$$\sum \Delta V_i = W\left(n \ln \frac{r_1}{S_1} + \ln \overline{S}\right)$$

因为

$$\sum \Delta V_i = W \ln R$$

所以

$$n \ln \frac{r_1}{S_1} + \ln \overline{S} = \ln R$$

故知

$$r_1 = S_1 \left(\frac{R}{\overline{S}}\right)^{\frac{1}{n}} \tag{1.1-36}$$

$$\vdots$$

$$r_n = S_n \left(\frac{R}{\overline{S}}\right)^{\frac{1}{n}} \tag{1.1-37}$$

这样问题的解就简洁地表示出来了。

但是，r_i 与 S_i 无关的假设，维特里吉特本人也认为是不合理的。威廉斯(M. L. Williams)在下述的

$$G_{Ci}=[\nu_{Ci}^{(1)}+\nu_{Ci}^{(2)}]G_{Ti}+\nu_{Ci}^{(3)}G_i \tag{1.1-38}$$

假设条件下[其中 $\nu_{Ci}^{(j)}(j=1, 2, 3)$为 3 个正常数，并且显见 $\nu_{Ci}^{(3)}<1$]，对上述问题重新进行了探讨。

由于
$$p_i=\left(1-\frac{G_{Ci}}{G_i}-\frac{G_{Ti}}{G_i}\right)^{-1} \tag{1.1-39}$$

把式(1.1-38)代入式(1.1-39)可得

$$p_i=\left[(1-\nu_{Ci}^{(3)})-(1+\nu_{Ci}^{(1)}+\nu_{Ci}^{(2)})\frac{G_{Ti}}{G_i}\right]^{-1}$$

引入下列符号

$$A_i=1-\nu_{Ci}^{(3)} \tag{1.1-40}$$

$$B_i=1+\nu_{Ci}^{(1)}+\nu_{Ci}^{(2)} \tag{1.1-41}$$

$$\mu_i=\frac{G_{Ti}}{G_i} \tag{1.1-42}$$

可知

$$p_i=(A_i-B_i\mu_i)^{-1} \tag{1.1-43}$$

同时，由于

$$r_i=(1-\mu_i)^{-1} \tag{1.1-44}$$

所以，求前述的极小值问题这时已变为求下列 Φ 极小值的问题

$$\Phi(\mu_1,\cdots,\mu_n)=P(\mu_1,\cdots,\mu_n)+\lambda\left[V+\sum_{i=1}^{n}W_i\ln(1-\mu_i)\right] \tag{1.1-45}$$

且满足下述的约束条件

$$V+\sum_{i=1}^{n}W_i\ln(1-\mu_i)=0 \tag{1.1-46}$$

其中

$$V=\sum_{i=1}^{n}\Delta V_i$$

容易得到，这时解的形式为

$$r_i=\frac{1}{1-\mu_i}=\left(\frac{A_i}{B_i}-1\right)^{-1}\left\{\frac{W_1}{W_i}\left[r_1\left(\frac{A_1}{B_1}-1\right)+1\right]-1\right\}\quad (i=2, 3, \cdots, n) \tag{1.1-47}$$

而 μ_1 或 r_1 之值则可用联立解等式(1.1-46)和等式(1.1-47)而确定。

如果各级的有效喷气速度相同，即 $W_i=W$，则从式(1.1-47)可得

$$\frac{1}{1-\mu_i}=r_i=\frac{1-\dfrac{A_1}{B_1}}{1-\dfrac{A_i}{B_i}}r_1 \quad (i=2,3,\cdots,n) \tag{1.1-48}$$

又

$$V=\sum\Delta V_i=W\ln(r_1r_2\cdots r_n)=W\ln\left\{\left[r_1\left(1-\frac{A_1}{B_1}\right)\right]^n\prod_{i=1}^{n}\left(1-\frac{A_i}{B_i}\right)^{-1}\right\} \tag{1.1-49}$$

引入符号

$$\bar{\theta}=\prod_{i=1}^{n}\left(1-\frac{A_i}{B_i}\right)^{-1} \tag{1.1-50}$$

后可得

$$r_1=\left(\frac{e^{\frac{V}{W}}}{\bar{\theta}}\right)^{\frac{1}{n}}\left(1-\frac{A_1}{B_1}\right)^{-1} \tag{1.1-51}$$

另外，又由于

$$V=W\ln R$$

所以

$$R=\bar{\theta}r_1^n\left(1-\frac{A_1}{B_1}\right)^n$$

故有

$$\begin{cases} r_1=\left(1-\dfrac{A_1}{B_1}\right)^{-1}\left(\dfrac{R}{\bar{\theta}}\right)^{\frac{1}{n}} \\ \quad\vdots \\ r_n=\left(1-\dfrac{A_n}{B_n}\right)^{-1}\left(\dfrac{R}{\bar{\theta}}\right)^{\frac{1}{n}} \end{cases}$$

不难看出，当

$$A_n=1$$

$$B_n=\frac{S_n}{S_n-1}$$

时，我们就得出维特里吉特所研究的结果

$$\begin{cases} r_1=S_1\left(\dfrac{R}{\bar{S}}\right)^{\frac{1}{n}} \\ \quad\vdots \\ r_n=S_n\left(\dfrac{R}{\bar{S}}\right)^{\frac{1}{n}} \end{cases}$$

其中

$$\bar{S}=\prod_{i=1}^{n}S_i$$

威廉斯本人指出，他在上述的研究中所得的结果，只能作为初步计算用。事实上，这些系数 $\nu_{Ci}^{(j)}$ 是粗略的，他的假设

$$G_{Ci}=[\nu_{Ci}^{(1)}+\nu_{Ci}^{(2)}]G_{Ti}+\nu_{Ci}^{(3)}G_i$$

也是粗略的，所以本节的结果是粗略的，但设计的初步计算必须要有。速度值 V 的进一步提高可参见下章。而关于本节的进一步讨论则见下面两节。

1.2 关于多级火箭的最佳质量比(Ⅰ)

关于多级火箭的最佳质量比，威廉斯指出：

$$F=\frac{1}{A_1-B_1\mu_1}\ \frac{1}{A_2-B_2\mu_2}\cdots\frac{1}{A_n-B_n\mu_n}+\lambda[V+W_1\ln(1-\mu_1)+\cdots+W_n\ln(1-\mu_n)]$$

$$\begin{cases}\dfrac{\partial F}{\partial\mu_1}=\dfrac{B_1P}{A_1-B_1\mu_1}-\dfrac{\lambda W_1}{1-\mu_1}=0\\ \dfrac{\partial F}{\partial\mu_2}=\dfrac{B_2P}{A_2-B_2\mu_2}-\dfrac{\lambda W_2}{1-\mu_2}=0\\ \qquad\vdots\\ \dfrac{\partial F}{\partial\mu_n}=\dfrac{B_nP}{A_n-B_n\mu_n}-\dfrac{\lambda W_n}{1-\mu_n}=0\end{cases}$$

其中

$$P=\prod_{i=1}^{n}\frac{1}{A_i-B_i\mu_i}$$

由第 1 式和第 i 式联立($i=2,3,\cdots,n$)可得

$$\frac{B_1(A_i-B_i\mu_i)}{B_i(A_1-B_1\mu_1)}=\frac{W_1(1-\mu_i)}{W_i(1-\mu_1)}$$

记

$$M=\frac{W_iB_1}{W_1B_i}\ \frac{1-\mu_1}{A_1-B_1\mu_1}$$

则可得

$$\mu_i=\frac{MA_i-1}{MB_i-1}$$

所以

$$\begin{cases}\bar{r}_i=\dfrac{1}{1-\mu_i}=\dfrac{B_iW_iB_1-W_1B_i[(A_1-B_1)\bar{r}_1+B_1]}{W_iB_1(B_i-A_i)}\quad(i=2,3,\cdots,n)\\ \bar{r}_1\ 由\ V=\sum\limits_{i=1}^{n}W_i\ln\bar{r}_i\ 确定\end{cases}\tag{1.2-1}$$

特殊情况 $W_i=W$ 时($i=1,2,\cdots,n$)驻点的表达式为

$$\bar{r}_i=\frac{B_i}{B_i-A_i}\sqrt[n]{e^{\frac{V}{W}}\left(1-\frac{A_1}{B_1}\right)\cdots\left(1-\frac{A_n}{B_n}\right)}\quad (i=1,\ 2,\ \cdots,\ n) \tag{1.2-1'}$$

式(1.2-1)中选择了$\bar{r}_1$ 作为参数来表示其他的$\bar{r}_i(i\neq 1)$，当然也可选择$\bar{r}_j$(j 是 1，2，…，n 中一个不等于 1 的数)作为参数来表示其他的$\bar{r}_i$($i\neq j$，即 $i=1,\ 2,\ \cdots,\ j-1, j+1, \cdots, n$)，而 $\bar{r}_j$ 本身当然也可由 $V=\sum_{i=1}^{n}W_i\ln\bar{r}_i$ 来确定。

1.2.1　驻点可能落在理论允许区域内(外)情况的讨论

从定义

$$r_i=\frac{G_i}{G_i-G_{Ti}}$$

可知：$r_i\geqslant 1(i=1,\ 2,\ \cdots,\ n)$。

从定义

$$P=\prod_{i=1}^{n}p_i=\frac{1}{A_1-B_1+\dfrac{B_1}{r_1}}\ \frac{1}{A_2-B_2+\dfrac{B_2}{r_2}}\cdots\frac{1}{A_n-B_n+\dfrac{B_n}{r_n}}\quad (1<p_i<\infty)$$

及 p_i 的定义可知，下列式子成立

$$1>A_i-B_i+\frac{B_i}{r_i}>0\quad (i=1,\ 2,\ \cdots,\ n)$$

从而解得

$$\frac{B_i}{1+(B_i-A_i)}<r_i<\frac{B_i}{B_i-A_i}\quad (i=1,\ 2,\ \cdots,\ n)$$

其中

$$\begin{cases}A_i=1-\nu_{Ci}^{(3)}\\ B_i=1+\nu_{Ci}^{(1)}+\nu_{Ci}^{(2)}\\ B_i-A_i=\sum_{j=1}^{3}\nu_{Ci}^{(j)}\\ 1>\nu_{Ci}^{(3)}>0\end{cases}\quad (j=1,\ 2,\ 3;\ i=1,\ 2,\ \cdots,\ n)$$

但$\dfrac{B_i}{1+(B_i-A_i)}<1$，所以 r_i 的允许区域为

$$1\leqslant r_i<\frac{B_i}{B_i-A_i}\quad (i=1,\ 2,\ \cdots,\ n)$$

可见，V 的有意义的变化范围为

$$0\leqslant V<\sum_{i=1}^{n}W_i\ln\frac{B_i}{B_i-A_i}$$

如果单看最小起飞质量（当然是对给定的 V 而言），那么驻点有可能落在允许区域之外，也有可能落在允许区域之内。

为了说明这点，只要就 $W_1=W_2$ 时的两级火箭情况来讨论即可。不妨设

$$\frac{B_1}{B_1-A_1}>\frac{B_2}{B_2-A_2}(>1)$$

（对于情况

$$\frac{B_1}{B_1-A_1}\leqslant\frac{B_2}{B_2-A_2}$$

也可类似地讨论。）

此时驻点的表达式为

$$\begin{cases}\bar{r}_1=\dfrac{B_1}{B_1-A_1}\sqrt{e^{\frac{V}{W}}\left(\dfrac{B_1-A_1}{B_1}\right)\left(\dfrac{B_2-A_2}{B_2}\right)}\\ \bar{r}_2=\dfrac{B_2}{B_2-A_2}\sqrt{e^{\frac{V}{W}}\left(\dfrac{B_1-A_1}{B_1}\right)\left(\dfrac{B_2-A_2}{B_2}\right)}\end{cases}$$

对于下述允许区域内给定的 V 而言

$$0\leqslant V<\sum_{i=1}^{2}W\ln\frac{B_i}{B_i-A_i}$$

显见

$$\bar{r}_i=\frac{B_i}{B_i-A_i}\sqrt{e^{\frac{V}{W}}\left(\frac{B_1-A_1}{B_1}\right)\left(\frac{B_2-A_2}{B_2}\right)}<\frac{B_i}{B_i-A_i}\quad(i=1,\ 2)$$

但是

$$\bar{r}_1=\sqrt{e^{\frac{V}{W}}\left(\frac{B_1}{B_1-A_1}\right)\left(\frac{B_2-A_2}{B_2}\right)}>1$$

$$\bar{r}_2=\sqrt{e^{\frac{V}{W}}\left(\frac{B_1-A_1}{B_1}\right)\left(\frac{B_2}{B_2-A_2}\right)}$$

由于

$$\frac{B_1-A_1}{B_1}\frac{B_2}{B_2-A_2}<1$$

所以当 $V\to0$ 时，取足够小的 V 就可使 $\bar{r}_2<1$。

当然，也能选择适当的 V，$\dfrac{B_1-A_1}{B_1}$，$\dfrac{B_2}{B_2-A_2}$，使 $\bar{r}_2\geqslant1$。

所以驻点落在允许区域内及驻点落在允许区域外都是可能的，当然这仅仅是从对于给定的 V 值使火箭的起飞质量为最小这个角度上讲的。

1.2.2　两级火箭最佳质量比的讨论

(1) 在下述范围内的确有驻点存在。

$$0<r_i<\frac{B_i}{B_i-A_i}\quad (i=1,\ 2)$$

对于$-\infty<V<\sum_{i=1}^{2}W_i\ln\frac{B_i}{B_i-A_i}$内任一给定的$V$而言，若以$\bar{r}_1$为参数，那么从式(1.2-1)得驻点为

$$\begin{cases}\bar{r}_2=\dfrac{B_1B_2(W_2-W_1)+W_1B_2(B_1-A_1)\bar{r}_1}{W_2B_1(B_2-A_2)}\\ \quad=\dfrac{B_2W_2B_1+W_1B_2[(B_1-A_1)\bar{r}_1-B_1]}{W_2B_1(B_2-A_2)}\\ \bar{r}_1\ \text{由}\ V=\sum\limits_{i=1}^{2}W_i\ln\bar{r}_i\ \text{确定}\end{cases}\tag{1.2-2}$$

若以$\bar{r}_2$为参数，则驻点可表示为

$$\begin{cases}\bar{r}_1=\dfrac{B_1B_2(W_1-W_2)+W_2B_1(B_2-A_2)\bar{r}_2}{W_1B_2(B_1-A_1)}\\ \quad=\dfrac{W_1B_1B_2+W_2B_1[(B_2-A_2)\bar{r}_2-B_2]}{W_1B_2(B_1-A_1)}\\ \bar{r}_2\ \text{由}\ V=\sum\limits_{i=1}^{2}W_i\ln\bar{r}_i\ \text{确定}\end{cases}\tag{1.2-2'}$$

从式(1.2-2)用反证法显然可证得

$$\bar{r}_1<\frac{B_1}{B_1-A_1}$$

代入$\bar{r}_2$的表达式得

$$\bar{r}_2<\frac{B_2}{B_2-A_2}$$

所以，若驻点是$(\bar{r}_1,\ \bar{r}_2)$，那么

$$\bar{r}_i<\frac{B_i}{B_i-A_i}\quad (i=1,\ 2)$$

从式(1.2-2)可得

$$V=W_1\ln\bar{r}_1+W_2\ln\frac{B_1B_2(W_2-W_1)+W_1B_2(B_1-A_1)\bar{r}_1}{W_2B_1(B_2-A_2)}\tag{1.2-3}$$

可见，当$\bar{r}_1\to0$时$V\to-\infty$，当$\bar{r}_1\to\dfrac{B_1}{B_1-A_1}$时$V\to W_1\ln\dfrac{B_1}{B_1-A_1}+W_2\ln\dfrac{B_2}{B_2-A_2}$。

所以，对于 $-\infty < V < \sum_{i=1}^{2} W_i \ln \frac{B_i}{B_i - A_i}$ 上给定之 V，在 $\left(0, \frac{B_1}{B_1 - A_1}\right)$ 范围内至少有一个 $\bar{r}_1$ 可使式(1.2-3)成立。再从 $\bar{r}_2$ 的表达式可知，$\bar{r}_1$ 及对应的 $\bar{r}_2$ 均大于 0；因此，在 $\left(0, \frac{B_i}{B_i - A_i}\right)(i=1, 2)$ 的范围内的确有驻点存在。

(2) 在 $0 < r_i < \frac{B_i}{B_i - A_i}(i=1, 2)$ 范围内，驻点为唯一①。

不妨设 $W_2 \geqslant W_1$（若 $W_2 < W_1$，可选择 $\bar{r}_2$ 作为参数，也可类似地证明），选 $\bar{r}_1$ 作为参数，则从式(1.2-3)可得

$$\frac{V}{W_2} = \ln(\bar{r}_1)^{\frac{W_1}{W_2}} + \ln(A + B\bar{r}_1) \tag{1.2-4}$$

记

$$M = e^{\frac{V}{W_2}} = (\bar{r}_1)^{\frac{W_1}{W_2}}(A + B\bar{r}_1)$$

其中

$$A = \frac{(W_2 - W_1)B_1 B_2}{W_2 B_1 (B_2 - A_2)} \geqslant 0$$

$$B = \frac{W_1 B_2 (B_1 - A_1)}{W_2 B_1 (B_2 - A_2)} > 0$$

$$M = e^{\frac{V}{W_2}} > 0$$

记

$$g_1(\bar{r}_1) = (\bar{r}_1)^{\frac{W_1}{W_2}}(A + B\bar{r}_1) - M = (\bar{r}_1)^{\alpha}(A + B\bar{r}_1) - M = 0$$

其中

$$\alpha = \frac{W_1}{W_2}$$

若设 $\bar{r}_1 = x$ 是上述范围内 $g_1(\bar{r}_1) = 0$ 的一个正数解，设 y 为上述范围内 $g_1(\bar{r}_1) = 0$ 的另一个正数解，则有

$$x^{\alpha}(A + Bx) - M = 0$$

$$y^{\alpha}(A + By) - M = 0$$

所以

$$(Ax^{\alpha} + Bx^{\alpha+1}) - (Ay^{\alpha} + By^{\alpha+1}) = 0$$

利用中值定理可得

---

① 关于驻点的唯一性，其实从式(1.2-3)可得 $\frac{\partial V}{\partial \bar{r}_1} > 0$，从而也可说明驻点唯一。显见，多级情况也如此。

$$(Ax^{\alpha}+Bx^{\alpha+1})-(Ay^{\alpha}+By^{\alpha+1})=(x-y)\times[\alpha A\xi^{\alpha-1}+(\alpha+1)B\xi^{\alpha}]=0$$

ξ 是 x，y 之间的一个正数，所以

$$\alpha A\xi^{\alpha-1}+(\alpha+1)B\xi^{\alpha}>0$$

故有

$$x=y$$

可见，在上述范围内，驻点若存在则必为唯一，因为其他 $\bar{r}_i$ 的唯一性很明显。

(3) 在 $0<r_i<\dfrac{B_i}{B_i-A_i}(i=1,\ 2)$ 范围内，驻点为最小点。

由于

$$V=W_1\ln r_1+W_2\ln r_2$$

所以

$$r_2=\mathrm{e}^{\frac{V}{W_2}-\frac{W_1}{W_2}\ln r_1}$$

故

$$P=\frac{1}{A_1-B_1+\dfrac{B_1}{r_1}}\ \frac{1}{A_2-B_2+\dfrac{B_2}{r_2}}=\frac{1}{A_1-B_1+\dfrac{B_1}{r_1}}\ \frac{1}{A_2-B_2+\dfrac{B_2(r_1)^{\frac{W_1}{W_2}}}{\mathrm{e}^{\frac{V}{W_2}}}}$$

所以

$$\frac{\mathrm{d}P}{\mathrm{d}r_1}=\frac{-1}{\left(A_1-B_1+\dfrac{B_1}{r_1}\right)^2\left(A_2-B_2+\dfrac{B_2}{r_2}\right)^2}\times\left\{\frac{-B_1}{(r_1)^2}\left[A_2-B_2+\frac{B_2(r_1)^{\frac{W_1}{W_2}}}{\mathrm{e}^{\frac{V}{W_2}}}\right]+\left(A_1-B_1+\frac{B_1}{r_1}\right)\frac{B_2}{\mathrm{e}^{\frac{V}{W_2}}}\frac{W_1}{W_2}(r_1)^{\frac{W_1}{W_2}-1}\right\}$$

$$=\frac{-1}{(r_1)^2\left(A_1-B_1+\dfrac{B_1}{r_1}\right)^2\left(A_2-B_2+\dfrac{B_2}{r_2}\right)^2}\times\left\{-B_1\left[A_2-B_2+\frac{B_2(r_1)^{\frac{W_1}{W_2}}}{\mathrm{e}^{\frac{V}{W_2}}}\right]+[(A_1-B_1)r_1+B_1]\frac{B_2W_1}{W_2\mathrm{e}^{\frac{V}{W_2}}}(r_1)^{\frac{W_1}{W_2}}\right\}$$

容易看出

$$\frac{\mathrm{d}P}{\mathrm{d}r_1}=\begin{cases}-，\bar{r}_1\ \text{充分从右边靠近 0 时}\\ +，\bar{r}_1\ \text{充分从左边靠近}\dfrac{B_1}{B_1-A_1}\text{时}\end{cases}$$

所以在

$$0<r_i<\frac{B_i}{B_i-A_i}\quad (i=1,\ 2)$$

的范围内，驻点不但存在，而且从本节(2)知驻点为唯一；此驻点不但是较小点，而且是上述范围内的最小点。

(4) 对于两级火箭而言，当 V 在

$$\left[0,\ \sum_{i=1}^{2}W_i\ln\frac{B_i}{B_i-A_i}\right)$$

范围内单调上升地变化时，若

$$V\geqslant\max\left(W_1\ln\frac{B_1}{B_1-A_1},W_2\ln\frac{B_2}{B_2-A_2}\right)$$

则最小点显然落在允许区域

$$1\leqslant r_i<\frac{B_i}{B_i-A_i}\quad (i=1,\ 2)$$

之内。

如果我们提出这么一个原则：能用单级火箭达到预定速度时决不用两级火箭，那么对于两级火箭而言，威廉斯所述的驻点即为最佳点的猜想，我们就严格地证明了它是正确的。

但若不加上上述原则，而像前述那样单从最小起飞质量角度来考虑，那么从本节(1)中可知：威廉斯的猜想是不对的，在本节(1)中举出了具体的反例。

1.2.3 多级火箭最佳质量比的讨论

(1) 关于多级火箭 r_i 的允许区域，在 1.2.1 节中已指出

$$1\leqslant r_i<\frac{B_i}{B_i-A_i}\quad (i=1,\ 2,\ \cdots,\ n)$$

V 的允许区域显然为

$$\left[0,\ \sum_{i=1}^{n}W_i\ln\frac{B_i}{B_i-A_i}\right)$$

(2) n 级火箭此时驻点 $\bar{r}_i(i=1,\ 2,\ \cdots,\ n)$ 的表达式，若选 $\bar{r}_1$ 为参数，则由公式(1.2-1)表出。

若选其他的 $\bar{r}_j(j\neq1)$ 为参数，当然也有类似的表达式。

(3) 多级火箭在 $\left(0,\ \dfrac{B_i}{B_i-A_i}\right)(i=1,\ 2,\ \cdots,\ n)$ 范围内也确有驻点。

不妨选 $\bar{r}_1$ 为参数，那么对 $\left(-\infty,\ \sum_{i=1}^{n}W_i\ln\dfrac{B_i}{B_i-A_i}\right)$ 区域中之 V 而言，用反证法容易证明

$$\bar{r}_1<\frac{B_1}{B_1-A_1}$$

因为若

$$\bar{r}_1\geqslant\frac{B_1}{B_1-A_1}$$

那么从

$$\begin{cases}\bar{r}_i=\dfrac{B_iW_iB_1+W_1B_i[(B_1-A_1)\bar{r}_1-B_1]}{W_iB_1(B_i-A_i)} \quad (i=2,3,\cdots,n)\\ \bar{r}_1\text{ 由 }V=\sum\limits_{i=1}^{n}W_i\ln\bar{r}_i\text{ 确定}\end{cases}$$

可得

$$\bar{r}_i\geqslant\frac{B_i}{B_i-A_i}\quad (i=2,3,\cdots,n)$$

这就与

$$V=\sum_{i=1}^{n}W_i\ln\bar{r}_i<\sum_{i=1}^{n}W_i\ln\frac{B_i}{B_i-A_i}$$

矛盾。所以

$$\bar{r}_1<\frac{B_1}{B_1-A_1}$$

从而由式(1.2-1)可证得

$$\bar{r}_j<\frac{B_j}{B_j-A_j}\quad (j=2,3,\cdots,n)$$

所以

$$0<\bar{r}_i<\frac{B_i}{B_i-A_i}\quad (i=1,2,\cdots,n)$$

因为$\bar{r}_i>0$是显然的，说明如下：

像两级火箭时那样，可证明在$\left(0,\dfrac{B_i}{B_i-A_i}\right)$$(i=1,2,\cdots,n)$范围内有$\bar{r}_1>0$，能使

$$V=W_1\ln\bar{r}_1+\sum_{i=2}^{n}W_i\ln\frac{B_iW_iB_1+W_1B_i[(B_1-A_1)\bar{r}_1-B_1]}{W_iB_1(B_i-A_i)}$$

成立，所以在$\left(0,\dfrac{B_i}{B_i-A_i}\right)$$(i=1,2,\cdots,n)$范围内确有驻点存在。

(4) 在范围$\left(0,\dfrac{B_i}{B_i-A_i}\right)$$(i=1,2,\cdots,n)$之中，驻点若存在，则必为唯一。

不妨设$W_1=\min(W_i)(i=1,2,\cdots,n)$，选这最小的$W_1$对应的$\bar{r}_1$为参数[若$\min(W_i)\neq W_1$，例如是$W_j$，那么选$\bar{r}_j$为参数，可类似地证明]。

把式(1.2-1)中所表示的$\bar{r}_i$代入

$$V=W_1\ln\bar{r}_1+W_2\ln\bar{r}_2+\cdots+W_n\ln\bar{r}_n$$

则有

$$V=W_1\ln\bar{r}_1+W_2\ln\left[\frac{(W_2-W_1)B_1B_2+W_1B_2(B_1-A_1)\bar{r}_1}{W_2B_1(B_2-A_2)}\right]+\cdots+$$

$$W_n\ln\left[\frac{(W_1B_n(B_1-A_1)\bar{r}_1+(W_n-W_1)B_1B_n}{W_nB_1(B_n-A_n)}\right]$$

$$=W_1\ln\bar{r}_1+W_2\ln(M_2+N_2\bar{r}_1)+\cdots+W_n\ln(M_n+N_n\bar{r}_1)$$

这里

$$M_i=\frac{(W_i-W_1)B_1B_i}{W_iB_1(B_i-A_i)}\geqslant 0\quad(i=2,\ 3,\ \cdots,\ n)$$

$$N_i=\frac{W_1B_i(B_1-A_1)}{W_iB_1(B_i-A_i)}>0\quad(i=2,\ 3,\ \cdots,\ n)$$

若记

$$M=e^{\frac{V}{W_1}}>0$$

则有

$$g(\bar{r}_1)=\bar{r}_1(M_2+N_2\bar{r}_1)^{\frac{W_2}{W_1}}\cdots(M_n+N_n\bar{r}_1)^{\frac{W_n}{W_1}}-M=0$$

要证明驻点唯一，显然只要证明上述方程在区域$\left(0,\ \frac{B_1}{B_1-A_1}\right)$里关于$\bar{r}_1$只有唯一解就行了。

不妨设在区域$\left(0,\ \frac{B_1}{B_1-A_1}\right)$内有两个正实数解 x,y，那么有

$$g(x)-g(y)=x(M_2+N_2x)^{\frac{W_2}{W_1}}\cdots(M_n+N_nx)^{\frac{W_n}{W_1}}-y(M_2+N_2y)^{\frac{W_2}{W_1}}\cdots(M_n+N_ny)^{\frac{W_n}{W_1}}=0$$

利用中值定理得

$$g(x)-g(y)=(x-y)\left\{(M_2+N_2t)^{\frac{W_2}{W_1}}\cdots(M_n+N_nt)^{\frac{W_n}{W_1}}+\frac{W_2}{W_1}N_2(M_2+N_2t)^{\frac{W_2}{W_1}-1}t(M_3+N_3t)^{\frac{W_3}{W_1}}\times\cdots\times\right.$$

$$(M_n+N_nt)^{\frac{W_n}{W_1}}+\cdots+t(M_2+N_2t)^{\frac{W_2}{W_1}}\cdots(M_{n-1}+N_{n-1}t)^{\frac{W_{n-1}}{W_1}}\times$$

$$\left.\frac{W_n}{W_1}N_n(M_n+N_nt)^{\frac{W_n}{W_1}-1}\right\}$$

$$=(x-y)c$$

由于 t 是两个正数 x,y 之间的一个正数，所以 $c>0$。

可见，$x=y$，这就证明了在上述区域内关于$\bar{r}_1$为唯一，所以驻点唯一。

(5) 在范围$\left(0,\ \frac{B_i}{B_i-A_i}\right)(i=1,\ 2,\ \cdots,\ n)$内驻点是最小点。

我们还是不妨设 $W_1=\min(W_i)(i=1,\ 2,\ \cdots,\ n)$，那么驻点$\bar{r}_i$就由公式(1.2-1)表示($i=1,2,\ \cdots,\ n$)。

对两级火箭而言，前面已证明了在范围$\left(0,\ \frac{B_i}{B_i-A_i}\right)(i=1,\ 2)$之内有唯一的驻点存在而

且就是最小点。

现在来证明上述结论对三级火箭也成立。

按图 1-1 标志，对于 $0<V<\sum_{i=1}^{3}W_i\ln\frac{B_i}{B_i-A_i}$ 范围内给定之 V，设分给前两级的速度值为 R

$$\begin{cases} r_2=\dfrac{(W_2-W_1)B_1B_2+W_1B_2(B_1-A_1)r_1}{W_2B_1(B_2-A_2)}=M_2+N_2r_1 \\ r_1\ \text{由}\ R=W_1\ln r_1+W_2\ln(M_2+N_2r_1)\ \text{确定} \end{cases}$$

$$r_3=\mathrm{e}^{\frac{V-R}{W_3}}$$

$$F=\frac{1}{A_1-B_1+\dfrac{B_1}{r_1}}\frac{1}{A_2-B_2+\dfrac{B_2}{r_2}}\frac{1}{A_3-B_3+B_3\mathrm{e}^{\frac{R-V}{W_3}}}=P$$

$$\frac{\mathrm{d}F}{\mathrm{d}R}=\left[\frac{B_1\left(\dfrac{1}{r_1}\right)^2\dfrac{\mathrm{d}r_1}{\mathrm{d}R}}{A_1-B_1+\dfrac{B_1}{r_1}}+\frac{B_2N_2\left(\dfrac{1}{r_2}\right)^2\dfrac{\mathrm{d}r_1}{\mathrm{d}R}}{A_2-B_2+\dfrac{B_2}{r_2}}-\frac{\dfrac{B_3}{W_3}\mathrm{e}^{\frac{R-V}{W_3}}}{A_3-B_3+B_3\mathrm{e}^{\frac{R-V}{W_3}}}\right]P$$

$$\frac{\mathrm{d}R}{\mathrm{d}r_1}=\frac{W_1}{r_1}+\frac{W_2N_2}{M_2+N_2r_1}=\frac{W_1M_2+(W_1+W_2)N_2r_1}{r_1(M_2+N_2r_1)}$$

$$\frac{\mathrm{d}r_1}{\mathrm{d}R}=\frac{r_1(M_2+N_2r_1)}{W_1M_2+(W_1+W_2)N_2r_1}$$

记

$$\frac{\mathrm{d}F}{\mathrm{d}R}=[(1)+(2)-(3)]P$$

那么

$$(2)=\frac{1}{W_1M_2+(W_1+W_2)N_2r_1}\frac{N_2B_2r_1}{(A_2-B_2)(M_2+N_2r_1)+B_2}$$

$$=\frac{1}{W_1\dfrac{(W_2-W_1)B_1B_2}{(B_2-A_2)W_2B_1}+(W_1+W_2)\dfrac{W_1B_2(B_1-A_1)r_1}{W_2B_1(B_2-A_2)}}\times$$

$$\left\{\frac{\dfrac{W_1B_2(B_1-A_1)}{W_2B_1(B_2-A_2)}B_2r_1}{(A_2-B_2)\left[\dfrac{(W_2-W_1)B_1B_2}{(B_2-A_2)W_2B_1}+\dfrac{W_1B_2(B_1-A_1)}{W_2B_1(B_2-A_2)}r_1\right]+B_2}\right\}$$

$$=\frac{1}{W_1B_1B_2(W_2-W_1)+(W_1+W_2)W_1B_2(B_1-A_1)r_1}\frac{W_2B_1(B_1-A_1)B_2r_1}{B_1-(B_1-A_1)r_1}$$

$$(1)=\frac{\dfrac{B_1}{(r_1)^2}}{A_1-B_1+\dfrac{B_1}{r_1}}\frac{r_1(M_2+N_2r_1)}{W_1M_2+(W_1+W_2)N_2r_1}$$

$$=\frac{1}{W_1B_1B_2(W_2-W_1)+(W_1+W_2)W_1B_2(B_1-A_1)r_1}\times$$

$$\frac{B_1[(W_2-W_1)B_1B_2+W_1B_2(B_1-A_1)r_1]}{(A_1-B_1)r_1+B_1}$$

所以

$$(1)+(2)=\frac{1}{W_1B_2[(W_2-W_1)B_1+(W_1+W_2)(B_1-A_1)r_1]}\times$$
$$\left[\frac{B_1B_2B_1(W_2-W_1)+B_1B_2W_1(B_1-A_1)r_1+W_2B_1(B_1-A_1)B_2r_1}{B_1-(B_1-A_1)r_1}\right]$$
$$=\frac{B_1}{W_1}\frac{1}{B_1-(B_1-A_1)r_1}$$

故从$\frac{\mathrm{d}F}{\mathrm{d}R}=0$可得

$$\frac{B_1}{W_1}\frac{1}{B_1-(B_1-A_1)r_1}=\frac{B_3}{W_3}\frac{1}{B_3-(B_3-A_3)\mathrm{e}^{\frac{V-R}{W_3}}} \tag{*}$$

由(*)式可确定R。现说明由(*)式确定的$R=R^*$为唯一。记R^*对应之r_1为r_1^*，而与R^*对应之r_3为r_3^*，那么

$$\frac{B_1}{W_1}\frac{1}{B_1-(B_1-A_1)r_1^*}=\frac{B_3}{W_3}\frac{1}{B_3-(B_3-A_3)\mathrm{e}^{\frac{V-R^*}{W_3}}}$$
$$=\frac{B_3}{W_3}\frac{1}{B_3-(B_3-A_3)r_3^*}$$

由上式可得

$$r_3^*=\frac{(W_3-W_1)B_1B_3+W_1B_3(B_1-A_1)r_1^*}{W_3B_1(B_3-A_3)}=M_3+N_3r_1^*$$

再则

$$\begin{cases}r_2^*=M_2+N_2r_1^*\\ r_1^*\ \text{由}\ R^*=W_1\ln r_1^*+W_2\ln(M_2+N_2r_1^*)\text{确定}\end{cases}$$

而

$$R^*=V-W_3\ln r_3^*$$

所以

$$\begin{cases}r_3^*=M_3+N_3r_1^*\\ r_2^*=M_2+N_2r_1^*\\ r_1^*\ \text{由}\ V=W_1\ln r_1^*+W_2\ln(M_2+N_2r_1^*)+W_3\ln(M_3+N_3r_1^*)\text{确定。}\end{cases} \tag{1.2-5}$$

而这刚好是式(1.2-1)。根据驻点在区域$\left(0,\ \frac{B_i}{B_i-A_i}\right)$$(i=1,\ 2,\ 3)$内的唯一性，故知$R^*$也唯一，而且用$R^*$进行分配刚好与用驻点进行分配相一致。

现证明用此R^*进行分配可达最小值。

$F=F(R)$是一个关于R的单变量函数，前已算得

$$\frac{\mathrm{d}F}{\mathrm{d}R}=\left[\frac{B_1}{W_1}\frac{1}{B_1-(B_1-A_1)r_1}-\frac{\frac{B_3}{W_3}}{B_3-(B_3-A_3)\mathrm{e}^{\frac{V-R}{W_3}}}\right]P$$

记$\frac{\mathrm{d}F}{\mathrm{d}R}=\varphi_3 P_3$ 则

$$\frac{\mathrm{d}^2F}{\mathrm{d}R^2}=\frac{\mathrm{d}\varphi_3}{\mathrm{d}R}P_3+\frac{\mathrm{d}P_3}{\mathrm{d}R}\varphi_3=\frac{\mathrm{d}\varphi_3}{\mathrm{d}R}P_3+(\varphi_3)^2P_3 \quad P_3\gg 0,(\text{因为 } P_3=F)$$

$$\frac{\mathrm{d}\varphi_3}{\mathrm{d}R}=\frac{B_1}{W_1}\frac{(B_1-A_1)\frac{\mathrm{d}r_1}{\mathrm{d}R}}{[B_1+(A_1-B_1)r_1]^2}+\frac{B_3}{W_3}\frac{(B_3-A_3)\mathrm{e}^{\frac{V-R}{W_3}}\frac{1}{W_3}}{[B_3+(A_3-B_3)\mathrm{e}^{\frac{V-R}{W_3}}]^2}$$

$$=\frac{B_1}{W_1}\frac{(B_1-A_1)}{[B_1+(A_1-B_1)r_1]^2}\frac{\mathrm{d}r_1}{\mathrm{d}R}+\frac{B_3}{W_3}\frac{1}{W_3}\frac{(B_3-A_3)\mathrm{e}^{\frac{V-R}{W_3}}}{[B_3+(A_3-B_3)\mathrm{e}^{\frac{V-R}{W_3}}]^2}$$

$$\frac{\mathrm{d}r_1}{\mathrm{d}R}=\frac{r_1(M_2+N_2r_1)}{W_1M_2+(W_1+W_2)N_2r_1}>0$$

所以

$$\frac{\mathrm{d}\varphi_3}{\mathrm{d}R}>0$$

及

$$\left.\frac{\mathrm{d}^2F}{\mathrm{d}R^2}\right|_{R^*}>0$$

可见，$R=R^*$时使F达最小值，并且

$$R^*=W_1\ln r_1^*+W_2\ln(M_2+N_2r_1^*)<\sum_{i=1}^{2}W_i\ln\frac{B_i}{B_i-A_i}$$

显然，对n级火箭的情况，可类似地证明。

对于下述范围

$$0<V<\sum_{i=1}^{n}W_i\ln\frac{B_i}{B_i-A_i}$$

内任一V，设分给前$(n-1)$级火箭的速度为R，那么$r_n=\mathrm{e}^{\frac{V-R}{W_n}}$。而

$$F=\frac{1}{A_1-B_1+\frac{B_1}{r_1}}\cdots\frac{1}{A_{n-1}-B_{n-1}+\frac{B_{n-1}}{r_{n-1}}}\frac{1}{A_n-B_n+\frac{B_n}{r_n}}$$

$$=P_n$$

根据上述的r_n的表达式，经过类似计算和整理后可得

$$\frac{\mathrm{d}F}{\mathrm{d}R}=\left[\frac{\frac{B_1}{r_1}\frac{\mathrm{d}r_1}{\mathrm{d}R}}{(A_1-B_1)r_1+B_1}+\cdots+\frac{N_{n-1}\frac{B_{n-1}}{r_{n-1}}\frac{\mathrm{d}r_1}{\mathrm{d}R}}{(A_{n-1}-B_{n-1})r_{n-1}+B_{n-1}}-\frac{\frac{B_n}{W_n}}{(A_n-B_n)\mathrm{e}^{\frac{V-R}{W_n}}+B_n}\right]P$$

$$R=W_1\ln r_1+W_2\ln(M_2+N_2r_1)+\cdots+W_{n-1}\ln(M_{n-1}+N_{n-1}r_1)$$

从$\dfrac{\mathrm{d}F}{\mathrm{d}R}$的表达式经过计算和整理后可得

$$\frac{B_1}{W_1[B_1-(B_1-A_1)r_1]}=\frac{\dfrac{B_n}{W_n}}{(A_n-B_n)\mathrm{e}^{\frac{V-R}{W_n}}+B_n}$$

由上式可确定 R^*。然后可类似地证明 R^* 为唯一，且 r_i^* $(i=1,2,\cdots,n)$与驻点的$\bar{r}_i$ 完全一致。

也可完全类似地证明当 $R=R^*$ 时使 F 达最小。

综上所述可知在区域$\left(0,\dfrac{B_i}{B_i-A_i}\right)(i=1,2,\cdots,n)$内确有唯一的驻点存在，而且是最小点，同时显见

$$R^*=W_1\ln r_1^*+W_2\ln(M_2+N_2r_1^*)+\cdots+W_{n-1}\ln(M_{n-1}+N_{n-1}r_1^*)<\sum_{i=1}^{n-1}W_i\ln\frac{B_i}{B_i-A_i}$$

1.2.4 结论

对于 n 级火箭，若 $V\geqslant W_i\ln\dfrac{B_i}{B_i-A_i}(i=1,2,\cdots,n)$中任$(n-1)$个之和，显然可知此时驻点必落在允许区域

$$\left[1,\frac{B_i}{B_i-A_i}\right)\quad(i=1,2,\cdots,n)$$

之内。

与讨论两级火箭时一样，这里提出一个原则：若能用$(n-1)$级(或更少级)火箭达到所需的速度时，决不用 n 级火箭。那么：

(1) 威廉斯在参考文献[6]中关于最佳质量比的猜想，在这里得到了严格的证明。

(2) 若不加上述原则，而像参考文献[6]中那样单从最小起飞质量来考虑，那么对任意级的火箭，显然都可像 1.2.1 节中的(1)那样举出反例来。

(3) 若 $W_i=W$，$\dfrac{B_i}{B_i-A_i}$=常值$(i=1,2,\cdots,n)$，那么由公式(1.2-1)显然可见，此时驻点落在允许区域之内，且此驻点就是最佳点。

最后应指出：本节所谈的允许区域均指理论允许区域。

1.3　关于多级火箭的最佳质量比(Ⅱ)

1.3.1　实际允许区域

如果区域是

$$1 \leqslant r_i < \frac{B_i}{B_i - A_i} \quad (i=1,\ 2,\ \cdots,\ n)$$

那么前节中已指出，当 V 在下述范围：

$$\sum_{i=1}^{n} W_i \ln \frac{B_i}{B_i - A_i} > V > W_i \ln \frac{B_i}{B_i - A_i} \text{ 中任}(n-1)\text{ 个之和，}$$

必须用 n 级火箭(图 1-2 为三级情况的示意图)。

但是，实际的允许区域不可能是 $1 \leqslant r_i < \frac{B_i}{B_i - A_i}$ 这种形式，这里不妨举两级火箭为例来说明(如图 1-3 所示)。

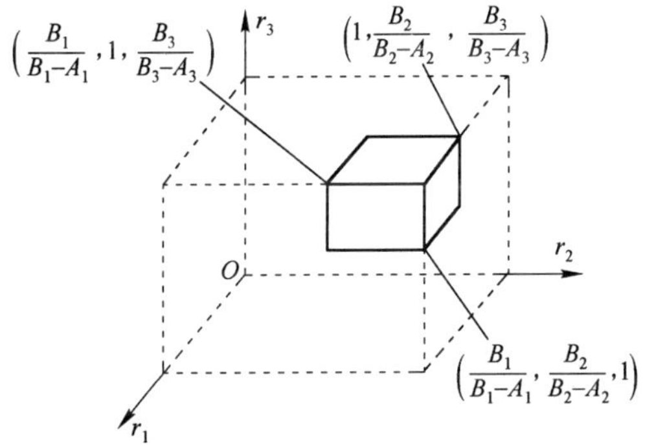

图 1-2　理论允许区域

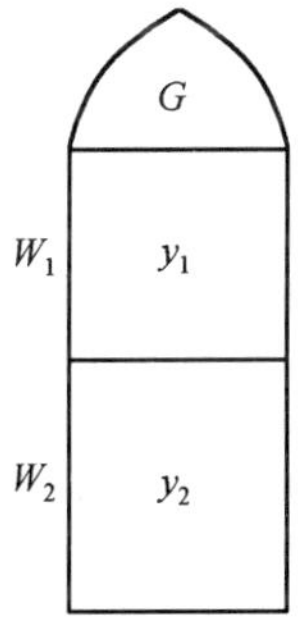

图 1-3　两级火箭示意图(1)

对图 1-3 所示的两级火箭论，从参考文献[6]得

$$\begin{cases} x_1 = (\nu_{c1}^1 + \nu_{c1}^2) y_1 + \nu_{c1}^3 (x_1 + y_1 + G) \\ x_2 = (\nu_{c2}^1 + \nu_{c2}^2) y_2 + \nu_{c2}^3 (x_1 + y_1 + G + x_2 + y_2) \end{cases} \tag{1.3-1}$$

所以

$$\begin{cases} (1 - \nu_{c1}^3) x_1 - \nu_{c1}^3 G = \left(\sum_{i=1}^{3} \nu_{c1}^i \right) y_1 \\ (1 - \nu_{c2}^3) x_2 - \nu_{c2}^3 (x_1 + G) = \nu_{c2}^3 y_1 + \left(\sum_{i=1}^{3} \nu_{c2}^i \right) y_2 \end{cases} \tag{1.3-2}$$

从

$$r_1=\frac{x_1+y_1+G}{x_1+G}$$

可得

$$y_1=(r_1-1)(x_1+G) \tag{1.3-3}$$

再利用式(1.3-2)，就得

$$y_1=(r_1-1)(x_1+G)=\frac{1-\nu_{c1}^3}{\sum_{i=1}^{3}\nu_{c1}^i}x_1-\frac{\nu_{c1}^3}{\sum_{i=1}^{3}\nu_{c1}^i}G=Ax_1-B$$

其中，$A=\frac{1-\nu_{c1}^3}{\sum_{i=1}^{3}\nu_{c1}^i}>0$，$B=\frac{\nu_{c1}^3}{\sum_{i=1}^{3}\nu_{c1}^i}>0$。

故得

$$x_1=\frac{(r_1-1)G+B}{A+1-r_1}$$

$$y_1=(r_1-1)(x_1+G)=(r_1-1)\frac{B+GA}{A+1-r_1}$$

同理从式(1.3-2)和

$$r_2=\frac{x_2+y_2+x_1+y_1+G}{x_2+x_1+y_1+G}$$

可解得

$$x_2=\varphi(r_1, r_2)$$

$$y_2=g(r_1, r_2)$$

现在来看 r_1，显见：

当

$$r_1=\frac{B_1}{B_1-A_1}=\frac{1+\nu_{c1}^1+\nu_{c1}^2}{\sum_{i=1}^{3}\nu_{c1}^i}$$

时

$$x_1=\frac{\text{正数}}{\frac{1-\nu_{c1}^3}{\sum_{i=1}^{3}\nu_{c1}^i}+\frac{\nu_{c1}^3-1}{\sum_{i=1}^{3}\nu_{c1}^i}}=+\infty$$

从而 y_1 也为$+\infty$；当 $r_1\neq\frac{B_1}{B_1-A_1}$时，$r_1$，$x_1$，$y_1$ 之间有一一对应关系。特别，当 $r_1=1$ 时，$x_1=\frac{B}{A}$，$y_1=0$。

对 r_2 进行讨论，显然也有类似结果。

对 n 级火箭而言，显然有：

(1) 当 r_i 中有 $j\,(j\leqslant n)$ 个趋向于$\frac{B_i}{B_i-A_i}$时，那么对应的 x_i 及 y_i 也趋向于$+\infty$，但 x_i(或

y_i)的上界显然受到实际限制，所以 r_i 的上界要缩小。

(2) 当 $r_i \neq \frac{B_i}{B_i - A_i}$时，$r_i$，$x_i$，$y_i$ 之间有一一对应关系。

所以，实际允许区域应为

$$1 \leqslant r_i \leqslant d_i \quad \left[d_i < \frac{B_i}{B_i - A_i} \quad (i=1,\ 2,\ \cdots,\ n)\right]$$

若记为 $c_i \leqslant r_i \leqslant d_i$[其中 $c_i \geqslant 1$($i=1$, 2, …, n)；而 d_i 的意义同上]也是可以的；反正以下讨论是类似的。

区域[c_i，d_i]($i=1$, 2, …, n)是这类问题的一般区域；$1 \leqslant r_i \leqslant d_i$ 及 $1 \leqslant r_i < \frac{B_i}{B_i - A_i}$($i=1$, 2, …, n)都可看做这一般区域的特殊情况；相应的解也如此。

1.3.2　关于在实际允许区域内限定用 n 级火箭时的最佳质量比

先看两级火箭的情况，考虑两级火箭在实际允许区域内的最佳质量比计算。

由 1.3.1 节所述可知讨论两级火箭在实际允许区域内的最佳质量比，就是求下面数学问题的解

$$\begin{cases} \sum\limits_{i=1}^{2} W_i \ln r_i = V \\ 1 \leqslant r_i \leqslant d_i \quad \left(d_i < \dfrac{B_i}{B_i - A_i}\right) \quad (i = 1, 2) \\ \text{Min} P = \prod\limits_{i=1}^{2} \dfrac{r_i}{B_i - (B_i - A_i) r_i} \end{cases}$$

由前已知：对 $-\infty < V < \sum\limits_{i=1}^{2} W_i \ln \frac{B_i}{B_i - A_i}$ 内的任一给定的 V 而言，若以 $\bar{r}_1$ 为参数，那么驻点 $S_2(V)$ 的坐标($\bar{r}_1$，$\bar{r}_2$)为

$$\begin{cases} \bar{r}_2 = \dfrac{(W_2 - W_1) B_1 B_2 + W_1 B_2 (B_1 - A_1) \bar{r}_1}{W_2 B_1 (B_2 - A_2)} \\ \bar{r}_1 \text{ 由 } V = \sum\limits_{i=1}^{2} W_i \ln \bar{r}_i \text{ 确定} \end{cases}$$

若以 $\bar{r}_2$ 为参数，那么驻点为

$$\begin{cases} \bar{r}_1 = \dfrac{(W_1 - W_2) B_1 B_2 + W_2 B_1 (B_2 - A_2) \bar{r}_2}{W_1 B_2 (B_1 - A_1)} \\ \bar{r}_2 \text{ 由 } V = \sum\limits_{i=1}^{2} W_i \ln \bar{r}_i \text{ 确定} \end{cases}$$

由此可知：

(1) 曲线 $V=\sum_{i=1}^{2}W_i\ln r_i$ 是严格凹的（见图 1-4）；

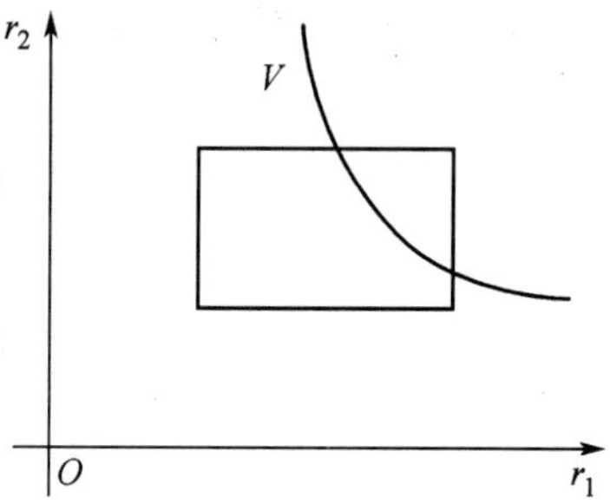

图 1-4　曲线 V 的示意图

(2) 驻点 $S_2(V)$的坐标$\bar{r}_2$ 随着$\bar{r}_1$ 的增大而增大，同样$\bar{r}_1$ 也随着$\bar{r}_2$ 的增大而增大；

(3) V 随着驻点 $S_2(V)$的任一坐标$\bar{r}_i$ 的增大而增大，同样$\bar{r}_i$ 也随着 V 的增大而增大；

(4) $\min P$ 随着驻点 $S_2(V)$的任一坐标$\bar{r}_i$ 的增大而增大；

(5) $\min P$ 随着 V 的增大而增大。

在这些基础上，考虑在实际允许区域（见图 1-5）边界周围的情况。当 $r_1=d_1$ 时，记

$$V_1=W_1\ln d_1+W_2\ln\frac{(W_2-W_1)B_1B_2+W_1B_2(B_1-A_1)d_1}{W_2B_1(B_2-A_2)}$$

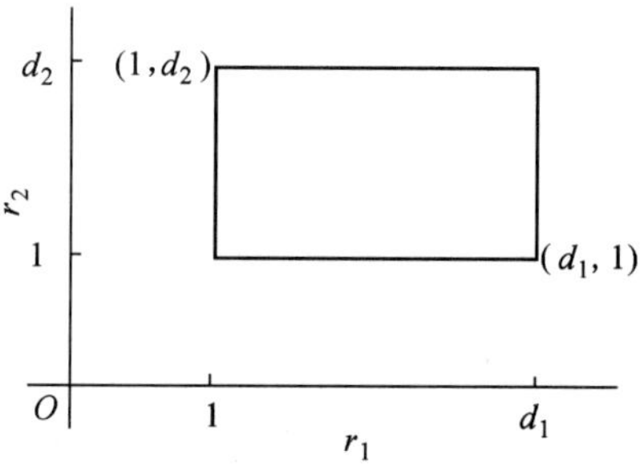

图 1-5　驻点的实际允许区域

同理，当 $r_2=d_2$ 时，记

$$V_2=W_1\ln\frac{d_2W_2B_1(B_2-A_2)-(W_2-W_1)B_1B_2}{W_1B_2(B_1-A_1)}+W_2\ln d_2$$

那么显然：当 $V>V_i$ 时驻点的对应足标 r_i 将跑出边界 d_i 之外。此外，记

$$\tilde{V}_1=W_1\ln d_1+W_2\ln 1=W_1\ln d_1$$

$$\tilde{V}_2=W_1\ln 1+W_2\ln d_2=W_2\ln d_2$$

$$S=\max(\tilde{V}_1,\tilde{V}_2)$$

那么，当 $S\leqslant V\leqslant V_i$ 时，驻点 $S_2(V)$坐标有$\bar{r}_i\leqslant d_i$。

注意，若 $V_1=W_1\ln d_1+W_2\ln\dfrac{(W_2-W_1)B_1B_2+W_1B_2(B_1-A_1)d_1}{W_2B_1(B_2-A_2)}>\sum_{i=1}^{2}W_i\ln d_i$，则有

$$\frac{(W_2-W_1)B_1B_2+W_1B_2(B_1-A_1)d_1}{W_2B_1(B_2-A_2)}>d_2$$

即 $(W_2-W_1)B_1B_2+W_1B_2(B_1-A_1)d_1>d_2W_2B_1(B_2-A_2)$；

而若 $V_2=W_1\ln\dfrac{d_2W_2B_1(B_2-A_2)-(W_2-W_1)B_1B_2}{W_1B_2(B_1-A_1)}+W_2\ln d_2>\sum_{i=1}^{2}W_i\ln d_i$，则有

$$\frac{d_2W_2B_1(B_2-A_2)-(W_2-W_1)B_1B_2}{W_1B_2(B_1-A_1)}>d_1$$

即 $d_2W_2B_1(B_2-A_2)-(W_2-W_1)B_1B_2>d_1W_1B_2(B_1-A_1)$；

显然这两个不等式相互矛盾，因此我们得到以下性质：

若 $V_1>\sum_{i=1}^{2}W_i\ln d_i$，则 $V_2<\sum_{i=1}^{2}W_i\ln d_i$；

若 $V_2>\sum_{i=1}^{2}W_i\ln d_i$，则 $V_1<\sum_{i=1}^{2}W_i\ln d_i$；

若 $V_1=\sum_{i=1}^{2}W_i\ln d_i$，则 $V_2=\sum_{i=1}^{2}W_i\ln d_i$。

所以只可能有以下3种情况出现，其他情况均不可能存在：

(1) 图1-6表示 $V_1>\sum_{i=1}^{2}W_i\ln d_i$，$V_2<\sum_{i=1}^{2}W_i\ln d_i$ 时的情况。

在此情况下，若 $S\leqslant V\leqslant V_2$ 时，显然 $V\leqslant V_2<V_1$，所以驻点坐标 $\bar{r}_1\leqslant d_1$，$\bar{r}_2\leqslant d_2$，驻点落在允许范围内，并且由驻点的唯一性及最小性可知驻点即为最佳点。

而若 $V_2<V<\sum_{i=1}^{2}W_i\ln d_i$ 时，由于 $V_2\leqslant V$，所以 $d_2\leqslant\bar{r}_2$；但 $V<\sum_{i=1}^{2}W_i\ln d_i<V_1$，所以 $\bar{r}_1\leqslant d_1$。那么由驻点的存在及唯一性可知，对于 $V=\sum_{i=1}^{2}W_i\ln r_i$ 这条严格凹的曲线，最佳点只能在边界 $r_2=d_2$ 上取得。由于 $V=W_1\ln\bar{r}_1+W_2\ln\bar{r}_2$，所以与 $r_2=d_2$ 的交点满足 $W_1\ln\bar{r}_1=V-W_2\ln d_2$，即最佳点为 $(e^{\frac{V-W_2\ln d_2}{W_1}},d_2)$。

(2) 图1-7表示 $V_2>\sum_{i=1}^{2}W_i\ln d_i$，$V_1<\sum_{i=1}^{2}\ln d_i$ 时的情况。

在此情况下，若 $S\leqslant V<V_1$ 时，显然 $V<V_1<V_2$，所以驻点坐标 $\bar{r}_1\leqslant d_1$，$\bar{r}_2\leqslant d_2$，驻点落在实际允许范围内，并且由驻点的唯一性及最小性可知驻点即为最佳点。

而若 $V_1<V<\sum_{i=1}^{2}W_i\ln d_i$ 时，由于 $V_1\leqslant V$，所以 $d_1\leqslant\bar{r}_1$；但 $V<\sum_{i=1}^{2}W_i\ln d_i<V_2$，所以 $\bar{r}_2\leqslant d_2$。那么由驻点的存在及唯一性可知，对于 $V=\sum_{i=1}^{2}W_i\ln r_i$ 这条严格凹的曲线，最佳点只能在边界 $r_1=d_1$ 上取得。由于 $V=W_1\ln\bar{r}_1+W_2\ln\bar{r}_2$，所以与 $r_1=d_1$ 的交点满足 $W_2\ln\bar{r}_2=V-W_1\ln d_1$，即最佳点为 $(d_1,e^{\frac{V-W_1\ln d_1}{W_2}})$。

(3) 图1-8表示 $V_1=\sum_{i=1}^{2}W_i\ln d_i$，$V_2=\sum_{i=1}^{2}W_i\ln d_i$ 时的情况。

由于 $S<V\leqslant\sum_{i=1}^{2}W_i\ln d_i$，所以 $V\leqslant V_1=V_2$，因此有 $\bar{r}_1\leqslant d_1$，$\bar{r}_2\leqslant d_2$，驻点为最佳点。

综上我们可以总结得到：

(1) $V_1>\sum_{i=1}^{2}W_i\ln d_i$，$V_2<\sum_{i=1}^{2}W_i\ln d_i$ 时，

若 $S\leqslant V\leqslant V_2$ 时，驻点为最佳点。此时由 P 的表达式有

$$\mathrm{Min}P=\frac{1}{A_1-B_1+\frac{B_1}{\bar{r}_1}}\frac{1}{A_2-B_2+\frac{B_2}{\bar{r}_2}}=\frac{1}{A_1-B_1+\frac{B_1}{\bar{r}_1}}\frac{1}{A_2-B_2+\frac{B_2}{A+B\bar{r}_1}}$$

其中，$A=\frac{(W_2-W_1)B_1B_2}{W_2B_1(B_2-A_2)}$，$B=\frac{W_1B_2(B_1-A_1)}{W_2B_1(B_2-A_2)}$。

若 $V_2 < V < \sum_{i=1}^{2} W_i \ln d_i$ 时，最佳点在边界 $r_2 = d_2$ 上。由上可知最佳点为 $\left(e^{\frac{V-W_2 \ln d_2}{W_1}}, d_2\right)$。代入 P 的表达式得

$$\mathrm{Min}P = \frac{1}{A_1 - B_1 + \frac{B_1}{e^{\frac{V-W_2 \ln d_2}{W_1}}}} \frac{1}{A_2 - B_2 + \frac{B_2}{d_2}}$$

显然 Min$P$ 随着 V 的增大而增大。

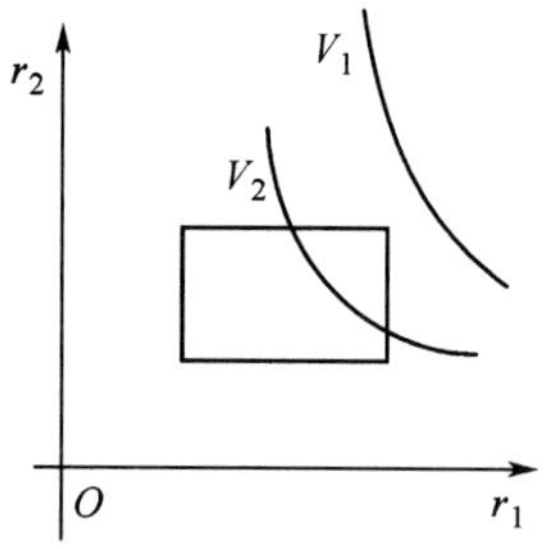

图 1-6　驻点分析(1)

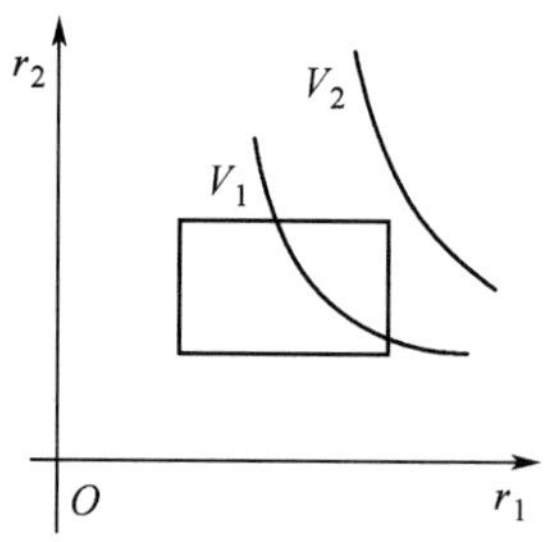

图 1-7　驻点分析(2)

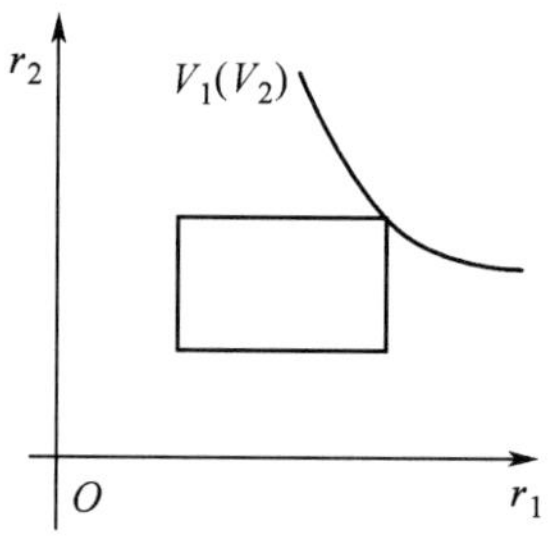

图 1-8　驻点分析(3)

(2) $V_2 > \sum_{i=1}^{2} W_i \ln d_i$，$V_1 < \sum_{i=1}^{2} W_i \ln d_i$ 时，

若 $S \leqslant V \leqslant V_1$ 时，驻点为最佳点。此时由 P 的表达式有

$$\mathrm{Min}P = \frac{1}{A_1 - B_1 + \frac{B_1}{\bar{r}_1}} \frac{1}{A_2 - B_2 + \frac{B_2}{\bar{r}_2}} = \frac{1}{A_1 - B_1 + \frac{B_1}{\bar{r}_1}} \frac{1}{A_2 - B_2 + \frac{B_2}{A + B\bar{r}_1}}$$

若 $V_1 < V < \sum_{i=1}^{2} W_i \ln d_i$ 时，最佳点在边界 $r_1 = d_1$ 上。由上可知最佳点为 $\left(d_1, e^{\frac{V-W_1 \ln t_1}{W_2}}\right)$。代入 P 的表达式得

$$\mathrm{Min}P = \frac{1}{A_1 - B_1 + \frac{B_1}{d_1}} \frac{1}{A_2 - B_2 + \frac{B_2}{e^{\frac{V-W_1 \ln d_1}{W_2}}}}$$

显然 Min$P$ 随着 V 的增大而增大。

(3) $V_1 = \sum_{i=1}^{2} W_i \ln d_i$，$V_2 = \sum_{i=1}^{2} W_i \ln d_i$ 时，由于 $S < V \leqslant \sum_{i=1}^{2} W_i \ln d_i$，所以 $\bar{r}_1 \leqslant d_1$，$\bar{r}_2 \leqslant d_2$，驻点为最佳点。此时由 P 的表达式有

$$\mathrm{Min}P = \frac{1}{A_1 - B_1 + \frac{B_1}{\bar{r}_1}} \frac{1}{A_2 - B_2 + \frac{B_2}{\bar{r}_2}} = \frac{1}{A_1 - B_1 + \frac{B_1}{\bar{r}_2}} \frac{1}{A_2 - B_2 + \frac{B_2}{A + B\bar{r}_1}}$$

综上所述可知，对两级火箭，在实际允许区域内的最佳质量比的具体表达式如上，并且 Min$P$ 随着 V 的单调增大而增大。

下面讨论限定用 n 级火箭的情况。

显然，这时可类似地定义 V_i 及 $\widetilde{V}_i$，并记 $S_n=\max(\widetilde{V}_i)$。设 $V_1<V_2<\cdots<V_n$ 且为图 1-9 所示。

其他情况可类似地解决。那么，显然当

(1) $S_n<V\leqslant V_1$ 时，最佳点为 n 维驻点。

(2) $V_1<V\leqslant V_2$ 时，驻点的足标中有 1 个(即$\bar{r}_1$)跑出区域外。

(3) $V_2<V\leqslant V_3$ 时，驻点的足标中有 2 个(即$\bar{r}_1$，$\bar{r}_2$)跑出区域外。

……其余类推。

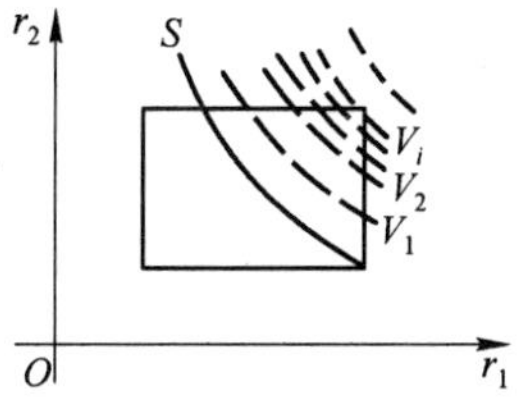

图 1-9　驻点分析(4)

应该指出：当驻点$(r_1, r_2, \cdots, r_{k+1})$中有一足标(如$\bar{r}_i$)跑出区域外时，则对应的最佳点必在 $r_i=d_i$ 这 k 维包腔与超曲面 V 相交的截痕上。

这可用归纳法证明：已知 $n=2$ 时结论为真，又假定 $n=k$ 时结论成立，再来证明 $n=k+1$ 时结论也真。

不妨设 $r_{k+1}>d_{k+1}$。

先看，当 $r_{k+1}=d_{k+1}$时，对应的 $\bar{P}_k(r_{k+1}=d_{k+1})$的驻点$(\bar{r}_1, \bar{r}_2, \cdots, \bar{r}_k, d_{k+1})$均落在区域$[c_i, d_i](i=1, 2, \cdots, k+i)$内，那么由驻点的唯一性可知，此时问题中对应的 P_{k+1}的最佳点就是

$$(\bar{r}_1, \bar{r}_2, \cdots, \bar{r}_k, d_{k+1})$$

其次证明，当 $r_{k+1}=d_{k+1}$时，对应于 $\bar{P}_k(r_{k+1}=d_{k+1})$的驻点$(\bar{r}_1, \cdots, \bar{r}_k, d_{k+1})$有足标(例如有 1 个，且为$\bar{r}_1>d_1$)越出边界的情况，上述的命题也是对的。

(1) 先不妨设原 $r_1\geqslant d_1$。那么，据归纳假定，此时 $\bar{P}_k$ 的最佳点形式为$(d_1, r_2, \cdots, r_k, d_{k+1})$；现在证明这个最佳点就是原问题的最佳点。

由于有足标在区域外，由韦厄斯特拉斯(Weierstrass)定理知最佳点必在边界上；对这$(k+1)$级火箭而言，此时边界由$(k+1)$个$(k-1)$维包腔组成。驻点$(d_1, \bar{r}_2, \cdots, \bar{r}_k, d_{k+1})$在 $r_{k+1}=d_{k+1}$这 k 维包腔与超曲面 V 相交的截痕上。

现在进一步证明，在 $r_1=d_1$ 与超曲面 V 相交的截痕上，其最佳点也必有$(d_1, r_2, \cdots, d_{k+1})$的形式。

现在考察一下下述的 P_k 问题。

$P_k(r_1=$某一常数$)$：

$$\begin{cases} \dfrac{1}{A_1-B_1+\dfrac{B_1}{r_1}}\min\left(\dfrac{1}{A_2-B_2+\dfrac{B_2}{r_2}}\cdots\dfrac{1}{A_n-B_n+\dfrac{B_n}{r_n}}\right) \\ V-W_1\ln r_1=\sum\limits_{i=2}^{k+1}W_i\ln r_i \\ 0<r_i<\dfrac{B_i}{B_i-A_i}\quad(i=2, 3, \cdots, k+1) \end{cases} \tag{*}$$

显见，当 r_1 单调下降至 d_1 时，$P_k(r_1=$某一常数$)$的对应驻点足标越来越大。但原来的 $r_{k+1}>d_{k+1}$，所以当 $r_1=d_1$ 时，其对应的最佳点应为$(d_1, r_2, \cdots, d_{k+1})$的形式。

(2) 若原 $r_1=W<d_1$，那么，让 r_1 从 W 单调上升至 d_1 时，对应的驻点足标$(r_2, r_3, \cdots, r_{k+1})$均越来越小。若设 $r_1=d_1$ 时，对应 $P_k(r_1=d_1)$的驻点为$(\bar{r}_1=d_1, \bar{r}'_2, \cdots, \bar{r}'_{k+1})$；现须证明 $\bar{r}'_{k+1}\geqslant d_{k+1}$，这可用反证法。

因为，若 $\bar{r}'_{k+1}<d_{k+1}$，那么，必有 $r_1=r_1^*<d_1$，而使 $r_{k+1}^*=d_{k+1}$。由于离驻点越远 P 越大，所以

$$P(r_1^*, \cdots, d_{k+1})<P(d_1, \cdots, \bar{r}'_{k+1})<P(d_1, \cdots, d_{k+1})$$

$$\left.\begin{array}{ll}\text{即} & P(r_1^*, \cdots, d_{k+1})<P(d_1, \cdots, d_{k+1}) \\ \text{此外} & P(\bar{r}_1, \cdots, \bar{r}_k, d_{k+1})<P(d_1, \cdots, d_{k+1})\end{array}\right\}$$

这就与 P 在 $r_{k+1}=d_{k+1}$ 上有唯一最小驻点相矛盾。从而可知，此时的最佳点还是$(\cdots, d_{k+1})$的形式。

对于这种情况的其他边界，显然也可以类似地证明其最佳点所对应的 P 值也小于等于$(\cdots, d_{k+1})$形式的最佳点所对应的 P 值。

此外，对于驻点的足标小于 c_i 及既有小于 c_i 又有大于 $d_j(i\neq j)$的情况，同样可得类似的结果。

综上所述，可知下述结论成立。

结论 对 n 级火箭，记其对应的驻点为$(r_1, r_2, \cdots, r_n)$，那么当其足标有落在区域$[c_i, d_i](i=1, 2, \cdots, n)$之外时，在实际允许区域上的最佳点必在 $r_i=d_i$(或 $r_i=c_i$)与超曲面 V 相交的截痕上。

利用上述结论(或反复利用上述结论)，那么本节情况的最佳质量比的解析表达式问题也就解决了。

1.3.3 关于在实际允许区域内多级火箭最佳质量比的一般解

多级火箭在实际允许区域内最佳质量比的一般解，显然可利用 1.3.2 节的结论(或反复利用 1.3.2 节的结论)来求得，也可利用两级情况的解。且容易看出，此时求最佳质量比问题，实际上就是求一系列的极值问题的驻点(包括求交点上函数值)；并容易验证 Min$P$ 随 V 的增大而单调地增大。

因此，对于给定的起飞质量，如何在实际允许的区域内选取 r_i 使 V 达最大的问题，是与上述问题等价的，也就同样可以解决。

这里，Min$P$ 是指问题

$$\begin{cases} \min\left(\dfrac{1}{A_1-B_1+\dfrac{B_1}{r_1}}\cdots\dfrac{1}{A_n-B_n+\dfrac{B_n}{r_n}}\right) \\ V=\sum_{i=1}^{n}W_i\ln r_i \\ c_i\leqslant r_i\leqslant d_i\quad(i=1,2,\cdots,n)\end{cases}$$

的最小点所对应的 P 值。

1.3.4 多级火箭在实际允许区域内最少级数下的最佳质量比计算

(1) 不改变各级次序(由顶往底记为 1，2，…，n)的情况。

对于给定的 V：

第 1 级与 G 构成的单级火箭，有一 $V_{1\max}$；

第 2 级与第 1 子火箭构成的两级火箭，有一 $V_{2\max}$(求法显然与最佳质量比类似)；

……

第 n 级与第($n-1$)子火箭构成的 n 级火箭，有一 $V_{n\max}$(这里 $V_{i\max}$表示对应的第 i 级子火箭所能达到的最大速度)。

显然

$$V_{n\max}>V_{(n-1)\max}>\cdots>V_{1\max}$$

若 $V_{i\max}<V\leqslant V_{(i+1)\max}(i=1,2,\cdots,n-1)$，那么就用这前面的第($i+1$)级子火箭而省去下面的[$n-(i+1)$]级；这样，所需的级数已定。

此后就可对给定的 V 来确定此($i+1$)级火箭的最小起飞质量。

(2) 各级的次序可自由交换。

1) 对于任一级与 G 构成的所有单级火箭，有一 $\overline{V}_{1\max}=V_{1\max\max}$；

对于任两级与 G 构成的所有两级火箭，有一 $\overline{V}_{2\max}=V_{2\max\max}$；

……

对于任 n 级与 G 构成的所有 n 级火箭，有一 $\overline{V}_{n\max}=V_{n\max\max}$

显见

$$\overline{V}_{n\max}>\overline{V}_{(n-1)\max}>\cdots>\overline{V}_{1\max}$$

若 $\overline{V}_{i\max}<V\leqslant\overline{V}_{(i+1)\max}(i=1,2,\cdots,n-1)$那么，至少可用其所对应的一种($i+1$)级子火箭来达到速度 V。这样，火箭的级数，各级的选择与排列次序都已确定，其余的[$n-(i+1)$]级可省略。

现在已可对这个($i+1$)级子火箭在给定的 V 下求最小起飞质量。

2）与 G 组成的$(i+1)$级子火箭共有 A_n^i 种，其中能满足 V 要求的可能有多种，应当对所有这些满足 V 要求的$(i+1)$级子火箭都求出对应的最小起飞质量，然后选择其中的最小者。

1.3.5 多级火箭在理论允许区域内最少级数下的最佳质量比计算

显见，对于理论允许区域 $1\leqslant r_i<\dfrac{B_i}{B_i-A_i}(i=1, 2, \cdots, n)$，不论其各级次序可否调换，都有一个在最少级数下的最小起飞质量的问题，这问题也可像上述那样去解决。不过此时的最佳点显然只要求相应的驻点即可。

1.3.6 起飞前的多级火箭在最少级数下的最小起飞质量问题

对于起飞前的多级火箭，不论是允许调换点火次序的并联式火箭还是不可调换各级次序的串联式火箭；除了后面要讨论的一般意义下的最省推进剂方案等问题外，也有其最少级数下的最小起飞质量问题等，并且可像本节所述的那样去确定级数，并在进行比较后解决。根据载荷和要求的速度，选择具体型号的火箭也是这个思想之一。当然，在确定对应的最省推进剂方案时可见第 2 章有关内容。

若用这里的基本方法去探讨第 2 章的最大速度方案等问题，显然可得到一些结果。反之，第 2 章中一些解决有关问题的方法也可用来处理最佳质量比问题。

第 2 章　多级火箭的结构参数优化问题及一些有关理论问题

本章及第 3 章拟讨论以下一些问题。

(1) 随着多级火箭的级数无限增加，质量也不限制，其载荷最终获得的速度的变化趋势。

(2) 保持多级火箭的推进剂总量和余下质量总量不变，当火箭的分级无限增加时，其载荷速度的极限值。

(3) 调换火箭的各级点火次序，其载荷的速度将改变，如何求出使载荷达最大速度的最佳点火次序?

(4) 对起飞前的多级火箭，若推进剂总量给定，如何分配各级的推进剂量使其载荷获得最大的速度(PLCV)?

(5) 对起飞前的多级火箭，若要求载荷在飞行末速度达一指定值，如何分配各级的推进剂量使其推进剂总量为最小(PLPM)?

(6) 对于起飞前的多级火箭，当推进剂总量增大时其对应的载荷最大速度未必就增大，从而提出求最宜的推进剂量问题。

(7) 给出两级火箭的最大末速度关于推进剂总量的一般变化规律等。

(8) 探讨 $W_2 \leqslant W_3$ 时，三级火箭最大速度的一般变化规律。

(9) 探讨 $W_2 > W_3$ 时，三级火箭和一般多级火箭最大速度的一般变化规律。

(10) PLCV 与 PLPM 是否等价问题。等等……

以上问题，本章及第 3 章均在经典力学的范围内讨论，然后在第 4 章中推广到狭义相对论的情形。按照爱因斯坦的观点，后者是更符合实际的，尤其是当速度可与光速相比较时，经典力学就不适用了。

2.1　质量不加限制、级数也不加限制时，多级火箭的速度极限值

2.1.1　V_n 在本章的表达式

设有一多级火箭(见图 2-1)，其中 y_i 表示此多级火箭的第 i 级的推进剂质量(包括辅助的)(以下简称为剂量)，x_i 表示此多级火箭的第 i 级除 y_i(包括辅助的)以外的所有余下质量

（以下简称为余量）；

G 表示此多级火箭的有效载荷（以下简称为载荷）；

W_i 表示此多级火箭的第 i 级的有效喷气速度（以下简称为喷速）；

V_n 表示此多级火箭当其第 n 级推进剂烧完那一瞬时的飞行末速度（以下简称为末速度）。

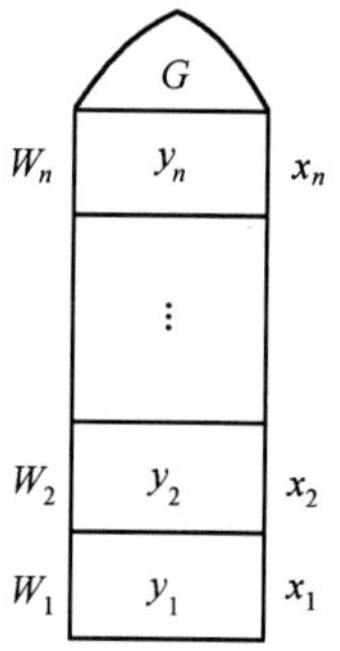

图 2-1 多级火箭示意图(2)

于是有

$$V_n{}^{①}=W_1\ln\frac{x_1+y_1+x_2+y_2+\cdots+x_n+y_n+G}{x_1+x_2+y_2+\cdots+x_n+y_n+G}+W_2\ln\frac{x_2+y_2+\cdots+x_n+y_n+G}{x_2+x_3+y_3+\cdots+x_n+y_n+G}+\cdots+W_{n-1}\ln\frac{x_{n-1}+y_{n-1}+x_n+y_n+G}{x_{n-1}+x_n+y_n+G}+W_n\ln\frac{x_n+y_n+G}{x_n+G} \quad (2.1\text{-}1)$$

2.1.2 问题的提出和探讨

细看式(2.1-1)中的一般项

$$W_i\ln\frac{x_i+y_i+x_{i+1}+y_{i+1}+\cdots+x_n+y_n+G}{x_i+x_{i+1}+y_{i+1}+\cdots+x_n+y_n+G}$$

由于 W_i，x_i，y_i，G 均>0，以及

$$\frac{x_i+y_i+x_{i+1}+y_{i+1}+\cdots+x_n+y_n+G}{x_i+x_{i+1}+y_{i+1}+\cdots+x_n+y_n+G}>1$$

所以

$$W_i\ln\frac{x_i+y_i+x_{i+1}+y_{i+1}+\cdots+x_n+y_n+G}{x_i+x_{i+1}+y_{i+1}+\cdots+x_n+y_n+G}>0$$

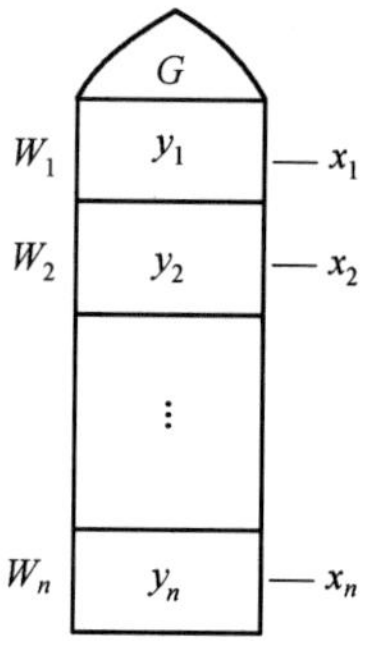

图 2-2 多级火箭示意图(3)

这就是说，V_n 中的每项都是正数，即随着火箭的级数增加，其末速 V_n 也增加，这是目前采用多级火箭的主要原因。

若无限地增加火箭的级数，其载荷所达到的速度将如何变化？这里先从经典力学的角度来分析。

为了论述的方便，现在把多级火箭的各级按图 2-2 所示来表示，于是

① 这个 V_n 里本应还包括由引力、空气阻力等引起的速度损耗，但它们之和几乎是常量（对给定的关机点 r_0），而对本节而言又不大。因为常量不影响优化规律（计算值时要考虑），小量不影响大量趋向，所以本书中的 V_n 仅考虑上述形式。当然，若损耗之和不是常量，我们也可像在国防科大做的两个仿真试验[20]那样进行探讨。

$$V_n = W_n \ln \frac{x_n + y_n + x_{n-1} + y_{n-1} + \cdots + x_1 + y_1 + G}{x_n + x_{n-1} + y_{n-1} + \cdots + x_1 + y_1 + G} + \cdots +$$

$$W_i \ln \frac{x_i + y_i + x_{i-1} + y_{i-1} + \cdots + x_1 + y_1 + G}{x_i + x_{i-1} + y_{i-1} + \cdots + x_1 + y_1 + G} + \cdots +$$

$$W_1 \ln \frac{x_1 + y_1 + G}{x_1 + G} \tag{2.1-2}$$

根据 x_i，y_i，G 及 W_i 的实际情况，假定存在 3 个正的常数使下列不等式成立：

$$C_1 \geqslant x_i,\ y_i,\ G \geqslant C_2 \quad (i=1,\ 2,\ \cdots,\ n)$$

$$W_i \geqslant C_3 \qquad (i=1,\ 2,\ \cdots,\ n)$$

那么

$$V_n \geqslant C_3 \left[\ln \frac{x_1 + y_1 + G}{x_1 + G} + \cdots + \ln \frac{x_n + y_n + x_{n-1} + y_{n-1} + \cdots + x_1 + y_1 + G}{x_n + x_{n-1} + y_{n-1} + \cdots + x_1 + y_1 + G} \right]$$

$$= C_3 \left[\ln\left(1 + \frac{y_1}{x_1 + G}\right) + \cdots + \ln\left(1 + \frac{y_n}{x_n + x_{n-1} + y_{n-1} + \cdots + x_1 + y_1 + G}\right) \right]$$

$$\geqslant C_3 \sum_{i=1}^{n} \ln\left(1 + \frac{C_2}{2iC_1}\right) = C_3 \ln \prod_{i=1}^{n} \left(1 + \frac{C_2}{2iC_1}\right)$$

按照无穷乘积的理论，当 $a_i > 0$ 时

$$\prod_{i=1}^{+\infty} (1 + a_i)$$

的收敛充要条件是

$$\sum_{i=1}^{+\infty} a_i$$

收敛；

现在

$$\sum_{i=1}^{+\infty} \frac{C_2}{2iC_1}$$

是一个熟知的发散于 $+\infty$ 的级数，故有

$$V_n \to +\infty (\text{当 } n \to +\infty \text{时})$$

这就是说，从经典力学的角度看，确可以用无限增加火箭级数的办法(总质量也不加限制)来无限提高火箭的末速度 V_n。但从相对论的角度来看，上述结论显然不行。本问题的最终结果将在第 4 章中给出。

2.2　质量加以限制时，多级火箭的速度极限值

对单级火箭来说，如果其剂量为 y，余量为 x，载荷为 G，喷速为 W，则末速

$$V_1 = W\ln\frac{x+y+G}{x+G} \tag{2.2-1}$$

现在设计一 n 级火箭，使其

$$\sum_{i=1}^{n} x_i = x,\ \sum_{i=1}^{n} y_i = y,$$

载荷为 G，也就是说，把一个单级火箭分成 n 级火箭。

对于这样的 n 级火箭，当其级数无限增加(即无限细分)时，其 V_n 将作怎样的变化？这是本章所要解决的第二个问题。

2.2.1 将单级火箭分为两级火箭

单级火箭之末速为(2.2-1)式所示，今将该单级火箭分为一个两级火箭而保持载荷、总余量和总剂量及喷速 W 不变，级的次序按图 2-1 所示。

设第 2 级的余量为 $\lambda x(0<\lambda<1)$，第 2 级的剂量为 $\mu y(0<\mu<1)$，则此两级火箭的末速按公式(2.1-1)应为

$$V_2 = W\ln\frac{x+y+G}{x+\mu y+G} + W\ln\frac{\lambda x+\mu y+G}{\lambda x+G} = W\ln\left[\frac{x+y+G}{x+\mu y+G}\,\frac{\lambda x+\mu y+G}{\lambda x+G}\right]$$

由直接计算可验证不等式

$$\frac{x+y+G}{x+\mu y+G}\,\frac{\lambda x+\mu y+G}{\lambda x+G} > \frac{x+y+G}{x+G}$$

因此得到

$$V_2 > V_1$$

即将一单级火箭分为一两级火箭，只要保持载荷、总余量、总剂量和喷速不变，则末速必将增加。

2.2.2 无限细分时末速的极限

如果将单级火箭分为多级火箭，而保持其载荷、总余量、总剂量不变，则当无限细分时，末速的值如何变化?

先看一种特殊的情况。设单级火箭的剂量 y 与余量 x 之比为常数 $\sigma = y/x$，若将该单级火箭细分为一 n 级火箭，而保持各级的喷速为 W，保持各级的 $y_i/x_i = \sigma$，那么

$$V_n = W\ln\frac{x_1+y_1+x_2+y_2+\cdots+x_n+y_n+G}{x_1+x_2+y_2+\cdots+x_n+y_n+G} + \cdots +$$

$$W\ln\frac{x_i+y_i+x_{i+1}+y_{i+1}+\cdots+x_n+y_n+G}{x_i+x_{i+1}+y_{i+1}+\cdots+x_n+y_n+G} + \cdots + W\ln\frac{x_n+y_n+G}{x_n+G}$$

$$V_n = W\sum_{k=1}^{n}\ln\frac{(1+\sigma)\sum_{i=k}^{n}x_i+G}{x_k+(1+\sigma)\sum_{i=k+1}^{n}x_i+G} \tag{2.2-2}$$

当 $n\to+\infty$ 并且所有的 $x_i\to 0$ 时，有

$$V_{+\infty} = \lim V_n = W\int_0^x\frac{\sigma\mathrm{d}\xi}{(1+\sigma)(x-\xi)+G} = \frac{Wy}{x+y}\ln\frac{x+y+G}{G} \tag{2.2-3}$$

再考察一般的情况。设当 $\xi\in[0, x]$时，$W(\xi)$和 $\sigma(\xi)$是两个正可积函数。将一单级火箭细分为一 n 级火箭，记

$$\xi_k = \sum_{i=1}^{k}x_i$$

再设第 k 级的喷速为 $W(\xi_k)$及

$$\frac{y_k}{x_k}=\sigma(\xi_k)$$

则有

$$\begin{aligned}V_n &= \sum_{k=1}^{n}W(\xi_k)\ln\frac{x_k+y_k+x_{k+1}+y_{k+1}+\cdots+x_n+y_n+G}{x_k+x_{k+1}+y_{k+1}+\cdots+x_n+y_n+G}\\ &= \sum_{k=1}^{n}W(\xi_k)\ln\left\{1+\frac{\sigma(\xi_k)x_k}{x_k+[1+\sigma(\xi_{k+1})]x_{k+1}+\cdots+[1+\sigma(\xi_n)]x_n+G}\right\}\end{aligned} \tag{2.2-4}$$

可以证明，当 $n\to+\infty$ 并且所有的 $x_i\to 0$ 时，有

$$V_{+\infty} = \lim V_n = \int_0^x W(\xi)\frac{\sigma(\xi)\mathrm{d}\xi}{\int_\xi^x[1+\sigma(\eta)]\mathrm{d}\eta+G} \tag{2.2-5}$$

当 W，σ 是常数时，就得式(2.2-3)。

2.2.3　式(2.2-5)的证明

设 α，β 为无穷小量，$k\neq 0$ 而为一常数，则有熟知的估计式

$$\ln(1+\alpha)=\alpha+O(1)\alpha^2 \tag{2.2-6}$$

$$\frac{\beta}{\alpha+k}=\frac{\beta}{k}+O(1)\alpha\beta \tag{2.2-7}$$

若令

$$T=\max(x_1, x_2, \cdots, x_n)$$

则当 $T\to 0$ 时，由式(2.2-6)可知

$$V_n = \sum_{k=1}^{n}W(\xi_k)\ln\left\{1+\frac{\sigma(\xi_k)x_k}{x_k+[1+\sigma(\xi_{k+1})]x_{k+1}+\cdots+[1+\sigma(\xi_n)]x_n+G}\right\}$$

$$= \sum_{k=1}^{n} W(\xi_k) \frac{\sigma(\xi_k) x_k}{x_k + [1+\sigma(\xi_{k+1})]x_{k+1} + \cdots + [1+\sigma(\xi_n)]x_n + G} +$$

$$O(1) \sum_{k=1}^{n} W(\xi_k) x_k^2 \tag{2.2-8}$$

因为 $W(\xi_k)$可积，故

$$O(1) \sum_{k=1}^{n} W(\xi_k) x_k^2 = 0(1) \tag{2.2-9}$$

又因为 $\sigma(\xi_k)$可积，故

$$x_k + [1+\sigma(\xi_{k+1})]x_{k+1} + \cdots + [1+\sigma(\xi_n)]x_n = \int_{\xi_k}^{x} [1+\sigma(\eta)]\mathrm{d}\eta + 0(1)$$

由式(2.2-7)可得

$$\frac{\sigma(\xi_k) x_k}{x_k + [1+\sigma(\xi_{k+1})]x_{k+1} + \cdots + [1+\sigma(\xi_n)]x_n + G}$$

$$= \frac{\sigma(\xi_k) x_k}{\int_{\xi_k}^{x} [1+\sigma(\eta)]\mathrm{d}\eta + 0(1) + G} = \frac{\sigma(\xi_k) x_k}{\int_{\xi_k}^{x} [1+\sigma(\eta)]\mathrm{d}\eta + G} + 0(1) x_k \tag{2.2-10}$$

将式(2.2-9)和式(2.2-10)代入式(2.2-8)可得

$$V_n = \sum_{k=1}^{n} W(\xi_k) \frac{\sigma(\xi_k) x_k}{\int_{\xi_k}^{x} [1+\sigma(\eta)]\mathrm{d}\eta + G} + 0(1)$$

因为 $x_k = \xi_k - \xi_{k-1} = \Delta\xi_k$，所以取极限可得

$$V_{+\infty} = \int_{0}^{x} W(\xi) \frac{\sigma(\xi)\mathrm{d}\xi}{\int_{\xi}^{x} [1+\sigma(\eta)]\mathrm{d}\eta + G}$$

其中，

$$\int_{\xi}^{x} [1+\sigma(\eta)]\mathrm{d}\eta + G$$

当 $\xi=0$ 时就是火箭之总质量。

2.3 串联型多级火箭的最佳点火次序

本节按图 2-1 所示的多级火箭各级次序来讨论问题。

本节在解决串联型多级火箭的最佳点火次序问题时，要用到一个数学模型，该数学模型是一个可调换各级次序的串联式的多级火箭。当然该数学模型问题的解决还有它自身的意义。

调换此串联式的多级火箭(以下简称为此火箭)的各级次序，一般说来末速会改变，这样就产生了研究此多级火箭的各级排列的次序问题。这里把使末速达到最大的那种排列称为最佳排列。下面介绍寻求最佳排列的问题,为优化设计提供理论根据。

2.3.1 两级火箭的一般情况

两级火箭的末速为

$$V_2=W_1\ln\frac{x_1+y_1+x_2+y_2+G}{x_1+x_2+y_2+G}+W_2\ln\frac{x_2+y_2+G}{x_2+G} \tag{2.3-1}$$

现在把原火箭的第1级与第2级互换，装配成一新火箭，其末速为

$$\overline{V}_2=W_2\ln\frac{x_2+y_2+x_1+y_1+G}{x_2+x_1+y_1+G}+W_1\ln\frac{x_1+y_1+G}{x_1+G} \tag{2.3-2}$$

由式(2.3-1)减去式(2.3-2)可得

$$V_2-\overline{V}_2=W_2\ln\left(\frac{x_2+y_2+G}{x_2+G}\ \frac{x_2+G+x_1+y_1}{x_2+y_2+x_1+y_1+G}\right)-$$

$$W_1\ln\left(\frac{x_1+y_1+G}{x_1+G}\ \frac{x_1+G+x_2+y_2}{x_1+y_1+G+x_2+y_2}\right)$$

令

$$\lambda_1=\frac{x_2+y_2+G}{x_2+G}\ \frac{x_2+G+x_1+y_1}{x_2+y_2+G+x_1+y_1}$$

$$\lambda_2=\frac{x_1+y_1+G}{x_1+G}\ \frac{x_1+G+x_2+y_2}{x_1+y_1+G+x_2+y_2}$$

则有

$$V_2-\overline{V}_2=W_2\ln\lambda_1-W_1\ln\lambda_2 \tag{2.3-3}$$

由于

$$\frac{x_2+y_2+G}{x_2+G}>\frac{x_2+y_2+G+x_1+y_1}{x_2+G+x_1+y_1}>1$$

$$\frac{x_1+y_1+G}{x_1+G}>\frac{x_1+y_1+G+x_2+y_2}{x_1+G+x_2+y_2}>1$$

故有 $\lambda_i>1(i=1,\ 2)$；从而 $\ln\lambda_i>0(i=1,\ 2)$。

由此可见，若要 $V_2\geqslant\overline{V}_2$ 成立，只要下述不等式成立：

$$\frac{W_2}{W_1}\geqslant\frac{\ln\lambda_2}{\ln\lambda_1} \tag{2.3-4}$$

使式(2.3-4)成立的排列称为合理排列，否则就称为不合理排列。

对两级火箭而言，显然合理排列就是最好排列。

2.3.2 两级火箭的3种特殊情况

记

$$E_i=\frac{x_i}{y_i}(x_i+y_i+G) \qquad (i=1,\ 2)$$

通过计算可知：

若 $E_1>E_2$，则 $\lambda_1>\lambda_2$；

若 $E_1=E_2$，则 $\lambda_1=\lambda_2$；

若 $E_1<E_2$，则 $\lambda_1<\lambda_2$。

故知，对下述的3种情况，可有更清楚的答案。

情况1：若 $W_1=W_2$，则按 $E_1\geqslant E_2$ 的次序来排列就是最佳排列；按 $E_1<E_2$ 来排列不是最佳排列。

情况2：若 $E_1=E_2$，这时按 $W_1\leqslant W_2$ 的次序来排列就是最佳排列；按 $W_1>W_2$ 来排列不是最佳排列。

情况3：若 $E_1\geqslant E_2$，同时有 $W_1\leqslant W_2$，那么按此次序可得最佳排列。若 $E_1\leqslant E_2$，同时有 $W_1>W_2$；或者 $E_1<E_2$，同时有 $W_1\geqslant W_2$，则按此次序来排列必不是最佳排列。

2.3.3 多级火箭的合理排列

一个 n 级火箭的各级间的排列共有 $n!$ 种，有限个数中必有最大者，故最佳排列必存在。为了寻求最佳排列，这里从局部分析入手。

应用两级火箭的有关结论，可以讨论 n 级火箭任意相邻的两级即第 i 级和第 $i+1$ 级之间的排列是否合理，视第 i 级和第 $i+1$ 级组成一两级火箭，其载荷为从第 $i+1$ 级以后的总质量

$$\sum_{k=i+2}^{n}(x_k+y_k)+G$$

这样就可以对此两级火箭来讨论从第 i 级到第 $i+1$ 级排列的合理性。如果 n 级火箭的任何相邻两级的排列均为合理，那么这个 n 级火箭的排列是一个合理排列。

通过具体的例子可以说明：合理排列不一定只是一个，而不同的合理排列其对应的载荷最终速度值又不一定相同，所以合理排列未必是最佳排列。但按上述的合理排列的定义，显然可得：最佳排列必为合理排列。

当然，如果在某种型号的 n 级火箭的 $n!$ 种排列中，只有一个排列是合理排列，那么显见它就是最佳排列。

2.3.4 多级火箭的最佳排列

2.3.3 节的分析提供了一个挑选最佳排列的较为简便的方法，就是先求合理排列；发现了不合理的排列，比如说某个排列的第 k 级与第 $k+1$ 级这相邻的两级如不合理，则任意将前$(k-1)$级重排或任意将后 $n-(k+1)=n-k-1$ 级重排，所得的$(k-1)!\ (n-k-1)!$个排列均为不合理，而应删去；当得到一个合理排列后，可将由此排列经过调换任意相邻两级所得的$(n-1)$个排列(不管它们是否合理排列)均删去；在余下的合理排列中加以比较，即可从中得到最佳排列。

对于下述的特殊情况，其最佳排列显见可以迅速地得到。

情况 1：若

$$\frac{x_1}{y_1}=\frac{x_2}{y_2}=\cdots=\frac{x_n}{y_n},$$

且 $W_1=W_2=\cdots=W_n$,那么按各级质量 x_i+y_i 由大到小的次序来排列即得最佳排列。

情况 2：若

$$\frac{x_1}{y_1}=\frac{x_2}{y_2}=\cdots=\frac{x_n}{y_n},$$

且 $x_1+y_1=x_2+y_2=\cdots=x_n+y_n$，那么按喷速 W_i 由小到大的次序来排列即得最佳排列。

情况 3：若

$$\frac{x_1}{y_1}=\frac{x_2}{y_2}\cdots=\frac{x_n}{y_n},$$

且当 W_i 由小到大的次序来排列时，(x_i+y_i)恰按照由大到小的次序排列，那么这个排列就是最佳排列。

请注意：这里所说的次序是指图 2-1 所示的多级火箭的各级次序。

另外务请注意：对于第 6 章中的并联型、混合型等多级火箭，显见也可解决其最佳搭配及点火次序问题(参见第 6 章中有关内容)。对串联型多级火箭情况也如此。

2.4 多级火箭的最大速度方案(PLCV)

对起飞前的多级火箭而言，其各级余下质量均已确定，现提出这么一个问题：对于给定的有效载荷和给定的推进剂总量，如何分配各级的推进剂量使载荷所获得的末速度最大?

这就是本节所讨论的最大末速度问题，而使末速度达最大的那一组推进剂量 $y_i(i=1,2,\cdots,n)$就称为最大末速度方案，简称最大速度方案。

2.4.1 问题的数学表述

设给定的推进剂总量为 A，而各级的推进剂贮箱之容量为

$$B_i \quad (i=1, 2, \cdots, n)$$

于是求最大速度方案问题就成为在 n 维空间找出一点

$$(y_1, y_2, \cdots, y_n)$$

满足

$$0 \leqslant y_i \leqslant B_i \quad (i=1, 2, \cdots, n) \tag{2.4-1}$$

$$\sum_{i=1}^{n} y_i = A \tag{2.4-2}$$

而使

$$V_n = W_1 \ln \frac{x_1 + y_1 + x_2 + y_2 + \cdots + x_n + y_n + G}{x_1 + x_2 + y_2 + \cdots + x_n + y_n + G} + \cdots + W_n \ln \frac{x_n + y_n + G}{x_n + G} \tag{2.4-3}$$

取最大值的问题。

作为准备，先考虑一个典型的极值问题。即在约束式(2.4-2)之下使式(2.4-3)取极值。

应用拉格朗日乘子法，记

$$\varphi = \sum_{i=1}^{n} y_i - A$$

$$F = V_n + \lambda\varphi = W_1 \ln \frac{x_1 + y_1 + x_2 + y_2 + \cdots + x_n + y_n + G}{x_1 + x_2 + y_2 + \cdots + x_n + y_n + G} + \cdots + W_n \ln \frac{x_n + y_n + G}{x_n + G} + \lambda\left(\sum_{i=1}^{n} y_i - A\right)$$

得方程组

$$\begin{cases} \dfrac{\partial F}{\partial y_1} = 0 \\ \dfrac{\partial F}{\partial y_2} = 0 \\ \vdots \\ \dfrac{\partial F}{\partial y_n} = 0 \\ \varphi = 0 \end{cases} \tag{2.4-4}$$

这个方程组按拉格朗日的理论就是使 V_n 在

$$\sum_{i=1}^{n} y_i = A$$

上达极值之点所必须满足的方程组，它的解称为驻点。

2.4.2　方程组(2.4-4)之解

方程组(2.4-4)具体写出来就是

$$
\begin{cases}
\dfrac{\partial F}{\partial y_1}=W_1\dfrac{1}{x_1+y_1+x_2+y_2+\cdots+x_n+y_n+G}+\lambda=0 \\
\dfrac{\partial F}{\partial y_2}=\dfrac{W_1}{x_1+y_1+x_2+y_2+\cdots+x_n+y_n+G}- \\
\qquad W_1\dfrac{1}{x_1+x_2+y_2+\cdots+x_n+y_n+G}+ \\
\qquad W_2\dfrac{1}{x_2+y_2+\cdots+x_n+y_n+G}+\lambda=0 \\
\qquad \vdots \\
\dfrac{\partial F}{\partial y_{n-1}}=W_1\dfrac{1}{x_1+y_1+\cdots+x_n+y_n+G}- \\
\qquad W_1\dfrac{1}{x_1+x_2+y_2+\cdots+x_n+y_n+G}+ \\
\qquad W_2\dfrac{1}{x_2+y_2+\cdots+x_n+y_n+G}- \\
\qquad W_2\dfrac{1}{x_2+x_3+y_3+\cdots+x_n+y_n+G}+\cdots+ \\
\qquad W_{n-2}\dfrac{1}{x_{n-2}+y_{n-2}+\cdots+x_n+y_n+G}- \\
\qquad W_{n-2}\dfrac{1}{x_{n-2}+x_{n-1}+y_{n-1}+x_n+y_n+G}+ \\
\qquad W_{n-1}\dfrac{1}{x_{n-1}+y_{n-1}+x_n+y_n+G}+\lambda=0 \\
\dfrac{\partial F}{\partial y_n}=W_1\dfrac{1}{x_1+y_1+\cdots+x_n+y_n+G}- \\
\qquad W_1\dfrac{1}{x_1+x_2+y_2+\cdots+x_n+y_n+G}+\cdots+ \\
\qquad W_{n-1}\dfrac{1}{x_{n-1}+y_{n-1}+x_n+y_n+G}- \\
\qquad W_{n-1}\dfrac{1}{x_{n-1}+x_n+y_n+G}+ \\
\qquad W_n\dfrac{1}{x_N+y_n+G}+\lambda=0 \\
\varphi=\sum_{i=1}^{n}y_i-A=0
\end{cases}
\tag{2.4-5}
$$

从第 n 个方程减去第$(n-1)$个方程，第$(n-1)$个方程减去第$(n-2)$个方程……第 2 个方

程减去第 1 个方程及 $\varphi=0$ 可得

$$\begin{cases} y_n = \dfrac{W_n x_{n-1}}{W_{n-1}-W_n} - (x_n + G) \\ y_{n-1} = \dfrac{W_{n-1} x_{n-2}}{W_{n-2}-W_{n-1}} - (x_{n-1} + x_n + y_n + G) \\ \quad\vdots \\ y_m = \dfrac{W_m x_{m-1}}{W_{m-1}-W_m} - \left[x_m + \sum\limits_{j=m+1}^{n}(x_j + y_j) + G\right] \\ \quad\vdots \\ y_2 = \dfrac{W_2 x_1}{W_1 - W_2} - \left[x_2 + \sum\limits_{j=3}^{n}(x_j + y_j) + G\right] \\ y_1 = A - \sum\limits_{j=2}^{n} y_j \end{cases} \tag{2.4-6}$$

由公式(2.4-6)可见：

(1) 当对所有的 $i=1, 2, \cdots, n-1$，有 $W_i \neq W_{i+1}$ 时，方程组(2.4-5)有解，其解可由式(2.4-6)依次算出，并且这个解是唯一的，即驻点唯一存在。

(2) 当 $W_i = W_{i+1}$ $(i=1, 2, \cdots, n-1)$ 至少有 1 个成立时，公式(2.4-6)就无意义，此时方程组(2.4-5)无解，即无驻点。

2.4.3 关于 $y_i \in (-\delta, +\infty)$ $(i=1, 2, \cdots, n)$ 情况下最大速度方案的讨论

前面已经对方程组(2.4-5)进行了详细的讨论，得到了当 $W_i \neq W_{i+1}$ $(i=1, 2, \cdots, n-1)$ 时，方程组(2.4-5)有唯一的解，其解的表达式就是式(2.4-6)。

现在要问，这个唯一的解是否就是在 $y_i \in (-\delta, +\infty)$ 情况下，$W_i \neq W_{i+1}$ $(i=1,2,\cdots,n-1)$ 时的最大速度方案？为解决这个问题，记

$$\sum_{i=1}^{n}(x_i + y_i) + G = A_n \text{（本质上，与 } \sum_{i=1}^{n} y_i = A \text{ 一致）}$$

把

$$y_1 = A_n - (x_1 + x_2 + y_2 + \cdots + x_n + y_n + G)$$

代入

$$V_n = W_1 \ln \frac{x_1 + y_1 + x_2 + y_2 + \cdots + x_n + y_n + G}{x_1 + x_2 + y_2 + \cdots + x_n + y_n + G} + \cdots + W_n \ln \frac{x_n + y_n + G}{x_n + G}$$

可得

$$V = V(y_2, y_3, \cdots, y_n)$$

这样原来的关于 y_i 的 n 个变量的条件极值问题就化为关于 y_i 的 $(n-1)$ 个变量的普通极值问

题了。

在这个具体问题中，显然有

$$V_{y_ky_k}=V_{y_ky_i}=V_{y_iy_k}\quad(i\geqslant 2,\ k\geqslant 2)$$

所以行列式

$$D_{n-1}=\begin{vmatrix} V_{y_2y_2} & V_{y_2y_3} & \cdots & V_{y_2y_n} \\ V_{y_3y_2} & V_{y_3y_3} & \cdots & V_{y_3y_n} \\ & \vdots & \vdots & \\ V_{y_ny_2} & V_{y_ny_3} & \cdots & V_{y_ny_n} \end{vmatrix}$$

经过初等变换后可成为

$$D_{n-1}=\begin{vmatrix} V_{y_2y_2} & 0 & \cdots & 0 \\ V_{y_3y_2} & (V_{y_3y_3}-V_{y_2y_2}) & \cdots & 0 \\ & \vdots & & \vdots \\ V_{y_ny_2} & (V_{y_ny_3}-V_{y_ny_2}) & \cdots & (V_{y_ny_n}-V_{y_{n-1}y_{n-1}}) \end{vmatrix}$$

$$=V_{y_2y_2}(V_{y_3y_3}-V_{y_2y_2})(V_{y_4y_4}-V_{y_3y_3})\cdots(V_{y_ny_n}-V_{y_{n-1}y_{n-1}})$$

而在驻点处有

$$V_{y_2y_2}=-\frac{(W_1-W_2)^3}{x_1^2W_1W_2}$$

$$V_{y_3y_3}-V_{y_2y_2}=-\frac{(W_2-W_3)^3}{x_2^2W_2W_3}$$

$$\vdots$$

$$V_{y_ny_n}-V_{y_{n-1}y_{n-1}}=-\frac{(W_{n-1}-W_n)^3}{{x_{n-1}}^2W_{n-1}W_n}$$

故知

$$D_1=-\frac{(W_1-W_2)^3}{x_1^2W_1W_2}$$

$$D_2=(-1)^2\,\frac{[(W_1-W_2)(W_2-W_3)]^3}{(x_2x_1)^2W_2^2W_1W_3}$$

$$\vdots$$

$$D_{n-1}=(-1)^{n-1}\frac{[(W_1-W_2)(W_2-W_3)\cdots(W_{n-1}-W_n)]^3}{(x_1x_2\cdots x_{n-1})^2(W_2W_3\cdots W_{n-1})^2W_1W_n}$$

已知只要有一个 $W_i=W_{i+1}$ 成立，那么 $y_i\in(-\delta,+\infty)$ 情况下的最大速度方案就肯定不存在，所以只要考虑

$$W_i\neq W_{i+1}\quad(i=1,\ 2,\ \cdots,\ n-1)$$

的情况就行了。

对于这种情况，根据以上的讨论及二次型的有关理论可得：

(1) 当 $W_i > W_{i+1}(i=1, 2, \cdots, n-1)$时，函数 V_n 在 $y_i \in (-\delta, +\infty)(i=1, 2, \cdots, n)$的整个区域中只有 1 个驻点，其具体表达式就是式(2.4-6)，而这个驻点就是使 V_n 达极大值之点。

(2) 当 $W_i < W_{i+1}(i=1, 2, \cdots, n-1)$时，函数 V_n 在 $y_i \in (-\delta, +\infty)(i=1, 2, \cdots, n)$的整个区域中只有 1 个驻点，其具体表达式也是式(2.4-6)，但这时函数 V_n 在此驻点处达极小值。

(3) 当 W_i 为其他情况时，函数 V_n 在区域 $y_i \in (-\delta, +\infty)(i=1, 2, \cdots, n)$中无极值。

对这个在开区域内一阶导数存在的连续函数，且在那区域 D 内只有一个极值点，显见其极大(小)点所对应的极大(小)值必为此函数在区域 D 上的最大(小)值①。

现转入 $y_i \in [0, B_i](i=1, 2, \cdots, n)$情况下的最大速度方案问题的讨论。

2.4.4 $y_i \in [0, B_i]$情况下，$W_1 \leqslant W_2 \leqslant \cdots \leqslant W_n$ 时的最大速度方案

先研究一个两级火箭，其中 $W_1 \leqslant W_2$。可以证明：当推进剂总量一定时，第 2 级的剂量越大，则飞行末速度也就越大。

设(y_1, y_2)和$(\bar{y}_1, \bar{y}_2)$是关于推进剂量的两个分配方案，那么显见其对应的飞行末速度分别为(这里 $y_1+y_2=\bar{y}_1+\bar{y}_2$)

$$\begin{aligned} V_2 &= W_1 \ln \frac{x_1+y_1+x_2+y_2+G}{x_1+x_2+y_2+G} + W_2 \ln \frac{x_2+y_2+G}{x_2+G} \\ &= W_1 \ln\left(\frac{x_1+y_1+x_2+y_2+G}{x_1+x_2+y_2+G} \frac{x_2+y_2+G}{x_2+G}\right) + (W_2-W_1) \ln \frac{x_2+y_2+G}{x_2+G} \end{aligned} \tag{2.4-7}$$

$$\bar{V}_2 = W_1 \ln\left(\frac{x_1+\bar{y}_1+x_2+\bar{y}_2+G}{x_1+x_2+\bar{y}_2+G} \frac{x_2+\bar{y}_2+G}{x_2+G}\right) + (W_2-W_1) \ln \frac{x_2+\bar{y}_2+G}{x_2+G} \tag{2.4-8}$$

若设 $\bar{y}_2 > y_2$，分别比较 V_2 和 $\bar{V}_2$ 右边的第 1 项和第 2 项。第 1 项的比较，由直接验算可得不等式

$$\frac{x_1+y_1+x_2+y_2+G}{x_1+x_2+y_2+G} \frac{x_2+y_2+G}{x_2+G} < \frac{x_1+x_2+\bar{y}_1+\bar{y}_2+G}{x_1+x_2+y_2+G} \frac{x_2+\bar{y}_2+G}{x_2+G}$$

因此

$$W_1 \ln\left(\frac{x_1+y_1+x_2+y_2+G}{x_1+x_2+y_2+G} \frac{x_2+y_2+G}{x_2+G}\right) < W_1 \ln\left(\frac{x_1+\bar{y}_1+x_2+\bar{y}_2+G}{x_1+x_2+\bar{y}_2+G} \frac{x_2+\bar{y}_2+G}{x_2+G}\right)$$

而第 2 项的比较则是显然的

① 关于 $W_1 > W_2 > \cdots > W_n$ 的情况下极大点的证明，若用 1.2 节中的方法则会更简单。

$$(W_2-W_1)\ln\frac{x_2+y_2+G}{x_2+G}<(W_2-W_1)\ln\frac{x_2+\overline{y}_2+G}{x_2+G}$$

因此

$$V_2<\overline{V}_2\quad（显见：W_1=W_2 \text{ 时证明更简单}）$$

这就是说，对于两级火箭而言，若 $W_1\leqslant W_2$，推进剂总量为 A，则当 $A>B_2$ 时，第 2 级推进剂的储箱全部装满，即 $y_2=B_2$，$y_1=A-B_2$ 为最大速度方案。当 $A\leqslant B_2$ 时，则将全部推进剂注入第 2 级，即 $y_1=0$，$y_2=A$ 为最大速度方案。

将以上的结果直接推广到 $y_i\in[0,B_i]$,$W_1\leqslant W_2\leqslant\cdots\leqslant W_n$ 时的多级火箭的情况，可知当推进剂的总量给定后，最大速度方案应为：先将第 n 级的储箱注满，然后将第 $n-1$ 级的储箱注满，然后再将第 $n-2$ 级的储箱注满，如此下去直至给定的推进剂总量 A 全部注完，即得最大速度方案。

这就是说，若 $B_{k+1}+B_{k+2}+\cdots+B_n<A\leqslant B_k+B_{k+1}+\cdots+B_n$，那么 $y_1=0$，$y_2=0$，…，$y_{k-1}=0$，$y_k=A-[B_{k+1}+B_{k+2}+\cdots+B_n]$，$y_{k+1}=B_{k+1}$，$y_{k+2}=B_{k+2}$，…，$y_n=B_n$ 即为最大速度方案。

2.4.5　$y_i\in[0,B_i](i=1,2,\cdots,n)$ 而 W_i 为其他情况时的最大速度方案

对于 $y_i\in[0,B_i]$的情况，如果 $W_i>W_{i+1}(i=1,2,\cdots,n-1)$，而且式(2.4-6)所表示的极大点刚好落在区域$[0,B_i](i=1,2,\cdots,n)$上，那么显见式(2.4-6)就是此时的 $y_i\in[0,B_i](i=1,2,\cdots,n)$情况下,$W_i>W_{i+1}(i=1,2,\cdots,n-1)$时的最大速度方案。

如果式(2.4-6)所表示的根本不是极大点，或无解，或所表示的极大点在区域$[0,B_i](i=1,2,\cdots,n)$之外，那么显见：此时为求最大速度，就得求函数 V_n 在区域(2.4-1)和区域(2.4-2)交得的集合的边界上的最大值了。为此我们得把区域(2.4-1)和区域(2.4-2)交得的集合及其边界构造出来。

视 $y=(y_1,y_2,\cdots,y_n)$为 n 维空间中的一点，限制条件式(2.4-2)表示 n 维空间中的一个$(n-1)$维超平面，点 $y=(y_1,y_2,\cdots,y_n)$限制在这个$(n-1)$维超平面上变动。条件式(2.4-1)确定了 n 维空间中的一个 n 维超方体，点 $y=(y_1,y_2,\cdots,y_n)$只允许在这个超方体中变动。因此条件式(2.4-1)和条件式(2.4-2)合在一起就确定了 n 维空间中上述$(n-1)$维超平面上的一个有界闭区域 D，它是上述$(n-1)$维超平面与上述 n 维超方体相交的截痕。下面的图 2-3 和图 2-4 分别表示了 $n=2$ 及 $n=3$ 时的几种情况。

D 是一个位于$(n-1)$维超平面 $\sum\limits_{i=1}^{n}y_i=A$ 上的区域，它的边界由若干个$(n-2)$维的平直部分所组成，而每一个这样的$(n-2)$维的平直部分的边界又是由若干个$(n-3)$维的平直部分所组成，如此等等。这些不同维数的平直部分，统称为包腔；于是区域 D 就由如下的不同维数的包腔所组成。

$(n-1)$维包腔由条件式(2.4-1)、条件式(2.4-2)确定，最多有1个，即区域D本身。

$(n-2)$维包腔由条件式(2.4-1)、条件式(2.4-2)及$y_i=0$或$y_i=B_i(i=1, 2, \cdots, n)$之一确定，最多有$2^1C_n^1=2n$个。

$(n-3)$维包腔由条件式(2.4-1)、条件式(2.4-2)及$y_i=0$或$y_i=B_i$中之二确定，最多有$2^2C_n^2$个。

……

1维包腔由条件式(2.4-1)、条件式(2.4-2)及$y_i=0$或$y_i=B_i$中之$(n-2)$个确定，最多有$2^{n-2}C_n^{n-2}$个。

0维包腔由条件式(2.4-1)、条件式(2.4-2)及$y_i=0$或$y_i=B_i$中之$(n-1)$个确定，最多有$2^{n-1}C_n^{n-1}$个。

这些不同维数的包腔数目加起来最多有

$$2^0C_n^0+2^1C_n^1+2^2C_n^2+\cdots+2^{n-1}C_n^{n-1}=(2+1)^n-2^nC_n^n=3^n-2^n \tag{2.4-9}$$

现在来讨论主要问题：在W_i的一般情况时，求函数(2.4-3)在条件式(2.4-1)和条件式(2.4-2)下的最大值，即在D上求此时的函数(2.4-3)之最大值。

因为函数(2.4-3)在有界闭区域D上连续，因此必在D上达最大值，这个最大值可以这样来求：应用前面的方法分别求函数(2.4-3)在D的每一个$(n-2)$维包腔、$(n-3)$维包腔、……、1维包腔上的驻点及顶点(0维包腔)，然后比较函数(2.4-3)在所有上述驻点及顶点处的函数值，取其最大者即为最大速度，而此最大速度所对应的那点$y=(y_1, y_2, \cdots, y_n)$的坐标即为最大速度方案。

显然，这时要解的条件极值的数目不会超过m个

$$m=(3^n-2^n)-2^{n-1}C_n^{n-1}-1$$

例如

$$n=2\text{ 时}，m=0$$

$$n=3\text{ 时}，m=6$$

$$n=4\text{ 时}，m=32$$

$$n=5\text{ 时}，m=130$$

$$n=6\text{ 时}，m=472$$

可以看到：当n增大时，m迅速增大。但是实际上有时上述包腔中有一些是空的，这时相应的极值问题也就不出现了。

下面介绍$n=2$及$n=3$时的两种具体情况。

首先研究两级火箭，这时条件式(2.4-1)和条件式(2.4-2)分别是

$$0\leqslant y_1\leqslant B_1，0\leqslant y_2\leqslant B_2 \tag{2.4-10}$$

$$y_1+y_2=A \tag{2.4-11}$$

而目标函数是

$$V_2=W_1\ln\frac{x_1+y_1+x_2+y_2+G}{x_1+x_2+y_2+G}+W_2\ln\frac{x_2+y_2+G}{x_2+G} \tag{2.4-12}$$

区域 D 就是条件式(2.4-10)和条件式(2.4-11)所限定的图形。一般说来，它具有 1 个 1 维包腔，2 个 0 维包腔(顶点)。它有以下的几种情况：

(1) 若 $A>B_1+B_2$，则 D 是空的。

(2) 若 $A=B_1+B_2$，则 D 是一点，即(B_1, B_2)。

(3) 若 $B_1, B_2\leqslant A<B_1+B_2$，则 D 是一线段，如图 2-3(a)。D 的两个端点分别为$(B_1, A-B_1)$ 和$(A-B_2, B_2)$。

(4) 若 $0<A<B_1$ 和 B_2 之一，例如 $B_1\leqslant A<B_2$，如图 2-3(b)。此时 D 是一线段，D 的两端点分别为$(B_1, A-B_1)$，$(0, A)$。

如果 $B_2\leqslant A<B_1$，则 D 的两端点分别为$(A, 0)$，$(A-B_2, B_2)$。

(5) 若 $0<A<B_1$ 和 B_2，则如图 2-3(c)。D 为一线段，其两端点为$(A, 0)$及$(0, A)$。

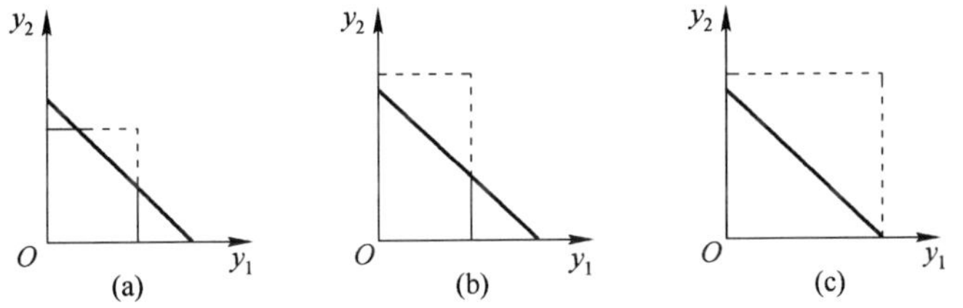

图 2-3　两级火箭时的包腔情况

现用前面的方法求函数(2.4-12)的驻点，如果极大点存在且落在 D 上，那么极大点所对应的(y_1, y_2)就是最大速度方案。反之，若极大点不存在，或者极大点落在 D 外，那么比较函数(2.4-12)在 D 的两个端点处之函数值，较大值所对应的那个点的坐标即为最大速度方案。

其次，讨论三级火箭，这时条件式(2.4-1)和条件式(2.4-2)就是

$$0\leqslant y_1\leqslant B_1,\ 0\leqslant y_2\leqslant B_2,\ 0\leqslant y_3\leqslant B_3 \tag{2.4-13}$$

$$y_1+y_2+y_3=A \tag{2.4-14}$$

而目标函数(2.4-3)为

$$V_3=W_1\ln\frac{x_1+y_1+x_2+y_2+x_3+y_3+G}{x_1+x_2+y_2+x_3+y_3+G}+W_2\ln\frac{x_2+y_2+x_3+y_3+G}{x_2+x_3+y_3+G}+W_3\ln\frac{x_3+y_3+G}{x_3+G} \tag{2.4-15}$$

条件式(2.4-13)和条件式(2.4-14)所确定的两维区域 D 及诸 1 维和 0 维包腔有以下情况：

(1) 若 $A>B_1+B_2+B_3$，则 D 是空的。

(2) 若 $A=B_1+B_2+B_3$，则 D 是一点(B_1, B_2, B_3)。

(3) 若 $A<B_1+B_2+B_3$，$A\geqslant B_1+B_2$，B_2+B_3，B_3+B_1；那么 D 是一个三角形，如图 2-4(a)所示。

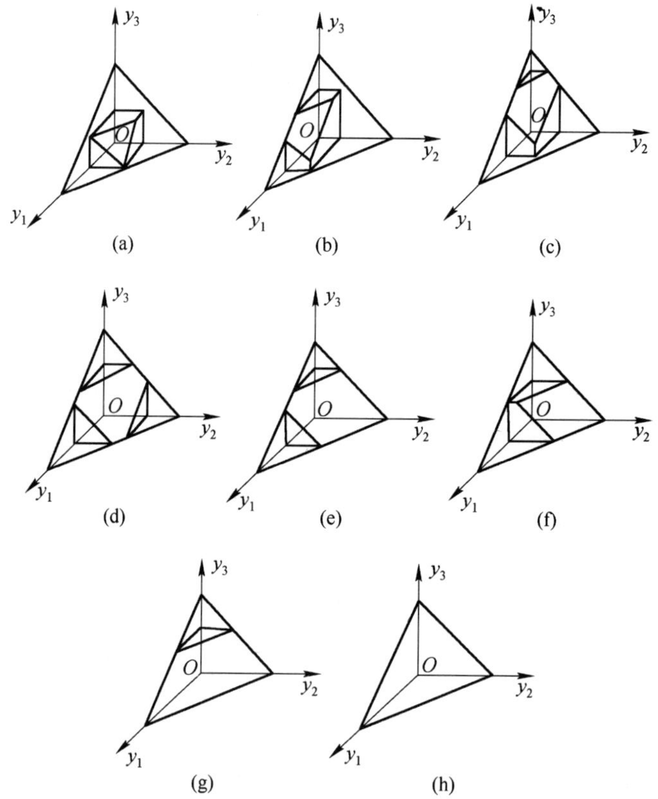

图 2-4　三级火箭时的包腔情况

(4) 若 $A<B_1+B_2+B_3$，$A>B_1$，B_2，B_3，而 $A<B_1+B_2$，B_1+B_3，B_2+B_3 中之一，例如$A<B_1+B_3$ 而 $A>B_1+B_2$，B_2+B_3；则如图 2-4(b)所示，D 为一四边形。

(5) 若 $A<B_1+B_2+B_3$，$A>B_1$，B_2，B_3，而 $A<B_1+B_2$，B_2+B_3，B_1+B_3 中之二，例如$A\geqslant B_1+B_2$ 而 $A<B_2+B_3$，B_1+B_3，则 D 为一五边形，如图 2-4(c)所示。

(6) 若 $A<B_1+B_2+B_3$，$A>B_1$，B_2，B_3 而 $A<B_1+B_1$，B_1+B_3，B_2+B_3，如图 2-4(d)所示，D 为一六边形。

它有 6 个 1 维包腔，分别为

$$y_1=B_1,\ y_2+y_3=A-B_1$$

$$y_1=0,\ y_2+y_3=A$$

$$y_2=B_2,\ y_1+y_3=A-B_2$$

$$y_2=0,\ y_1+y_3=A$$

$$y_3=B_3,\ y_1+y_2=A-B_3$$

$$y_3=0,\ y_1+y_2=A$$

它有6个0维包腔(即顶点)，分别为

$$(B_1,\ 0,\ A-B_1)$$

$$(B_1,\ A-B_1,\ 0)$$

$$(A-B_2,\ B_2,\ 0)$$

$$(0,\ B_2,\ A-B_2)$$

$$(0,\ A-B_3,\ B_3)$$

$$(A-B_3,\ 0,\ B_3)$$

(7) $0<A<B_1$，B_2，B_3 之一，并且 $A<B_1+B_2$，B_1+B_3，B_2+B_3，例如 $A<B_2$，但 $A>B_1$，B_3；这时 D 为一五边形，如图2-4(e)所示。

(8) $0<A\leqslant B_1$，B_2，B_3 之一，而 A 大于等于另外两个之和，例如 $A\leqslant B_2$，但 $A\geqslant B_1+B_3$，则 D 为一四边形，如图2-4(f)所示。

(9) $A\leqslant B_1$，B_2，B_3 之二，而 A 大于余下的一个，例如 $A\leqslant B_1$，B_2 而 $A>B_3$，则 D 为一四边形，如图2-4(g)所示。

(10) 若 $A\leqslant B_1$，B_2，B_3，则 D 为一三角形，如图2-4(h)所示。

现就情况(6)来讨论求最大速度方案的办法。先用前面的方法求函数(2.4-15)在条件式(2.4-14)下的驻点。如果是极大点且落在 D 上，那么它的坐标就是此时的最大速度方案。如果不是极大点或是极大点但落在 D 外等，那得求函数(2.4-15)在其 D 的诸1维包腔上的驻点。对于情况(6)而言，它有6个1维包腔，在

$$y_1=B_1,\ y_2+y_3=A-B_1$$

$$y_1=0,\ y_2+y_3=A$$

$$y_2=0,\ y_1+y_3=A$$

$$y_3=B_3,\ y_1+y_2=A-B_3$$

$$y_3=0,\ y_1+y_2=A$$

这5个1维包腔上，问题化为相当的两级火箭的情况，其计算方法如前所述。只有当在

$$y_2=B_2,\ y_1+y_3=A-B_2$$

这个1维包腔上时，情况特殊。此时不能简单地当做一两级火箭来处理，而应直接用拉格朗日乘子法。

为求函数

$$V_3=W_1\ln\frac{x_1+x_2+x_3+y_1+B_2+y_3+G}{x_1+x_2+x_3+B_2+y_3+G}+W_2\ln\frac{x_2+x_3+B_2+y_3+G}{x_2+x_3+y_3+G}+$$

$$W_3 \ln \frac{x_3+y_3+G}{x_3+G}$$

在条件

$$y_1+y_3=A-B_2$$

$$0 \leqslant y_1 \leqslant B_1, \quad 0 \leqslant y_3 \leqslant B_3$$

之下的驻点，令

$$F=W_1 \ln \frac{x_1+x_2+x_3+y_1+B_2+y_3+G}{x_1+x_2+x_3+B_2+y_3+G}+W_2 \ln \frac{x_2+x_3+B_2+y_3+G}{x_2+x_3+y_3+G}+$$

$$W_3 \ln \frac{x_3+y_3+G}{x_3+G}+\lambda[y_1+y_3-(A-B_2)]$$

$$\frac{\partial F}{\partial y_3}=\frac{W_1}{x_1+x_2+x_3+y_1+B_2+y_3+G}-\frac{W_1}{x_1+x_2+x_3+B_2+y_3+G}+$$

$$\frac{W_2}{x_2+x_3+B_2+y_3+G}-\frac{W_2}{x_2+x_3+y_3+G}+\frac{W_3}{x_3+y_3+G}+\lambda=0$$

$$\frac{\partial F}{\partial y_1}=\frac{W_1}{x_1+x_2+x_3+y_1+B_2+y_3+G}+\lambda=0$$

从

$$\frac{\partial F}{\partial y_3}-\frac{\partial F}{\partial y_1}=0$$

可得关于 y_3 的一个三次方程。由此三次方程算出 y_3 代入

$$\varphi=y_1+y_3-(A-B_2)=0$$

可得相应的 y_1，这样的解可能有 3 组，因此可能有 3 个驻点，将目标函数(2.4-15)在所有上述驻点及顶点上之值加以比较，即可得此时的最大速度方案。

2.5 多级火箭的最省推进剂方案(PLPM)

对于起飞前的多级火箭，要求载荷达到给定的末速度，如何分配各级推进剂的量，使推进剂的总量为最小？这就是最省推进剂量问题。使推进剂量为最小的那一组推进剂量 $y_i(i=1, 2, \cdots, n)$就是最省推进剂方案。

2.5.1 最省推进剂方案与最大速度方案的关系

设$(y_1, y_2, \cdots, y_n)$为使末速度达到给定值 V 的最省推进剂方案，令

$$A=\sum_{i=1}^{n} y_i$$

那么$(y_1, y_2, \cdots, y_n)$必为给定推进剂总量 A 的最大速度方案。

现用反证法来证明。设$(y_1, y_2, \cdots, y_n)$不是对应于 A 的最大速度方案，则存在$(y'_1, y'_2, \cdots, y'_n)$使得

$$\sum_{i=1}^{n} y'_i = A$$

且其对应的末速度 $V'>V$。于是可将$(y'_1, y'_2, \cdots, y'_n)$的剂量减少，使末速度下降到 V。例如先使 y'_1 减小，则末速度 V'下降；若 y'_1 减小至 0 时，末速度 V'尚大于 V，那么再使 y'_2 减小，如此等等，最后可得一总剂量小于 A 的方案，而它也使末速度等于 V，这与假设显然矛盾，故得证。

逆命题对于下述情况显见肯定成立。

设 $W_1 \leqslant W_2 \leqslant \cdots \leqslant W_n$，若$(y_1, y_2, \cdots, y_n)$是推进剂总量为 A 的最大速度方案，其对应的最大末速度为 V，那么$(y_1, y_2, \cdots, y_n)$必为使末速度达到 V 的最省推进剂方案。

对于一般的情况，逆命题是不成立的。因为最大速度并不是推进剂总量的单调函数(见 2.6 节)，不同的推进剂总量可达相同的最大速度。任给 $A \in \left[0, \sum_{i=1}^{n} B_i\right]$，对应一个以 A 为推进剂总量的最大速度 V，这样就得到了推进剂总量与最大速度之间的一个函数关系

$$V=\Phi(A)$$

$\Phi(A)$显然是连续的，但它的反函数 $\Phi^{-1}(V)$一般并不是单值的，即对于一允许范围内给定的 V^* 而言，$\Phi^{-1}(V^*)$可能不是由 1 个点组成；而最省的推进剂方案应是曲线 $\Phi(A)$与直线 $V=V^*$ 相交的交点中最左边的那个点所对应的最大速度方案。

这就是最省的最省推进剂方案。

由此可见，最省推进剂方案问题可以化为最大速度方案问题去解决。

2.5.2　$W_1 \leqslant W_2 \cdots \leqslant W_n$ 情况的最省推进剂方案

若设

$$H_i=W_i \ln \frac{x_i+B_i+x_{i+1}+B_{i+1}+\cdots+x_n+B_n+G}{x_i+x_{i+1}+B_{i+1}+\cdots+x_n+B_n+G} \quad (i=1, 2, \cdots, n) \tag{2.5-1}$$

又设给定的末速度为 V，那么若

$$V > \sum_{i=1}^{n} H_i$$

则最省推进剂方案不存在，因为这个末速度太高不可能达到。

但若

$$V \leqslant \sum_{i=1}^{n} H_i$$

不妨设

$$\sum_{i=m}^{n} H_i < V \leqslant \sum_{i=m-1}^{n} H_i \tag{2.5-2}$$

那么

$$\begin{cases} y_n = B_n \\ y_{n-1} = B_{n-1} \\ \quad\vdots \\ y_m = B_m \\ y_{m-1} = \left[e^{\frac{1}{W_{m-1}}\left(V-\sum\limits_{i=m}^{n} H_i\right)} - 1 \right] \times \\ \qquad (x_{m-1} + x_m + B_m + \cdots + x_n + B_n + G) \\ y_{m-2} = 0 \\ \quad\vdots \\ y_2 = 0 \\ y_1 = 0 \end{cases} \tag{2.5-3}$$

就是此时的最省推进剂方案。

2.5.3 一般情形的最省推进剂方案

设给定的末速度为 V，那么最省推进剂方案问题就是：在 n 维空间中找出一点(y_1，y_2，…，y_n)来使其满足

$$0 \leqslant y_i \leqslant B_i \quad (i=1,\ 2,\ \cdots,\ n) \tag{2.5-4}$$

和

$$\varphi = \sum_{i=1}^{n} W_i \ln \frac{x_i + y_i + x_{i+1} + y_{i+1} + \cdots + x_n + y_n + G}{x_i + x_{i+1} + y_{i+1} + \cdots + x_n + y_n + G} - V = 0 \tag{2.5-5}$$

且使

$$A = \sum_{i=1}^{n} y_i \tag{2.5-6}$$

取最小值。

类似 2.4 节中的办法，先用拉格朗日乘子法求式(2.5-5)、式(2.5-6)满足式(2.5-4)之驻点，其次求将

$$y_i = 0 \text{ 或 } y_i = B_i \quad (i=1,\ 2,\ \cdots,\ n) \tag{2.5-7}$$

之一代入式(2.5-5)之后求式(2.5-6)的满足式(2.5-4)之驻点，如此等等。将所有这些驻点的坐标之和与函数(2.5-6)在 0 维包腔上之值加以比较，取其中的最小者，即得最省推进剂方案。

例如求式(2.5-5)和式(2.5-6)的驻点，令

$$F=A+\lambda\varphi$$

则得方程组

$$\left\{\begin{aligned}
&\frac{\partial F}{\partial y_1}=1+\lambda W_1\frac{1}{x_1+y_1+\cdots+x_n+y_n+G}=0\\
&\frac{\partial F}{\partial y_2}=1+\lambda W_1\frac{1}{x_1+y_1+x_2+y_2+\cdots+x_n+y_n+G}-\\
&\qquad\lambda W_1\frac{1}{x_1+x_2+y_2+\cdots+x_n+y_n+G}+\\
&\qquad\lambda W_2\frac{1}{x_2+y_2+x_3+y_3+\cdots+x_n+y_n+G}=0\\
&\quad\vdots\\
&\frac{\partial F}{\partial y_n}=1+\lambda W_1\frac{1}{x_1+y_1+x_2+y_2+\cdots+x_n+y_n+G}-\\
&\qquad\lambda W_1\frac{1}{x_1+x_2+y_2+\cdots+x_n+y_n+G}+\cdots+\\
&\qquad\lambda W_{n-1}\frac{1}{x_{n-1}+y_{n-1}+x_n+y_n+G}-\\
&\qquad\lambda W_{n-1}\frac{1}{x_{n-1}+x_n+y_n+G}+\\
&\qquad\lambda W_n\frac{1}{x_n+y_n+G}=0\\
&\varphi=\sum_{i=1}^{n}W_i\times\\
&\qquad\ln\frac{x_i+y_i+\cdots+x_n+y_n+G}{x_i+x_{i+1}+y_{i+1}+\cdots+x_n+y_n+G}-V=0
\end{aligned}\right.\tag{2.5-8}$$

由此可解得

$$\left\{\begin{aligned}
&y_n=\frac{W_nx_{n-1}}{W_{n-1}-W_n}-(x_n+G)\\
&y_{n-1}=\frac{W_{n-1}x_{n-2}}{W_{n-2}-W_{n-1}}-(x_{n-1}+x_n+y_n+G)\\
&\quad\vdots\\
&y_m=\frac{W_mx_{m-1}}{W_{m-1}-W_m}-\left[x_m+\sum_{i=m+1}^{n}(x_i+y_i)+G\right]\\
&\quad\vdots\\
&y_2=\frac{W_2x_1}{W_1-W_2}-\left[x_2+\sum_{i=3}^{n}(x_i+y_i)+G\right]\\
&y_1=\left[e^{\left(\frac{V}{W_1}-\frac{1}{W_1}\sum_{i=2}^{n}W_i\ln\frac{x_i+y_i+\cdots+x_n+y_n+G}{x_i+x_{i+1}+y_{i+1}+\cdots+x_n+y_n+G}\right)}-1\right]\times\\
&\qquad(x_1+x_2+y_2+\cdots+x_n+y_n+G)
\end{aligned}\right.\tag{2.5-9}$$

如果公式(2.5-9)的每个式子有意义并且满足式(2.5-4)，那么这个点(y_1，y_2，…，y_n)就是式(2.5-4)、式(2.5-5)、式(2.5-6)的驻点。特别当 $W_i>W_{i+1}$($i=1$，2，…，$n-1$)时，式(2.5-9)所表示的驻点坐标即为最省推进剂方案，这时就不用计算其他包腔上的驻点了。

将式(2.5-7)中的几个等式代入式(2.5-5)后，求式(2.5-6)的驻点的方法与上节讲的类似，这里不再重复。

前面已经指出，求最省推进剂方案除了用上述办法外，还可通过求最大速度方案去解决。

另外，不论是讨论最大速度方案，还是讨论最省推进剂方案等，只要对于驻点存在、唯一且为极值点的情况，我们是可以像以前讨论最佳质量比那样去进行探讨的，以便减少求极值的次数。

2.6 多级火箭的最大的最大速度方案

基于 2.4 节中的研究，这里将首先指出：当总剂量增大时，一般说来，其对应的最大速度未必就增大，从而提出了寻求最大的最大速度方案及最宜的推进剂量方案的问题。

2.6.1 对于 $y_i \in [0, B_i]$ 的情况，当总剂量增大时其对应的最大速度未必增大

先看一个例子，对一起飞前的两级火箭来说，若 $y_1=B_1$，$y_2=B_2$，则给定的总剂量为 $A=B_1+B_2$，那么

$$V_2=W_1\ln\frac{x_1+B_1+x_2+B_2+G}{x_1+x_2+B_2+G}+W_2\ln\frac{x_2+B_2+G}{x_2+G} \tag{2.6-1}$$

若 $y_1=B_1$，$y_2=\frac{1}{2}B_2$，则

$$A'=B_1+\frac{1}{2}B_2$$

就将指出：如果 W_1/W_2 足够大，则 A'所对应的速度可比 A 所对应的末速度还要大。具体说明如下。

因为

$$y_1=B_1,\ y_2=\frac{1}{2}B_2$$

那么这时对应的速度为

$$\overline{V}_2=W_1\ln\frac{x_1+B_1+x_2+\frac{1}{2}B_2+G}{x_1+x_2+\frac{1}{2}B_2+G}+W_2\ln\frac{x_2+\frac{1}{2}B_2+G}{x_2+G} \tag{2.6-2}$$

显然

$$\ln\frac{x_1+B_1+x_2+\frac{1}{2}B_2+G}{x_1+x_2+\frac{1}{2}B_2+G}>\ln\frac{x_1+B_1+x_2+B_2+G}{x_1+x_2+B_2+G}$$

$$\ln\frac{x_2+\frac{1}{2}B_2+G}{x_2+G}<\ln\frac{x_2+B_2+G}{x_2+G}$$

故知

$$\overline{V}_2-V_2=W_1\left(\ln\frac{x_1+B_1+x_2+\frac{1}{2}B_2+G}{x_1+x_2+\frac{1}{2}B_2+G}-\ln\frac{x_1+B_1+x_2+B_2+G}{x_1+x_2+B_2+G}\right)+$$

$$W_2\left(\ln\frac{x_2+\frac{1}{2}B_2+G}{x_2+G}-\ln\frac{x_2+B_2+G}{x_2+G}\right)$$

要使 $\overline{V}_2-V_2>0$，只需

$$W_1\left(\ln\frac{x_1+B_1+x_2+\frac{1}{2}B_2+G}{x_1+x_2+\frac{1}{2}B_2+G}-\ln\frac{x_1+B_1+x_2+B_2+G}{x_1+x_2+B_2+G}\right)>$$

$$W_2\left(\ln\frac{x_2+B_2+G}{x_2+G}-\ln\frac{x_2+\frac{1}{2}B_2+G}{x_2+G}\right)$$

即只需

$$\frac{W_1}{W_2}>\frac{\ln\frac{x_2+B_2+G}{x_2+G}-\ln\frac{x_2+\frac{1}{2}B_2+G}{x_2+G}}{\ln\frac{x_1+B_1+x_2+\frac{1}{2}B_2+G}{x_1+x_2+\frac{1}{2}B_2+G}-\ln\frac{B_1+x_2+B_2+G+x_1}{x_1+x_2+B_2+G}} \tag{2.6-3}$$

如果记总剂量

$$B_1+\frac{1}{2}B_2=A'$$

所对应的最大速度值为 V'_2，那么显然

$$V'_2\geqslant\overline{V}_2$$

所以当条件式(2.6-3)满足时就有

$$\overline{V}_2>V_2$$

这就是说：对应于较大的总剂量 A 的速度值比对应于较小的总剂量 A' 的速度值要小。这也就表明：当 W_1/W_2 足够大时，对两级火箭来说，随着总剂量的增大其对应的最大速度未

必就增大。

那么对于最大速度方案所对应的最大速度值，情况又会如何？而当 $y_i \in [0, B_i](i=1, 2, \cdots, n)$时，如果 $W_1 \leqslant W_2 \leqslant \cdots \leqslant W_n$，那么不难证明：随着总剂量的增大，其对应的最大速度也增大；然而对于一般的情况，当总剂量增大时，其对应的最大速度未必就增大(参见第 3 章)。上面例子也可说明这点。

这样自然会问：对于起飞前的多级火箭，一般情况应当取推进剂总量为多少时可得最大的最大速度方案？

2.6.2 最大的最大速度方案

求最大的最大速度方案，就是在条件

$$0 \leqslant y_i \leqslant B_i \quad (i=1, 2, \cdots, n)$$

所界定的闭区域 D_n 上求函数

$$V_n = W_1 \ln \frac{x_1+y_1+x_2+y_2+\cdots+x_n+y_n+G}{x_1+x_2+y_2+\cdots+x_n+y_n+G} + W_2 \ln \frac{x_2+y_2+x_3+y_3+\cdots+x_n+y_n+G}{x_2+x_3+y_3+\cdots+x_n+y_n+G} + \cdots + W_n \ln \frac{x_n+y_n+G}{x_n+G}$$

取最大值的点(最大点)。

由于函数 V_n 在有界闭区域 D_n 上连续，故此函数必在 D_n 上达最大值。

但函数 V_n 在 D_n 上恒有

$$\frac{\partial V_n}{\partial y_1} = \frac{W_1}{x_1+y_1+x_2+y_2+\cdots+x_n+y_n+G} > 0$$

所以在 D_n 的内部找不到使

$$\frac{\partial V_n}{\partial y_i} = 0 \quad (i=1, 2, \cdots, n)$$

同时成立之点(驻点)，故知函数 V_n 在 D_n 的内部没有极值点，从而 V_n 的最大值必在 D_n 的边界上达到。

2.6.3 最大的最大速度方案的求法

有界闭区域 D_n：　　$0 \leqslant y_i \leqslant B_i \quad (i=1, 2, \cdots, n)$

是一个 n 维方体，它共有 $2n$ 个一次边界。它们由

$$\begin{cases} y_k = B_k \text{ 或 } y_k = 0 \quad (k=1, 2, \cdots, n) \\ 0 \leqslant y_i \leqslant B_i \quad (i=1, 2, \cdots, n) \end{cases} \tag{2.6-4}$$

所界定。

由 2.6.2 节知：V_n 的最大值只能在这 $2n$ 个一次边界上达到，而不能在 D_n 的内部达到。

现在进一步指出：V_n 的最大值只能在一次边界

$$P_{n-1}:\quad \begin{cases} y_1=B_1 \\ 0\leqslant y_i\leqslant B_i \quad (i=1,\ 2,\ \cdots,\ n) \end{cases} \tag{2.6-5}$$

上取得，而不能在 D_n 其余一次边界上取到。这是因为在整个 D_n 上均有

$$\frac{\partial V_n}{\partial y_1}>0$$

故当 y_1 增大时，V_n 严格地单调上升。又因为 y_1 是在$[0,\ B_1]$上变化的，所以 V_n 只能在 $y_1=B_1$时取得最大值。这就说明了 V_n 的最大值只能在 P_{n-1}上取得。

实际计算 V_n 的最大值时，可循着下述的步骤进行：先求函数 V_n 在 D_n 的一次边界 P_{n-1} 上的极值，再求函数 V_n 在 P_{n-1}的$(n-2)$维边界上的极值，然后再求函数 V_n 在 P_{n-1}的$(n-3)$维边界上的极值，……如此下去直到最后求函数 V_n 在 P_{n-1} 的 0 维边界(即顶点)上的极值——即计算 V_n 在这些顶点上的函数值，将上述诸极值加以比较，取其最大者即为 V_n 在 P_{n-1}上的最大值，取最大值的点就是所要求的最大的最大速度方案。

下面估计 P_{n-1}的各不同维数的边界的总数。

P_{n-1}的$(n-1)$维边界就是 P_{n-1} 自己，共有 1 个。

P_{n-1}的$(n-2)$维边界由式(2.6-5)及对某个 $i_1\neq 1$ 的 $y_{i1}=B_{i1}$或 $y_{i1}=0$ 所界定，所以共有 $C_{2n-2}^1=2C_{n-1}^1$个。

P_{n-1}的$(n-3)$维边界由式(2.6-5)及对 2，3，…，n 中某两个相异的 i_1，i_2

$$y_{i1}=B_{i1}\text{或 } y_{i1}=0$$

$$y_{i2}=B_{i2}\text{或 } y_{i2}=0$$

所界定，共有 $2^2C_{n-1}^2$个，它们都是 D_n 的三次边界。

……

P_{n-1}的$(n-k)$维边界，由式(2.6-5)及对 2，3，…，n 中某$(k-1)$个相异的 i_1，i_2，…，i_{k-1}

$$\begin{gathered} y_{i1}=B_{i1}\text{或 } y_{i1}=0 \\ y_{i2}=B_{i2}\text{或 } y_{i2}=0 \\ \vdots \\ y_{ik-1}=B_{ik-1}\text{或 } y_{ik-1}=0 \end{gathered}$$

所界定，共有 $2^{k-1}C_{n-1}^{k-1}$个。

……

P_{n-1}的 0 维边界即顶点由

$$\begin{gathered} y_1=B_1 \\ y_2=B_2\text{ 或 } y_2=0 \\ \vdots \end{gathered}$$

$$y_n=B_n \text{ 或 } y_n=0$$

所界定，共有 $2^{n-1}C_{n-1}^{n-1}$ 个。

因为除顶点外，都需求极值，所以求极值的实际数目不超过 $m=1+2C_{n-1}^1+2^2C_{n-1}^2+\cdots+2^{n-2}C_{n-1}^{n-2}=3^{n-1}-2^{n-1}$

2.6.4 $n=2$ 和 $n=3$ 的情况

在 $0\leqslant y_i\leqslant B_i(i=1, 2)$ 的情况下，两级火箭的最大的最大速度方案必在图 2-5 所示的线段 $\overline{C_2C_3}$ 上达到。

这样，关于函数 V_2 在区域 D 上求最大值的问题就化为下述的函数在线段 $\overline{C_2C_3}$ 上求其最大值的问题。

$$V_2=f(y_2)=W_1\ln(x_1+B_1+x_2+y_2+G)-W_1\ln(x_1+x_2+y_2+G)+W_2\ln(x_2+y_2+G)-W_2\ln(x_2+G)$$

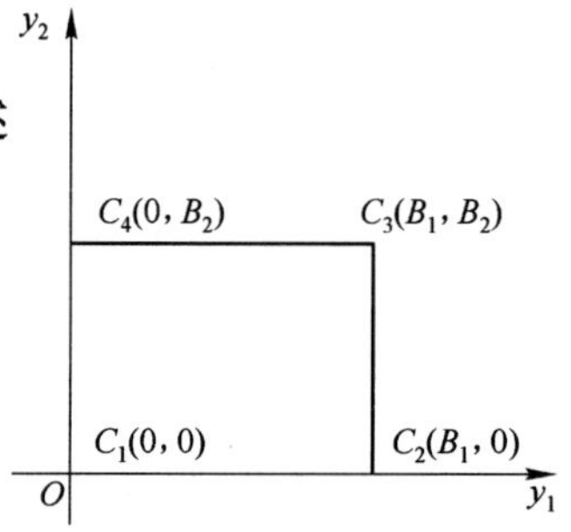

图 2-5　两级火箭的最大的最大速度方案

从

$$\frac{\partial V_2}{\partial y_2}=\frac{W_1}{x_1+B_1+x_2+y_2+G}-\frac{W_1}{x_1+x_2+y_2+G}+\frac{W_2}{x_2+y_2+G}=0$$

可得

$$W_1(x_1+x_2+y_2+G)(x_2+y_2+G)-W_1(x_1+B_1+x_2+y_2+G)(x_2+y_2+G)+W_2(x_1+B_1+x_2+y_2+G)(x_1+x_2+y_2+G)=0$$

整理后得

$$W_2y_2^2+[-W_1B_1+W_2(2x_1+2x_2+2G+B_1)]y_2+[-W_1B_1(x_2+G)+W_2(x_1+B_1+x_2+G)(x_1+x_2+G)]=0$$

这个以 y_2 为未知数的二次方程的判别式为

$$\Delta=(W_2-W_1)^2B_1^2-4W_1W_2B_1x_1$$

故若

$$(W_2-W_1)^2B_1<4W_1W_2x_1$$

则此两级火箭的最大的最大速度方案必不在 $\overline{C_2C_3}$ 的内部达到。

所以，此时两级火箭的最大的最大速度方案必在点 C_2 或点 C_3 处达到。究竟在那一点，只要比较 $V_{(C_2)}$ 和 $V_{(C_3)}$ 就行了。这时据罗尔(Roll)定理，显然还有 $V_{(C_2)}\neq V_{(C_3)}$，即点 C_3 和点 C_2 中只有一处达最大的最大值。

如果

$$(W_2-W_1)^2B_1\geqslant 4W_1W_2x_1$$

则解得

$$y_2=\frac{1}{2W_2}\left[W_1B_1-W_2(2x_1+2x_2+2G+B_1)\pm\sqrt{(W_2-W_1)^2B_1^2-4W_1W_2B_1x_1}\right]$$

记线段$\overline{C_2C_3}$上以上述 y_2 为第二个坐标的点分别为 Q_1 和 Q_2

$$Q_1\ 为\left(B_1,\ \frac{1}{2W_2}\left[W_1B_1-W_2(2x_1+2x_2+2G+B_1)+\sqrt{(W_2-W_1)^2B_1^2-4W_1W_2B_1x_1}\right]\right)$$

$$Q_2\ 为\left(B_1,\ \frac{1}{2W_2}\left[W_1B_1-W_2(2x_1+2x_2+2G+B_1)-\sqrt{(W_2-W_1)^2B_1^2-4W_1W_2B_1x_1}\right]\right)$$

这时，此两级火箭的最大的最大速度为

$$\max[V_{2(C_2)},\ V_{2(C_3)},\ V_{2(Q_1)},\ V_{2(Q_2)}]$$

即中括号内 4 个值中最大的一个就是最大的最大速度值。

取得这最大的最大速度值的点的坐标就是这个两级火箭在此种情况下的最大的最大速度方案。应该注意：如果在 Q_1 或 Q_2 中的 y_2 坐标出现负值或者 $y_2>B_2$，则显然应把相应之点抛弃而不予考虑。

至于 $n=3$ 即三级火箭的情况，显见在 $0\leqslant y_i\leqslant B_i(i=1,\ 2,\ 3)$的情况下其最大的最大速度方案必在图 2-6 所示的 $C_1C_2C_6C_5$ 面上达到。

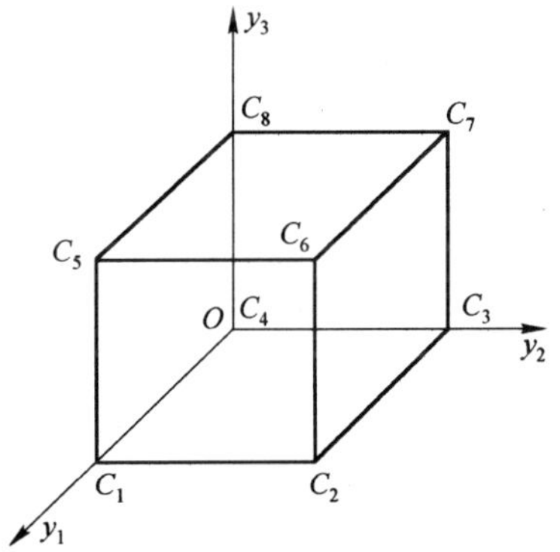

图 2-6　三级火箭的最大的最大速度方案

2.6.5　当 $y_i\in[0,\ B_i]$时，一个保证总剂量越大则最大速度也越大的充分条件

命题:若在方体 D_n：$0\leqslant y_i\leqslant B_i(i=1,\ 2,\ \cdots,\ n)$上有

$$\frac{\partial V_n}{\partial y_i}\geqslant 0\qquad (i=2,\ 3,\ \cdots,\ n)$$

那么，当总剂量越大时，其对应的最大速度也越大，这时最大的最大速度方案为$(B_1,\ B_2,\ \cdots,\ B_n)$。

证明：已知在 D_n 上恒有

$$\frac{\partial V_n}{\partial y_1}>0$$

故按假设可知函数 V_n 的梯度

$$\mathrm{grad}V_n=\left(\frac{\partial V_n}{\partial y_1},\ \frac{\partial V_n}{\partial y_2},\ \cdots,\ \frac{\partial V_n}{\partial y_n}\right)$$

的所有分量在 D_n 上均$\geqslant 0$。

设总剂量为 A 的最大速度在 Q_A 点取得，其中

$$0\leqslant A<\sum_{i=1}^{n}B_i$$

若 $A'>A$，但

$$A'\leqslant\sum_{i=1}^{n}B_i$$

我们记超平面

$$\sum_{i=1}^{n}y_i=A'$$

为 $\pi_{A'}$，过点 Q_A 引一射线 L，它与诸 y_i 坐标轴之正方向的夹角均$\leqslant\frac{\pi}{2}$，且与超平面 $\pi_{A'}$ 的与方体 D_n 相交的部分有交点 $Q_{A'}$。这样的射线是能够做出的，例如从点 Q_A 向方体的（图 2-7 所示）顶点$(B_1,\ B_2,\ \cdots,\ B_n)$引射线就是如此。

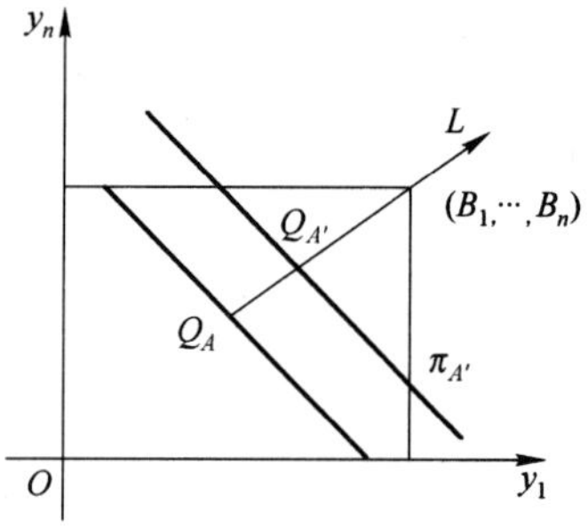

图 2-7　一个充分条件示意图

设射线 L 的单位矢量 $\boldsymbol{l}=(l_1,\ l_2,\ \cdots,\ l_n)$，因为 l_i 是射线 L 与 y_i 轴正方向的夹角余弦，故诸 l_i 均$\geqslant 0$。现在在线段 $\overline{Q_AQ_{A'}}$ 上沿 $\boldsymbol{l}$ 方向对函数 V_n 求方向导数，可得

$$\frac{\partial V_n}{\partial \boldsymbol{l}}=\mathrm{grad}V_n\cdot\boldsymbol{l}\geqslant 0$$

由此可见：从点 Q_A 沿线段$\overline{Q_AQ_{A'}}$变到 $Q_{A'}$ 时，函数 V_n 之值是上升的，即得

$$V_n(Q_{A'})\geqslant V_n(Q_A)$$

而

$$V_{n\max}(A')\geqslant V_n(Q_{A'})$$

这里 $V_{n\max}(A')$代表此 n 级火箭的与 A'对应之最大速度值，所以

$$V_{n\max}(A')\geqslant V_{n\max}(A)$$

即以 A'为总剂量的最大速度值大于等于以 A 为总剂量的最大速度值。

推论 1：当 $y_i\in[0,\ B_i](i=1,\ 2,\ \cdots,\ n)$时，若 $W_i\leqslant W_{i+1}(i=1,\ 2,\ \cdots,\ n-1)$，则总剂量越大其对应的最大速度也越大。

这个结论在前面已经证明了，下面由上述命题直接推出。

$$\frac{\partial V_n}{\partial y_j}=W_1\left(\frac{1}{x_1+y_1+x_2+y_2+\cdots+x_n+y_n+G}-\frac{1}{x_1+x_2+y_2+\cdots+x_n+y_n+G}\right)+$$

$$W_2\left(\frac{1}{x_2+y_2+x_3+y_3+\cdots+x_n+y_n+G}-\frac{1}{x_2+x_3+y_3+\cdots+x_n+y_n+G}\right)+\cdots+$$

$$W_j\frac{1}{x_j+y_j+\cdots+x_n+y_n+G}$$

$$=W_1\frac{1}{x_1+y_1+x_2+y_2+\cdots+x_n+y_n+G}+$$

$$\left(\frac{W_2}{x_2+y_2+x_3+y_3+\cdots+x_n+y_n+G}-\frac{W_1}{x_1+x_2+y_2+\cdots+x_n+y_n+G}\right)+\cdots+$$

$$\left(\frac{W_j}{x_j+y_j+x_{j+1}+y_{j+1}+\cdots+x_n+y_n+G}-\frac{W_{j-1}}{x_{j-1}+x_j+y_j+\cdots+x_n+y_n+G}\right)$$

由于

$$W_j\leqslant W_{j+1}\quad (j=1,2,\cdots,n-1)$$

从而

$$\frac{\partial V_n}{\partial y_j}>0\quad (j=2,3,\cdots,n)$$

于是推论 1 得证。

推论 2：当 $y_i\in[0,B_i](i=1,2,\cdots,n)$时，如果

$$\frac{W_j}{W_{j-1}}\geqslant\frac{\sum_{i=j}^{n}(x_i+B_i)+G}{\sum_{i=j-1}^{n}x_i+\sum_{i=j}^{n}B_i+G}\quad (j=2,3,\cdots,n)$$

成立，则总剂量增大时，最大速度值也增大。

因为

$$\frac{W_j}{W_{j-1}}\geqslant\frac{\sum_{i=j}^{n}(x_i+B_i)+G}{\sum_{i=j-1}^{n}x_i+\sum_{i=j}^{n}B_i+G}$$

$$\geqslant\frac{\sum_{i=j}^{n}(x_i+y_i)+G}{\sum_{i=j-1}^{n}x_i+\sum_{i=j}^{n}y_i+G}\quad (j=2,3,\cdots,n)$$

所以

$$\frac{W_j}{\sum_{i=j}^{n}(x_i+y_i)+G}\geqslant\frac{W_{j-1}}{\sum_{i=j-1}^{n}x_i+\sum_{i=j}^{n}y_i+G}\quad (j=2,3,\cdots,n)。$$

故从

$$\frac{\partial V_n}{\partial y_j}$$

的表达式可知

$$\frac{\partial V_n}{\partial y_j} > 0 \quad (j=2, 3, \cdots, n)$$

因此推论 2 得证。

第 3 章　多级火箭的结构参数优化问题及一些有关理论问题(续)

3.1　两级火箭最大速度值的一般变化规律

设如图 3-1 的两级火箭，其载荷为 G，第 $i(i=1,2)$级余量为 x_i，推进剂量为 y_i，储箱的容量为 B_i，喷气速度为 W_i。

再设 A 为给定的推进剂总量，对应于 A 的最大速度记为

$$V_{\max}(A)$$

它就是速度函数

$$V(y_1,y_2)=W_1\ln\frac{x_1+y_1+x_2+y_2+G}{x_1+x_2+y_2+G}+W_2\ln\frac{x_2+y_2+G}{x_2+G} \tag{3.1-1}$$

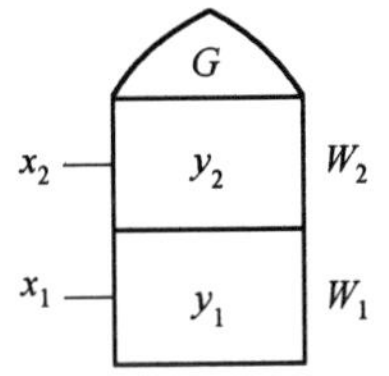

图 3-1　两级火箭示意图(2)

在条件

$$0\leqslant y_1\leqslant B_1,\ 0\leqslant y_2\leqslant B_2 \tag{3.1-2}$$

$$y_1+y_2=A \tag{3.1-3}$$

之下的最大值。

在 2.6 节中曾得到 $V_{\max}(A)$随着 A 单调上升的一个充分条件，本节将对两级火箭的 $V_{\max}(A)$ 的变化规律给出完整的结论。

3.1.1　准备

当 $W_1\leqslant W_2$ 时，最大速度的讨论参见 2.4 节。这时

$$V_{\max}(A)=\begin{cases} W_2\ln\dfrac{x_2+G+A}{x_2+G} & 0\leqslant A\leqslant B_2 \\ W_1\ln\dfrac{x_1+x_2+A+G}{x_1+x_2+B_2+G}+W_2\ln\dfrac{x_2+B_2+G}{x_2+G} & B_2\leqslant A\leqslant B_1+B_2 \end{cases} \tag{3.1-4}$$

显见，随着总剂量 A 增大时有 $V_{\max}(A)$增大。

当 $W_1>W_2$ 时，对于给定的推进剂总量 A，函数 $V(y_1, y_2)$ 在约束条件(3.1-3)之下的极大点的坐标为

$$\begin{cases} y_2=\dfrac{W_2}{W_1-W_2}x_1-(x_2+G) \\ y_1=A-y_2 \end{cases} \tag{3.1-5}$$

式(3.1-5)中的 y_2 不依赖于 A，因此当 A 变化时，它在平面上描出一条平行于 y_1 轴的直线 L。

$$y_2=\frac{W_2}{W_1-W_2}x_1-(x_2+G)$$

再记直线 L_A 为

$$y_1+y_2=A$$

设直线 L_A 与直线 L 之交点为 Q，前已证明它就是函数(3.1-1)在直线 L_A 上的极大点(3.1-5)，同样容易证明：当 L_A 上的动点从 Q 向两个方向变动时，函数(3.1-1)之值单调下降。

如图 3-2，图 3-3 所示，$\overline{P_1P_2}$ 表示由条件(3.1-2)和(3.1-3)确定的线段。如果 Q 落在线段 $\overline{P_1P_2}$ 上，则 Q 就是最大速度方案；如果 Q 落在 $\overline{P_1P_2}$ 之左，则 P_1 是最大速度方案；如果 Q 落在 $\overline{P_1P_2}$ 之右，则 P_2 是最大速度方案。

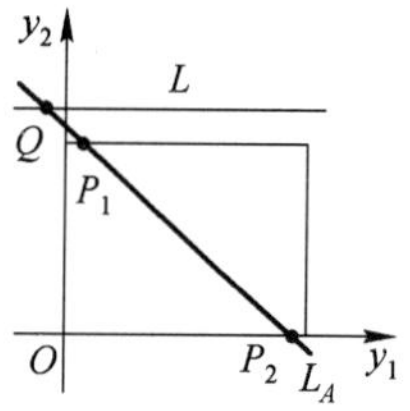

图 3-2　极大点分析(1)

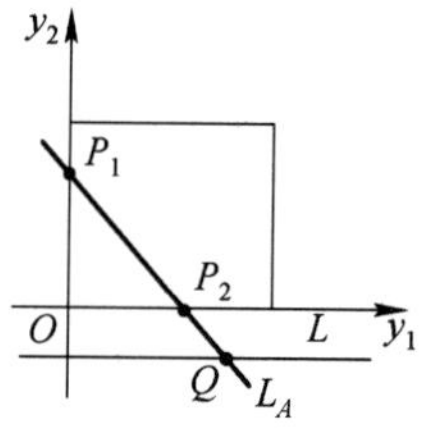

图 3-3　极大点分析(2)

应用这个原则，按以下的 3 种情况分别讨论。

3.1.2　情况 1

$$\frac{W_2}{W_1-W_2}x_1-(x_2+G)\leqslant 0$$

即

$$\frac{W_1}{W_2}\geqslant\frac{x_1+x_2+G}{x_2+G}$$

对于这种情况，显见 P_2 为最大速度方案。

因此，当 $0\leqslant A\leqslant B_1$ 时，

$$V_{\max}(A)=W_1\ln\frac{x_1+x_2+G+A}{x_1+x_2+G}\uparrow \tag{3.1-6}$$

当 $B_1\leqslant A\leqslant B_1+B_2$ 时，

$$V_{\max}(A)=W_1\ln\frac{x_1+x_2+G+A}{x_1+x_2+G+A-B_1}+W_2\ln\frac{x_2+G+A-B_1}{x_2+G} \tag{3.1-7}$$

它一般不是单调的，其变化规律将在 3.1.5 节中讨论。

3.1.3　情况 2

$$\frac{W_2}{W_1-W_2}x_1-(x_2+G)\geqslant B_2$$

即

$$\frac{W_1}{W_2}\leqslant\frac{x_1+x_2+G+B_2}{x_2+G+B_2}$$

这时 P_1 为最大速度方案(见图 3-4)。

$$V_{\max}(A)=\begin{cases}W_2\ln\dfrac{x_2+G+A}{x_2+G} & 0\leqslant A\leqslant B_2\\ W_1\ln\dfrac{x_1+x_2+G+A}{x_1+x_2+G+B_2}+W_2\ln\dfrac{x_2+G+B_2}{x_2+G} & B_2\leqslant A\leqslant B_1+B_2\end{cases} \tag{3.1-8}$$

所以，在此种情况下当 A 在$[0,\ B_1+B_2]$内变化时，$V_{\max}(A)\uparrow$。

3.1.4　情况 3

$$0<\frac{W_2}{W_1-W_2}x_1-(x_2+G)<B_2$$

即

$$\frac{x_1+x_2+G+B_2}{x_2+G+B_2}<\frac{W_1}{W_2}<\frac{x_1+x_2+G}{x_2+G}$$

参见图 3-5，可知，当

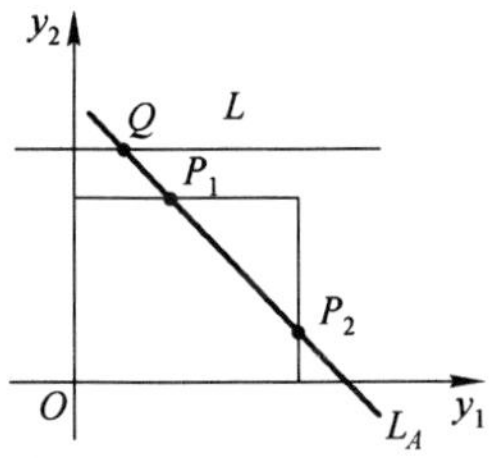

图 3-4　极大点分析(3)

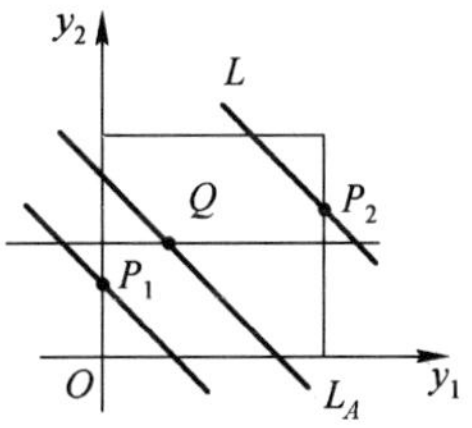

图 3-5　极大点分析(4)

$$0 \leqslant A \leqslant \frac{W_2}{W_1 - W_2} x_1 - (x_2 + G)$$

时，P_1 为最大速度方案。故有

$$V_{\max}(A) = W_2 \ln \frac{x_2 + G + A}{x_2 + G} \uparrow \tag{3.1-9}$$

而当

$$\frac{W_2}{W_1 - W_2} x_1 - (x_2 + G) \leqslant A \leqslant B_1 + \frac{W_2}{W_1 - W_2} x_1 - (x_2 + G)$$

时，Q 为最大速度方案，因此

$$V_{\max}(A) = W_1 \ln \frac{x_1 + x_2 + G + A}{\frac{W_1}{W_1 - W_2} x_1} + W_2 \ln \frac{\frac{W_2}{W_1 - W_2} x_1}{x_2 + G} \uparrow \tag{3.1-10}$$

当

$$B_1 + \frac{W_2}{W_1 - W_2} x_1 - (x_2 + G) \leqslant A \leqslant B_1 + B_2$$

时，P_2 为最大速度方案，因此

$$V_{\max}(A) = W_1 \ln \frac{x_1 + x_2 + G + A}{x_1 + x_2 + G + A - B_1} + W_2 \ln \frac{x_2 + G + A - B_1}{x_2 + G} \tag{3.1-11}$$

它与情形 1 中的公式(3.1-7)的解析表达式一样，区别是 A 的变化区间不同，本书将统一在 3.1.5 节中讨论它们的变化规律。

3.1.5 函数(3.1-7)和函数(3.1-11)的变化规律

为方便起见，用 C 表示 B_1(当情况 1 时)或 $B_1 + \frac{W_2}{W_1 - W_2} x_1 - (x_2 + G)$(当情况 3 时)，以下的讨论可统一处理函数(3.1-7)和函数(3.1-11)。

求 $V_{\max}(A)$的导数

$$\begin{aligned}\frac{\mathrm{d}V_{\max}(A)}{\mathrm{d}A} = &\{W_2 A^2 + [2W_2(x_1 + x_2 + G) - B_1(W_1 + W_2)]A + \\ &W_2(x_1 + x_2 + G)(x_1 + x_2 + G - B_1) - \\ &W_1 B_1 (x_2 + G - B_1)\}/\{(x_1 + x_2 + G + A) \times \\ &(x_1 + x_2 + G + A - B_1)\ (x_2 + G + A - B_1)\}\end{aligned} \tag{3.1-12}$$

其分母恒为正，因此分子的正负号决定了$\frac{\mathrm{d}V_{\max}(A)}{\mathrm{d}A}$的正负号。且分子是 A 的二阶多项式，A^2 的系数为正。

分子的判别式为

$$\Delta=(W_1-W_2)^2B_1^2-4W_1W_2B_1x_1 \tag{3.1-13}$$

若 $\Delta\leqslant 0$，那么 $\dfrac{\mathrm{d}V_{\max}(A)}{\mathrm{d}A}$ 除至多只能在 1 个点处为 0 外均为正，因此，当 $A\in[C,\ B_1+B_2]$ 时，$V_{\max}(A)\uparrow$。

若 $\Delta>0$，则式(3.1-12)的分子有 2 个根

$$A_1=\frac{1}{2W_2}\left[-2W_2(x_1+x_2+G)+B_1(W_1+W_2)-\sqrt{\Delta}\right] \tag{3.1-14}$$

$$A_2=\frac{1}{2W_2}\left[-2W_2(x_1+x_2+G)+B_1(W_1+W_2)+\sqrt{\Delta}\right] \tag{3.1-15}$$

这时有以下 6 种情况。

(1) 若 $(B_1+B_2)\leqslant A_1<A_2$，则当 $A\in[C,\ B_1+B_2]$ 时，$V_{\max}(A)\uparrow$。

(2) 若 $C<A_1<(B_1+B_2)\leqslant A_2$，则当 $A\in[C,\ A_1]$ 时，$V_{\max}(A)\uparrow$。而当 $A\in[A_1,\ B_1+B_2]$ 时，$V_{\max}(A)\downarrow$。

(3) 若 $C<A_1<A_2<(B_1+B_2)$，则当 $A\in[C,\ A_1]$ 时，$V_{\max}(A)\uparrow$。而当 A 在 $[A_1,\ A_2]$ 内变动时，$V_{\max}(A)\downarrow$，当 $A\in[A_2,\ B_1+B_2]$ 时，$V_{\max}(A)\uparrow$。

(4) 若 $A_1\leqslant C<(B_1+B_2)\leqslant A_2$，则当 $A\in[C,\ B_1+B_2]$ 时，$V_{\max}(A)\downarrow$。

(5) 若 $A_1\leqslant C<A_2<(B_1+B_2)$，则当 $A\in[C,\ A_2]$ 时，$V_{\max}(A)\downarrow$。而当 $A\in[A_2,\ B_1+B_2]$ 时，$V_{\max}(A)\uparrow$。

(6) 若 $A_1<A_2\leqslant C$，则当 $A\in[C,\ B_1+B_2]$ 时，$V_{\max}(A)\uparrow$。

3.2　两级火箭最大速度值的一般变化规律(续)

现在从两级火箭来谈最大的最大速度方案与最宜的推进剂量方案(达到最大的最大速度值的最小推进剂总量方案)等问题。

3.2.1　$W_1\leqslant W_2$

此时两级火箭的 $V_{\max}(A)$ 曲线单调上升(见图 3-6)，我们知道 $V_{\max}(A)$ 的具体表达式为

$$V_{\max}(A)=\begin{cases} W_2\ln\dfrac{x_2+G+A}{x_2+G}\uparrow & 0\leqslant A\leqslant B_2 \\ W_1\ln\dfrac{x_1+x_2+G+A}{x_1+x_2+G+B_2}+W_2\ln\dfrac{x_2+G+B_2}{x_2+G}\uparrow & B_2\leqslant A\leqslant B_1+B_2 \end{cases}$$

此时最大的最大速度方案(B_1,B_2)与最宜的推进剂量方案(B_1,B_2)一致。

此时加满最好。

此时最大速度方案与最省推进剂方案等价。

但请注意，图 3-6 所示的只是 $V_{max}(A)$随 A 变化的总趋势示意图。实际上 $V_{max}(A)$在每一段都不是直线段而是曲线弧，但这并不影响本文所讨论的问题的实质，所以本文中的$V_{max}(A)$随 A 的变化示意图其每段都简单地用直线段来描述了，下面如无特别声明也是如此。

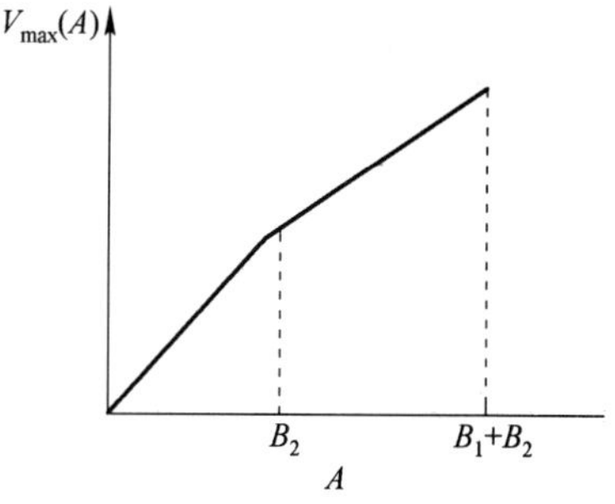

图 3-6 $V_{max}(A)$随 A 变化示意图(1)

3.2.2 $W_1>W_2$

(1) 第 1 种情况前文已述，为

$$y_2=\frac{W_2}{W_1-W_2}x_1-(x_2+G)\leqslant 0$$

即
$$\frac{W_1}{W_2}\geqslant\frac{x_1+x_2+G}{x_2+G}$$

此时 $V_{max}(A)$的具体表达式前知为

$$V_{max}(A)=\begin{cases}W_1\ln\dfrac{x_1+x_2+G+A}{x_1+x_2+G}\uparrow & 0\leqslant A\leqslant B_1\\ W_1\ln\dfrac{x_1+x_2+G+A}{x_1+x_2+G+A-B_1}+W_2\ln\dfrac{x_2+G+A-B_1}{x_2+G} & B_1\leqslant A\leqslant B_1+B_2\end{cases}$$

若记
$$\Delta=(W_1-W_2)^2B_1^2-4W_1W_2B_1x_1$$

那么

1) 当 $\Delta\leqslant 0$ 时，

$$W_1\ln\frac{x_1+x_2+G+A}{x_1+x_2+G+A-B_1}+W_2\ln\frac{x_2+G+A-B_1}{x_2+G}\uparrow\quad B_1\leqslant A\leqslant B_1+B_2$$

即此时 $V_{max}(A)$随着 A 的上升也单调上升，$A\in(B_1,\ B_1+B_2)$。

此时最大的最大速度方案(B_1,B_2)与最宜推进剂量方案(B_1,B_2)一致。

此时加满最好。

此时最大速度方案与最省推进剂方案等价。

此时，$V_{max}(A)$的示意图见图 3-7。

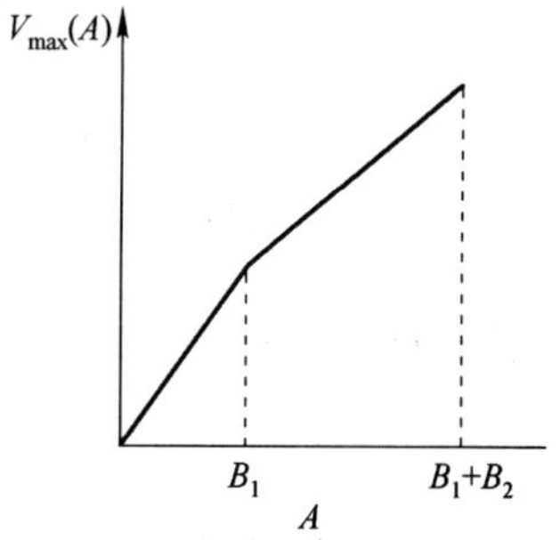

图 3-7 $V_{max}(A)$随 A 变化示意图(2)

2) 当 $\Delta>0$ 时，若记

$$A_1=\frac{1}{2W_2}[-2W_2(x_1+x_2+G)+B_1(W_1+W_2)-\sqrt{\Delta}]$$

$$A_2=\frac{1}{2W_2}[-2W_2(x_1+x_2+G)+B_1(W_1+W_2)+\sqrt{\Delta}]$$

(a) 若 $B_1+B_2\leqslant A_1<A_2$，那么

$$W_1\ln\frac{x_1+x_2+G+A}{x_1+x_2+G+A-B_1}+W_2\ln\frac{x_2+G+A-B_1}{x_2+G}\uparrow\quad B_1\leqslant A\leqslant B_1+B_2$$

此时 $V_{\max}(A)$曲线示意图也类似图 3-7。

所以此时最大的最大速度方案(B_1,B_2)仍与最宜的推进剂量方案(B_1,B_2)相一致。

此时仍是加满最好。

此时最大速度方案仍与最省推进剂方案等价。

(b) 若 $B_1<A_1\leqslant B_1+B_2\leqslant A_2$，那么

$$W_1\ln\frac{x_1+x_2+G+A}{x_1+x_2+G+A-B_1}+W_2\ln\frac{x_2+G+A-B_1}{x_2+G}\begin{cases}\uparrow & B_1\leqslant A\leqslant A_1\\ \downarrow & A_1\leqslant A\leqslant B_1+B_2\end{cases}$$

此时最大的最大速度方案在点 T_1 处与最宜推进剂量方案一致，如图 3-8 所示。

此时加满不是最好，最好在点 T_1 处。

此时最大速度方案与最省推进剂方案显然有时不等价了。

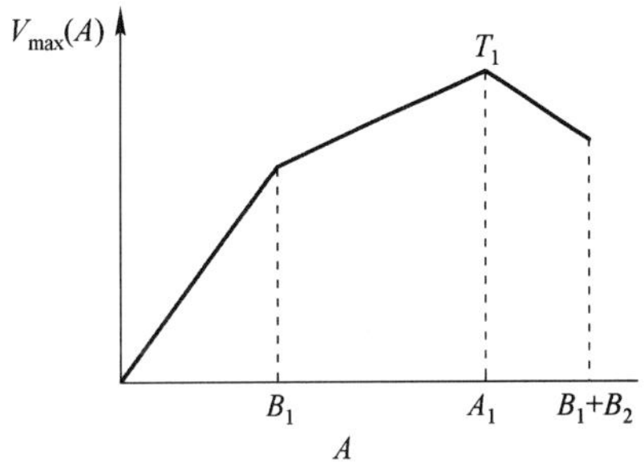

图 3-8　$V_{\max}(A)$随 A 变化示意图(3)

(c) 若 $B_1<A_1<A_2<B_1+B_2$，此时已知：

$$W_1\ln\frac{x_1+x_2+G+A}{x_1+x_2+G+A-B_1}+$$

$$W_2\ln\frac{x_2+G+A-B_1}{x_2+G}\begin{cases}\uparrow & B_1\leqslant A\leqslant A_1\\ \downarrow & A_1\leqslant A\leqslant A_2\\ \uparrow & A_2\leqslant A\leqslant B_1+B_2\end{cases}$$

若如图 3-9 所示，那么，最大的最大速度方案在点 T_2 处，并且在那里与最宜的推进剂量方案一致。

此时也是加满最好。

若如图 3-10 所示，那么，最大的最大速度方案与最宜推进剂量方案不一致，此时最宜推进剂量方案在点 T_1 处达到。

此时不加满也可达到最好。

若如图 3-11 所示，那么，最大的最大速度方案在点 T_1 处与最宜推进剂量方案一致。

此时加满不是最好，最好的在点 T_1 处。

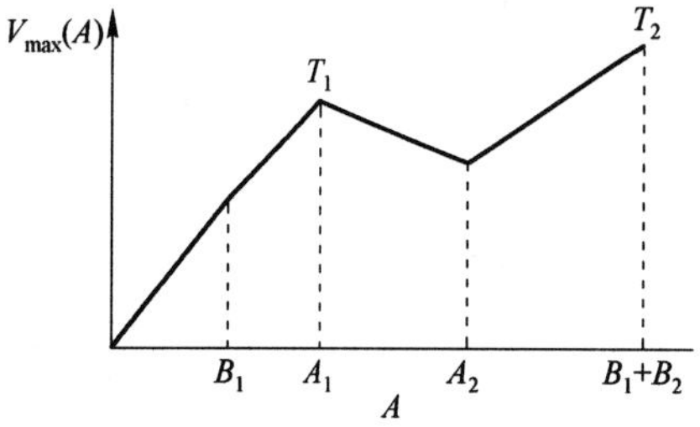

图 3-9 $V_{\max}(A)$随 A 变化示意图(4)

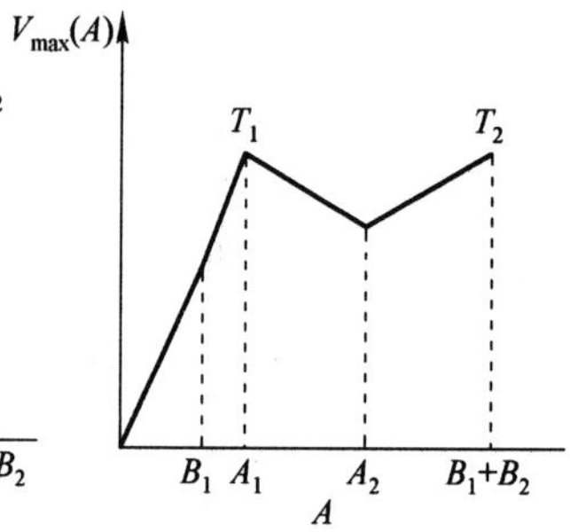

图 3-10 $V_{\max}(A)$随 A 变化示意图(5)

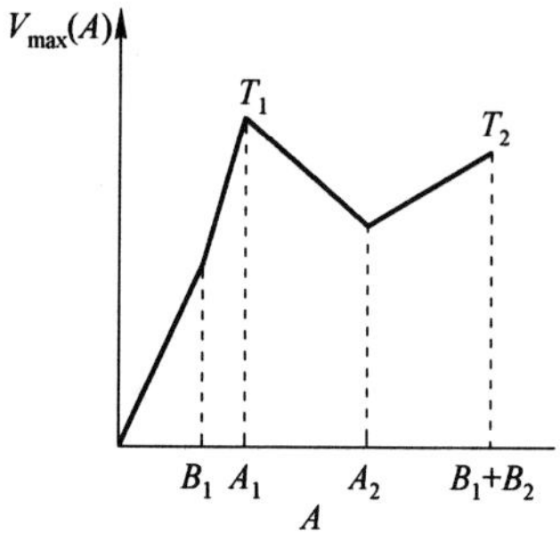

图 3-11 $V_{\max}(A)$随 A 变化示意图(6)

(d) 若 $A_1 \leqslant B_1 < B_1 + B_2 \leqslant A_2$，那么

$$W_1 \ln \frac{x_1 + x_2 + G + A}{x_1 + x_2 + G + A - B_1} + W_2 \ln \frac{x_2 + G + A - B_1}{x_2 + G} \downarrow \quad B_1 \leqslant A \leqslant B_1 + B_2$$

此时最大的最大速度方案在点 T_1 处与最宜的推进剂量方案一致，如图 3-12 所示。

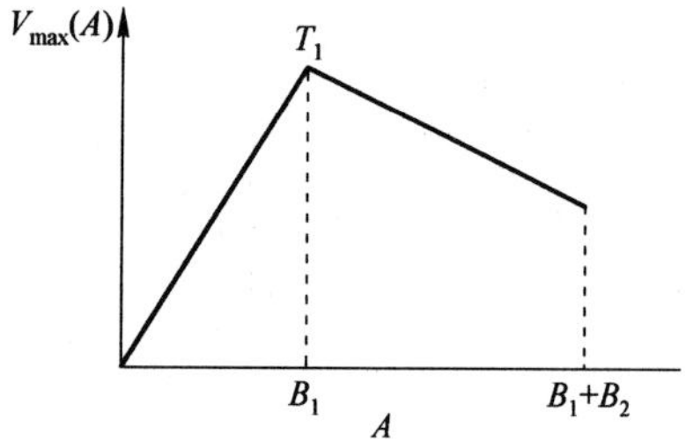

图 3-12 $V_{\max}(A)$随 A 变化示意图(7)

当然此时加满也不是最好，最好在点 T_1 处。

(e) 若 $A_1 \leqslant B_1 \leqslant A_2 < B_1 + B_2$，此时

$$W_1 \ln \frac{x_1 + x_2 + G + A}{x_1 + x_2 + G + A - B_1} + W_2 \ln \frac{x_2 + G + A - B_1}{x_2 + G} \begin{cases} \downarrow & B_1 \leqslant A \leqslant A_2 \\ \uparrow & A_2 \leqslant A \leqslant B_1 + B_2 \end{cases}$$

如图 3-13、图 3-14、图 3-15 所示。

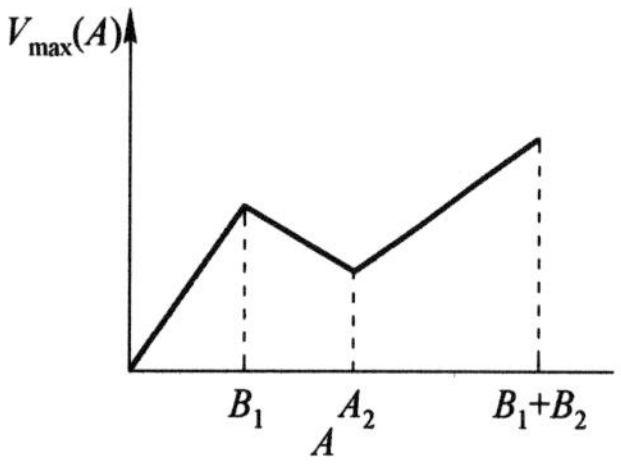

图 3-13 $V_{\max}(A)$随 A 变化示意图(8)

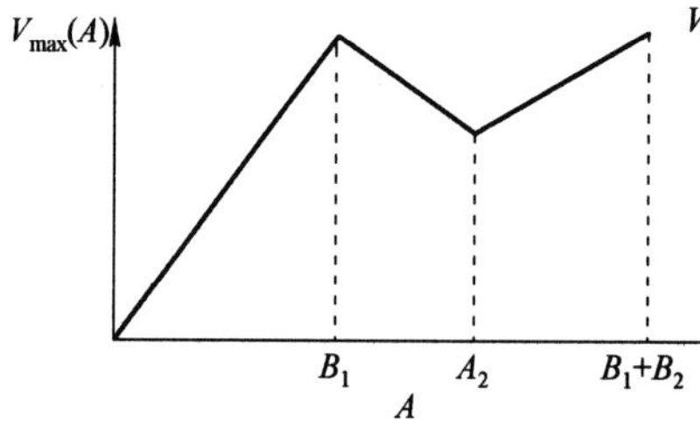

图 3-14 $V_{\max}(A)$随 A 变化示意图(9)

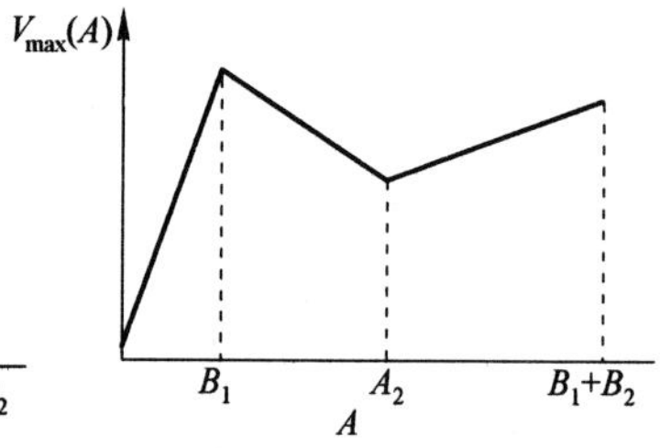

图 3-15 $V_{\max}(A)$随 A 变化示意图(10)

讨论与(c)相似。

(f) 若 $A_1 < A_2 \leqslant B_1$，那么

$$W_1 \ln \frac{x_1 + x_2 + G + A}{x_1 + x_2 + G + A - B_1} + W_2 \ln \frac{x_2 + G + A - B_1}{x_2 + G} \uparrow \quad B_1 \leqslant A \leqslant B_1 + B_2$$

此时讨论与(a)相似，如图 3-16 所示。

(2) 第 2 种情况为

$$y_2=\frac{W_2}{W_1-W_2}x_1-(x_2+G)\geqslant B_2$$

即
$$\frac{W_1}{W_2}\leqslant\frac{x_1+x_2+G+B_2}{x_2+G+B_2}$$

以前已知

$$V_{\max}(A)=\begin{cases}W_2\ln\dfrac{x_2+G+A}{x_2+G}\uparrow & 0\leqslant A\leqslant B_2\\ W_1\ln\dfrac{x_1+x_2+G+A}{x_1+x_2+G+B_2}+ & \\ W_2\ln\dfrac{x_2+G+B_2}{x_2+G}\uparrow & B_2\leqslant A\leqslant B_1+B_2\end{cases}$$

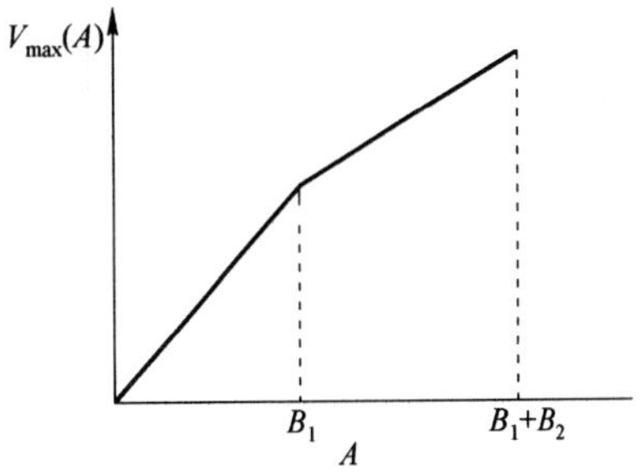

图 3-16　$V_{\max}(A)$随 A 变化示意图(11)

此时最大的最大速度方案(B_1,B_2)与最宜的推进剂量方案(B_1,B_2)一致，如图 3-17 所示。

此时加满就是最好。

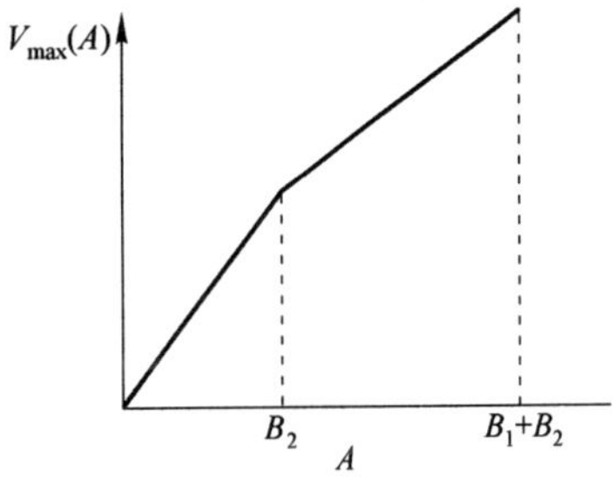

图 3-17　$V_{\max}(A)$随 A 变化示意图(12)

(3) 第 3 种情况为

$$0<y_2=\frac{W_2}{W_1-W_2}x_1-(x_2+G)<B_2$$

即
$$\frac{x_1+x_2+G+B_2}{x_2+G+B_2}<\frac{W_1}{W_2}<\frac{x_1+x_2+G}{x_2+G}$$

若记　$c=B_1+\dfrac{W_2}{W_1-W_2}x_1-(x_2+G)$

Δ，A_1,A_2 符号意义同前，那么以前已知

$$V_{\max}(A)=\begin{cases}W_2\ln\dfrac{x_2+G+A}{x_2+G}\uparrow & 0\leqslant A\leqslant c-B_1\\ W_1\ln\dfrac{x_1+x_2+G+A}{\dfrac{W_1}{W_1-W_2}x_1}+W_2\ln\dfrac{\dfrac{W_2}{W_1-W_2}x_1}{x_2+G}\uparrow & c-B_1\leqslant A\leqslant c\\ W_1\ln\dfrac{x_1+x_2+G+A}{x_1+x_2+G+A-B_1}+W_2\ln\dfrac{x_2+G+A-B_1}{x_2+G} & c\leqslant A\leqslant B_1+B_2\end{cases}$$

(a) 若 $B_1+B_2\leqslant A_1<A_2$，那么

$$W_1\ln\frac{x_1+x_2+G+A}{x_1+x_2+G+A-B_1}+W_2\ln\frac{x_2+G+A-B_1}{x_2+G}\uparrow\quad c\leqslant A\leqslant B_1+B_2$$

所以此时的 $V_{\max}(A)$曲线如图3-18所示。

(b) 若 $c<A_1\leqslant B_1+B_2<A_2$，那么

$$V_{max}(A)\begin{cases}\uparrow & c\leqslant A\leqslant A_1\\ \downarrow & A_1\leqslant A\leqslant B_1+B_2\end{cases}$$

所以此时的 $V_{max}(A)$曲线如图 3-19 所示。

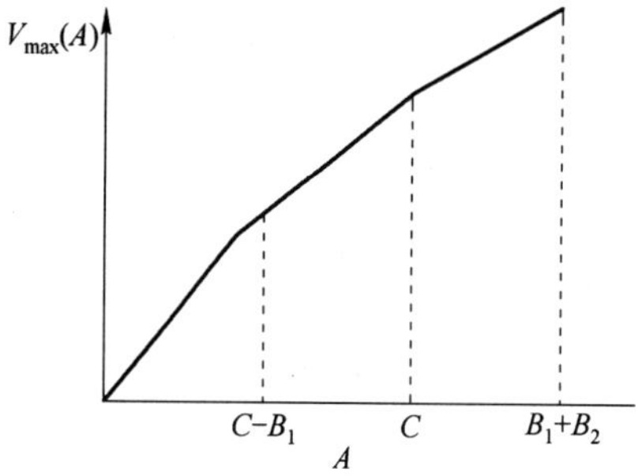

图 3-18　$V_{max}(A)$随 A 变化示意图(13)

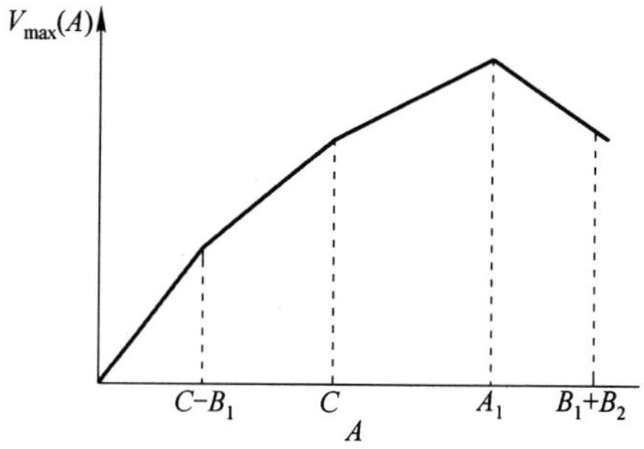

图 3-19　$V_{max}(A)$随 A 变化示意图(14)

(c) 若 $c<A_1<A_2<B_1+B_2$，那么

$$V_{max}(A)\begin{cases}\uparrow & c\leqslant A\leqslant A_1\\ \downarrow & A_1\leqslant A\leqslant A_2\\ \uparrow & A_2\leqslant A\leqslant B_1+B_2\end{cases}$$

所以此时的 $V_{max}(A)$曲线如图 3-20 所示。

此时点 T_1 可能与点 T_2 一般高，也可能点 T_2 比点 T_1 高，也可能点 T_2 比点 T_1 低。

(d) 若 $A_1\leqslant c<B_1+B_2\leqslant A_2$，那么

$$V_{max}(A)\downarrow \quad c\leqslant A\leqslant B_1+B_2$$

所以此时 $V_{max}(A)$曲线如图 3-21 所示。

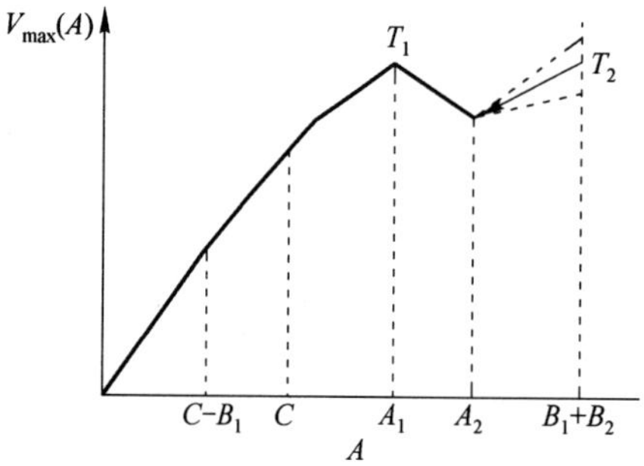

图 3-20　$V_{max}(A)$随 A 变化示意图(15)

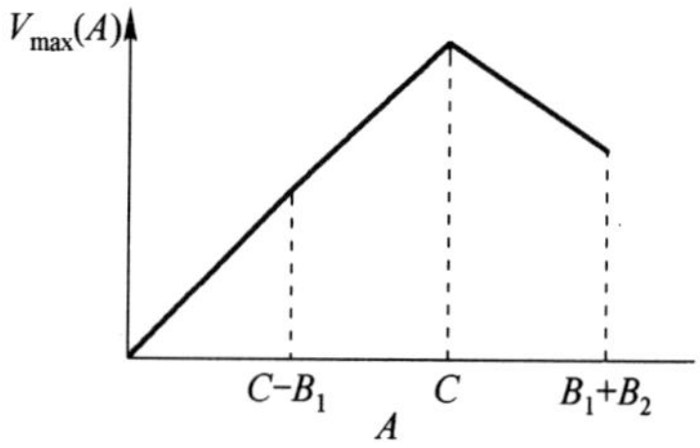

图 3-21　$V_{max}(A)$随 A 变化示意图(16)

(e) 若 $A_1\leqslant c<A_2<B_1+B_2$，那么

$$V_{max}(A)\begin{cases}\downarrow & c\leqslant A\leqslant A_2\\ \uparrow & A_2\leqslant A\leqslant B_1+B_2\end{cases}$$

所以此时的 $V_{max}(A)$曲线如图 3-22 所示。

此时点 T_1 的高度与点 T_2 的高度跟(c)中一样讨论。

(f) 若 $A_1<A_2<c$，那么

$$V_{\max}(A)\uparrow \qquad c\leqslant A\leqslant B_1+B_2$$

所以此时的 $V_{\max}(A)$ 曲线如图 3-23 所示。

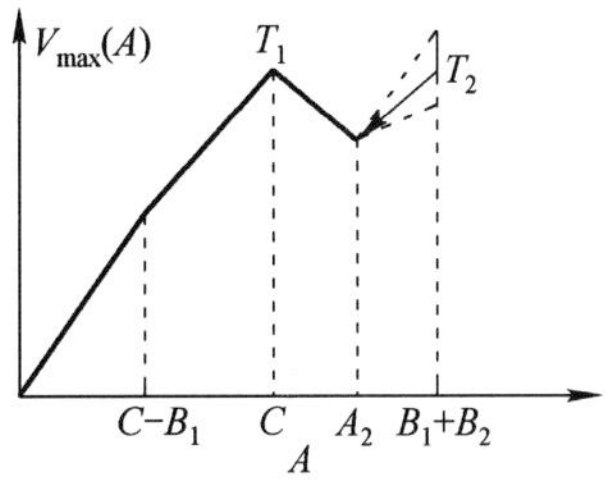

图 3-22　$V_{\max}(A)$ 随 A 变化示意图(17)

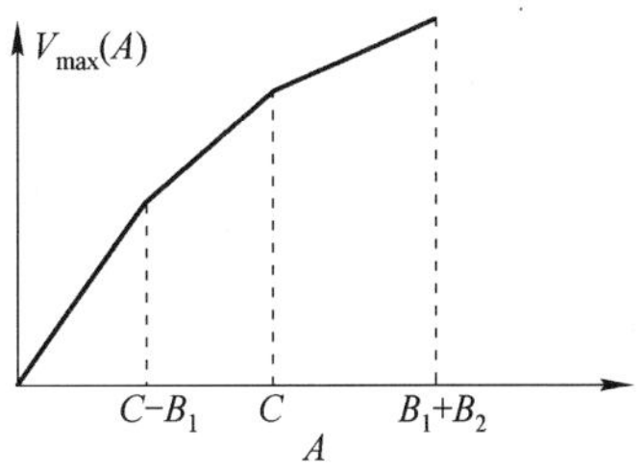

图 3-23　$V_{\max}(A)$ 随 A 变化示意图(18)

这样，关于两级火箭在各种情况下的对应的 $V_{\max}(A)$ 曲线图都已画出。

由 $V_{\max}(A)$ 曲线图可以看出：

(1) 最大的最大速度方案及最宜的推进剂量方案在何处及具体的表达式等。

(2) 加满是不是最好及加满不是最好时最好在何处。

(3) 最大速度方案与最省推进剂方案何时等价，何时不等价……。

因此在解决这一系列的问题时，求出 $V_{\max}(A)$ 的表达式是很重要的。

3.3 $W_2\leqslant W_3$ 时三级火箭最大速度值的一般变化规律

对图 3-24 所示的两级火箭，当 $W_2\leqslant W_3$ 时，从 3.1 节已知其最大速度值

$$\begin{cases} V=W_2\ln\dfrac{x_2+y_2+x_3+y_3+G}{x_2+x_3+y_3+G}+W_3\ln\dfrac{x_3+y_3+G}{x_3+G} \\ 0\leqslant y_2\leqslant B_2,\ 0\leqslant y_3\leqslant B_3 \\ y_3+y_2=R,\ 0\leqslant R\leqslant B_2+B_3 \end{cases}$$

的一般变化规律为

$$V_{\max}(R)=\begin{cases} W_3\ln\dfrac{x_3+G+R}{x_3+G} & 0\leqslant R\leqslant B_3 \\ W_2\ln\dfrac{x_2+x_3+G+R}{x_2+x_3+G+B_3}+ & \\ W_3\ln\dfrac{x_3+G+B_3}{x_3+G} & B_3\leqslant R\leqslant B_2+B_3 \end{cases}$$

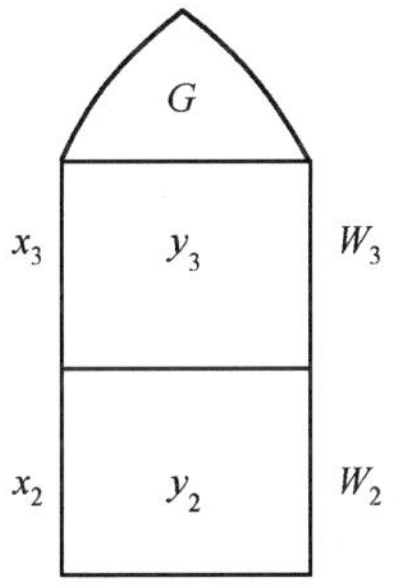

图 3-24　两级火箭示意图(3)

现探讨 $W_2\leqslant W_3$ 时三级火箭的最大速度值的一般变化规律

问题。

为了讨论的方便，设 $B_1 \geqslant B_2 \geqslant B_3$，这里 B_i 为此三级火箭的第 $i(i=1, 2, 3)$ 级的推进剂储箱的容量。这种情况在实际中也是常见的。

显见，对于不是上述情况的 $B_i(i=1, 2, 3)$，本节的方法也是可用的。

3.3.1 $W_2 \leqslant W_1 \leqslant W_3$

(1) 当 $0 \leqslant A \leqslant B_3$，对图 3-25 所示的三级火箭，若给定的推进剂量 $A \in [0, B_3]$，那么分配给后两级火箭的推进剂量 R 也必有 $0 \leqslant R \leqslant B_3$(见图 3-24)。

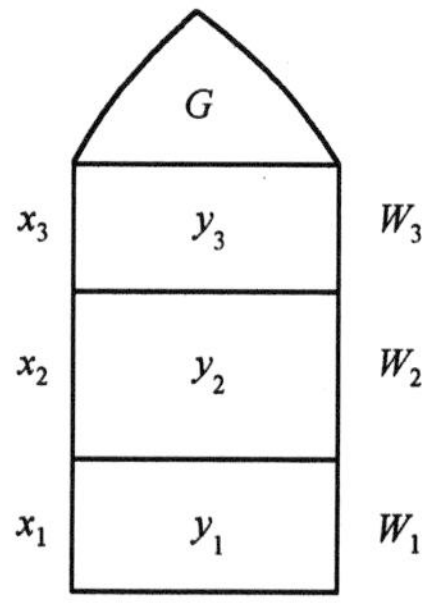

图 3-25　三级火箭示意图(1)

很明显，假若(y_1, y_2, y_3)是图 3-25 所示的三级火箭对于给定的推进剂量 A 的最大速度方案，那么记 $y_2+y_3=R$，可知(y_2, y_3)必是对此 R 构成这后两级火箭的最大速度方案。上述性质不但很容易用反证法证明，而且显见它对一般的 n 级火箭也有类似的结论。既然如此，求下述问题的最大值

$$\begin{cases} V = W_1 \ln \dfrac{x_1+y_1+x_2+y_2+x_3+y_3+G}{x_1+x_2+y_2+x_3+y_3+G} + W_2 \ln \dfrac{x_2+y_2+x_3+y_3+G}{x_2+x_3+y_3+G} + \\ \qquad W_3 \ln \dfrac{x_3+y_3+G}{x_3+G} \\ 0 \leqslant y_i \leqslant B_i \quad (i=1, 2, 3) \\ \sum\limits_{i=1}^{3} y_i = A \end{cases}$$

也就化为求下面函数的最大值(当然也有相应的附加条件)

$$V = W_1 \ln \frac{x+A+G}{x+G+R} + f_2(R)$$

这里 $f_2(R)$为此三级火箭的后两级火箭对于给定的 R 所得到的最大速度值。

因此对 $A \in [0, B_3]$而言，就有

$$V = W_1 \ln \frac{x+G+A}{x+G+R} + W_3 \ln \frac{x_3+G+R}{x_3+G}$$

$$\frac{\partial V}{\partial R} = \frac{-W_1}{x+G+R} + \frac{W_3}{x_3+G+R}$$

故从$\dfrac{\partial V}{\partial R}=0$ 可得

$$\frac{W_3}{x_3+G+R} = \frac{W_1}{x+G+R}$$

解出 R 之值 R^* 为

$$R^*=\frac{1}{W_3-W_1}[W_1(x_3+G)-W_3(x+G)]$$

不妨设 $W_3>W_1$，这是因为当 $W_3=W_1$ 时，V 无极值点，其最大值只能在 R 的两端点($R=0$ 或 $R=A$)处达到。

对于 $R=0$，有

$$V_1=W_1\ln\frac{x+G+A}{x+G}$$

对于 $R=A$，有

$$V_2=W_3\ln\frac{x_3+G+A}{x_3+G}$$

由于

$$\frac{x_3+G+A}{x_3+G}>\frac{x+G+A}{x+G}$$

所以

$$V_2>V_1$$

即为函数 V 在 $R=A$ 处达最大值(见图 3-26)。

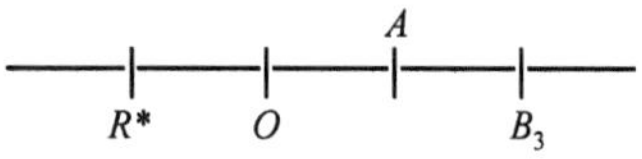

图 3-26　函数 V 在 $R=A$ 处达最大值

对于 $W_3>W_1$ 而言，由于

$$R^*<0$$

同时显见

$$\frac{\partial V}{\partial R}=\begin{cases}+ & R>R^*\\ - & R<R^*\end{cases}$$

则

$$R_{最佳}=A$$

所以，当 $W_2\leqslant W_1\leqslant W_3$ 时，在 $A\in[0,B_3]$的情况下

$$V_{\max}(A)=W_3\ln\frac{x_3+G+A}{x_3+G}$$

(2) 当 $B_3<A\leqslant B_1+B_3$ 时，有两种情况。

第一种情况：$R\in[0,\ B_3]$，显见此时

$$V_{\max}(A)=W_1\ln\frac{x+G+A}{x+G+B_3}+W_3\ln\frac{x_3+G+B_3}{x_3+G}$$

第二种情况：$B_3\leqslant R\leqslant B_2+B_3$

$$V=W_1\ln\frac{x+G+A}{x+G+R}+W_2\ln\frac{x_2+x_3+G+R}{x_2+x_3+G+B_3}+W_3\ln\frac{x_3+G+B_3}{x_3+G}$$

$$\frac{\partial V}{\partial R}=\frac{-W_1}{x+G+R}+\frac{W_2}{x_2+x_3+G+R}$$

$$R^{**}=\frac{1}{W_1-W_2}[W_2(x+G)-W_1(x_2+x_3+G)]$$

$$\frac{\partial^2 V}{\partial R^2}=\frac{W_1}{(x+G+R)^2}-\frac{W_2}{(x_2+x_3+G+R)^2}=\frac{W_1(x_2+x_3+G+R)^2-W_3(x+G+R)^2}{(x+G+R)^2(x_2+x_3+G+R)^2}$$

计算后知

$$x_2+x_3+G+R^{**}=\frac{W_2x_1}{W_1-W_2}$$

$$x+G+R^{**}=\frac{W_1x_1}{W_1-W_2}$$

所以

$$\left.\frac{\partial^2 V}{\partial R^2}\right|_{R=R^{**}}=\frac{1}{(x+G+R)^2(x_2+x_3+G+R)^2}\left[\frac{W_1W_2^2x_1^2}{(W_1-W_2)^2}-\frac{W_2W_1^2x_1^2}{(W_1-W_2)^2}\right]<0$$

故函数 V 在 $R=R^{**}$ 处达最大值（见图 3-27）。

对于第二种情况而言，由于 $R\in[B_3, B_2+B_3]$，所以第二种情况的 $V_{\max}(A)$ 必不小于第一种情况的 $V_{\max}(A)$，那么第二种情况下的最大值就是 $B_3<A\leqslant B_2+B_3$ 情况下函数 V 的最大值。

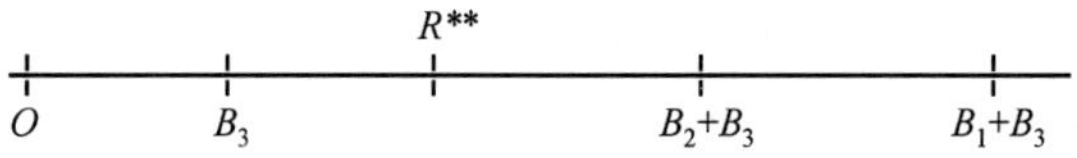

图 3-27　函数 V 在 $R=R^{**}$ 处达最大值

如果 $W_1=W_2$，那么显见此时有 $W_1=W_2\leqslant W_3$，据 2.6 节中的有关结论知：

当 $A\in(B_3, B_3+B_2]$ 时，

$$V_{\max}(A)=W_2\ln\frac{x_2+x_3+G+A}{x_2+x_3+G+B_3}+W_3\ln\frac{x_3+G+B_3}{x_3+G};$$

当 $A\in(B_3+B_2, B_3+B_1]$ 时，

$$V_{\max}(A)=W_1\ln\frac{x+G+A}{x+G+B_2+B_3}+W_2\ln\frac{x_2+B_2+x_3+B_3+G}{x_2+x_3+B_3+G}+$$

$$W_3\ln\frac{x_3+G+B_3}{x_3+G}。$$

假若 $W_1>W_2$，显见

1）如果 $R^{**}\leqslant B_3$：

若 $R^{**}\leqslant 0$，那么当 $A\in(B_3, B_1]$ 时，

$$V_{\max}(A)=W_1\ln\frac{x+G+A}{x+G};$$

当 $A\in(B_1, B_1+B_3]$ 时，

$$V_{\max}(A)=W_1\ln\frac{x+G+A}{x+G+A-B_1}+W_3\ln\frac{x_3+G+A-B_1}{x_3+G}。$$

若 $0<R^{**}\leqslant B_3$，那么当 $A\in(B_3, B_2+R^{**}]$时，

$$V_{\max}(A)=W_1\ln\frac{x+G+A}{x+G+R^{**}}+W_3\ln\frac{x_3+R^{**}+G}{x_3+G};$$

当 $A\in[B_1+R^{**}, B_1+B_3]$时，

$$V_{\max}(A)=W_1\ln\frac{x+G+A}{x+G+A-B_1}+W_3\ln\frac{x_3+G+A-B_1}{x_3+G}。$$

2) 如果 $B_3<R^{**}\leqslant B_3+B_2$，则当 $A\in(R^{**}, B_1+B_3]$时，

$$V_{\max}(A)=W_1\ln\frac{x+G+A}{x+G+R^{**}}+W_2\ln\frac{x_2+x_3+G+R^{**}}{x_2+x_3+G+B_3}+W_3\ln\frac{x_3+G+B_3}{x_3+G};$$

当 $B_3<A\leqslant R^*$ 时，

$$V_{\max}(A)=W_2\ln\frac{x_2+x_3+G+A}{x_2+x_3+G+B_3}+W_3\ln\frac{x_3+G+B_3}{x_3+G}。$$

3) 如果 $R^{**}\geqslant B_2+B_3$，则 $R_{最佳}=B_2+B_3$。故当　$A\in(B_2+B_3, B_1+B_3]$时，

$$V_{\max}(A)=W_1\ln\frac{x+G+A}{x+G+B_2+B_3}+W_2\ln\frac{x_2+x_3+G+B_2+B_3}{x_2+x_3+G+B_3}+W_3\ln\frac{x_3+G+B_3}{x_3+G};$$

当 $A\in(B_3, B_2+B_3]$时，

$$V_{\max}(A)=W_2\ln\frac{x_2+x_3+G+A}{x_2+x_3+G+B_3}+W_3\ln\frac{x_3+G+B_3}{x_3+G}。$$

(3) 当 $B_1+B_3<A\leqslant B_1+B_2+B_3$ 时，

$$V=W_1\ln\frac{x+A+G}{x+G+R}+W_2\ln\frac{x_2+x_3+G+R}{x_2+x_3+G+B_3}+W_3\ln\frac{x_3+G+B_3}{x_3+G},$$

与(2)一样，仍得

$$R^*=\frac{1}{W_1-W_2}[W_2(x+G)-W_1(x_2+x_3+G)]。$$

并且同样有：函数 V 在 $R=R^*$ 处达最大值。

故知，若 $W_1>W_2$，显见($W_1=W_2$ 及 $R^*<0$ 等情况与前类似，故不重复)

1) 若 $R^*\leqslant B_3$，则当 $A\in(B_1+B_3, B_1+B_2+B_3]$时，

$$V_{\max}(A)=W_1\ln\frac{x+A+G}{x+A-B_1+G}+W_2\ln\frac{x_2+x_3+G+A-B_1}{x_2+x_3+B_3+G}+W_3\ln\frac{x_3+B_3+G}{x_3+G}。$$

2) 若 $R^*\in(B_3, B_2+B_3]$，记 $R^*-B_3=\varepsilon, 0<\varepsilon\leqslant B_2$，则当 $A\in(B_1+B_3, B_1+B_3+\varepsilon]$时，

$$V_{\max}(A)=W_1\ln\frac{x+A+G}{x+G+R^*}+W_2\ln\frac{x_2+x_3+G+R^*}{x_2+x_3+G+B_3}+W_3\ln\frac{x_3+B_3+G}{x_3+G};$$

当 $A\in(B_1+B_3+\varepsilon, B_1+B_2+B_3]$时，

$$V_{\max}(A)=W_1\ln\frac{x+A+G}{x+A-B_1+G}+W_2\ln\frac{x_2+x_3+G+A-B_1}{x_2+x_3+B_3+G}+W_3\ln\frac{x_3+B_3+G}{x_3+G}。$$

3）若 $R^* \geqslant B_2+B_3$，则当 $A\in(B_1+B_3,\ B_1+B_2+B_3]$时，

$$V_{\max}(A)=W_1\ln\frac{x+A+G}{x+B_2+B_3+G}+W_2\ln\frac{x_2+B_2+x_3+B_3+G}{x_2+x_3+B_3+G}+W_3\ln\frac{x_3+B_3+G}{x_3+G}。$$

若 $W_1=W_2$，则 $W_1=W_2\leqslant W_3$，据2.6节中的有关结论可知，当 $A\in(B_1+B_3,\ B_1+B_2+B_3]$时，

$$V_{\max}(A)=W_1\ln\frac{x+A+G}{x+G+B_2+B_3}+W_2\ln\frac{x_2+B_2+x_3+B_3+G}{x_2+x_3+B_3+G}+W_3\ln\frac{x_3+B_3+G}{x_3+G}。$$

3.3.2 $W_2\leqslant W_3\leqslant W_1$

（1）当 $0\leqslant A\leqslant B_3$，则有

$$V=W_1\ln\frac{x+G+A}{x+G+R}+W_3\ln\frac{x_3+G+R}{x_3+G}$$

$$\frac{\partial V}{\partial R}=\frac{-W_1}{x+R+G}+\frac{W_3}{x_3+G+R}$$

$$R^*=\frac{1}{W_1-W_3}[W_3(x+G)-W_1(x_3+G)]$$

$$\frac{\partial^2 V}{\partial R^2}=\frac{W_1}{(x+R+G)^2}-\frac{W_3}{(x_3+G+R)^2}$$

把 $R=R^*$ 代入上式知

$$\left.\frac{\partial^2 V}{\partial R^2}\right|_{R=R^*}<0$$

因此函数 V 在 $R=R^*$ 处达最大值。

故若 $W_1>W_3$，显见

1）若 $R^*\leqslant 0$，则当 $A\in[0,\ B_3]$时，

$$V_{\max}(A)=W_1\ln\frac{x+G+A}{x+G}。$$

2）若 $R^*\geqslant B_3$，则当 $A\in[0,\ B_3]$时，

$$V_{\max}(A)=W_3\ln\frac{x_3+G+A}{x_3+G}。$$

3）若 $R^*\in(0,\ B_3)$，则当 $A\in(0,\ R^*]$时，

$$V_{\max}(A)=W_3\ln\frac{x_3+G+A}{x_3+G};$$

当 $A\in(R^*,\ B_3]$时，

$$V_{\max}(A)=W_1\ln\frac{x+A+G}{x+R^*+G}+W_3\ln\frac{x_3+G+R^*}{x_3+G}。$$

如果 $W_1=W_3$，那么当 $A\in(0,B_3)$时，显然有

$$V_{\max}(A)=W_3\ln\frac{x_3+G+A}{x_3+G}。$$

(2) 对 $A\in(B_3, B_1+B_3]$论证与 3.3.1 节之(2)相似。

(3) 对 $A\in(B_1+B_3, B_1+B_2+B_3]$，论证与 3.3.1 节之(3)相似。

3.3.3　$W_1\leqslant W_2\leqslant W_3$

对于这种情况的三级火箭的最大速度值的一般变化规律，以前的有关部分已经解决，结论如下。

(1) 当 $A\in[0,B_3]$时，

$$V_{\max}(A)=W_3\ln\frac{x_3+G+A}{x_3+G}。$$

(2) 当 $A\in(B_3, B_2+B_3]$时，

$$V_{\max}(A)=W_2\ln\frac{x_2+x_3+A+G}{x_2+x_3+B_3+G}+W_3\ln\frac{x_3+B_3+G}{x_3+G}。$$

(3) 当 $A\in(B_2+B_3, B_1+B_2+B_3)$时，

$$V_{\max}(A)=W_1\ln\frac{x+A+G}{x_1+x_2+B_2+x_3+B_3+G}+W_2\ln\frac{x_2+B_2+x_3+B_3+G}{x_2+x_3+B_3+G}+W_3\ln\frac{x_3+B_3+G}{x_3+G}。$$

以上就是 $W_2\leqslant W_3$ 情况下的三级火箭最大速度值的一般变化规律，原则讨论。

3.4　$W_2>W_3$ 时三级火箭和一般多级火箭最大速度值的一般变化规律

本节对 $W_2>W_3$ 时三级火箭和一般多级火箭最大速度值的一般变化规律进行探讨。

对于两级火箭和 $W_2\leqslant W_3$ 时的三级火箭，前文均已给出了对应的最大速度值的一般变化规律，当然也就给出了对于给定的总剂量 A 的最大速度方案的另一种计算方法等。

本节先探讨 $W_2>W_3$ 时三级火箭的最大速度值变化规律。显见它们可分为以下 5 种情况讨论：

(1) $W_3<W_1<W_2$；

(2) $W_1<W_3<W_2$；

(3) $W_3<W_2<W_1$；

(4) $W_1=W_3<W_2$；

(5) $W_3<W_2=W_1$。

并且假定：$B_1>B_2>B_3$；$B_1\geqslant B_2+B_3$，在 $B_i(i=1,2,3)$的其他情况，显然也可以类似讨论。

本节我们只讨论第 1 种情况，显见其他情况可类似讨论。

第 1 种情况：$W_3<W_1<W_2$

(1) 当$\dfrac{W_2}{W_3}\leqslant\dfrac{x_2+x_3+G+B_3}{x_3+G+B_3}$(即 $y_3^*\geqslant B_3$)时的讨论如下。

前已指出，对于图 3-25 所示的三级火箭的后两级组成的两级火箭：

当 $0\leqslant R\leqslant B_3$ 时，

$$V_{\max}(R)=W_3\ln\frac{x_3+G+R}{x_3+G};$$

当 $B_3\leqslant R\leqslant B_2+B_3$ 时，

$$V_{\max}(R)=W_2\ln\frac{x_2+x_3+G+R}{x_2+x_3+G+B_3}+W_3\ln\frac{x_3+G+B_3}{x_3+G}。$$

故对图 3-25 所示的三级火箭，存在以下情况。

1) 当 $0\leqslant A\leqslant B_3$ 时，显然 $0\leqslant R\leqslant B_3$

$$V=W_1\ln\frac{X+G+A}{X+G+R}+W_3\ln\frac{x_3+G+R}{x_3+G}$$

$$\frac{\partial V}{\partial R}=-\frac{W_1}{X+G+R}+\frac{W_3}{x_3+G+R}$$

$$R_1^*=\frac{1}{W_1-W_3}[W_3(X+G)-W_1(x_3+G)]$$

$$\frac{\partial^2 V}{\partial R^2}=\frac{W_1(x_3+G+R)^2-W_3(X+G+R)^2}{(X+G+R)^2(x_3+G+R)^2}$$

$$\left.\frac{\partial^2 V}{\partial R^2}\right|_{R=R_1^*}=\frac{W_1W_3(W_3-W_1)(x_1+x_2)^2}{(X+G+R_1^*)^2(x_3+G+R_1^*)^2(W_1-W_3)^2}<0$$

因此，在 $R=R_1^*$ 处 V 达到最大值。

比较 R_1^* 及 y_3^*，可知

$$R_1^*-y_3^*>0$$

因为 $y_3^*\geqslant B_3$，所以 $R_1^*>y_3^*\geqslant B_3$。由于 $R_1^*\geqslant B_3$，故知：当 $A\in[0,B_3]$时，

$$V_{\max}(A)=W_3\ln\frac{x_3+G+A}{x_3+G}\qquad A\in[0,\ B_3]$$

2) 对于 $B_3\leqslant A\leqslant B_1+B_3$

(a) 当 $0\leqslant R\leqslant B_3$ 时，

$$V_1=W_1\ln\frac{X+G+A}{X+G+R}+W_3\ln\frac{x_3+G+R}{x_3+G}。$$

(b) 当 $B_3<R\leqslant B_2+B_3$ 时，

$$V_2=W_1\ln\frac{X+G+A}{X+G+R}+W_2\ln\frac{x_2+x_3+G+R}{x_2+x_3+G+B_3}+W_3\ln\frac{x_3+G+B_3}{x_3+G}。$$

已知 V_1 在 $R=R_1^*$ 处达到最大值，考虑到 $R_1^*>y_3^*\geqslant B_3$，所以

$$V_{1\max}(A)=W_1\ln\frac{X+G+A}{X+G+B_3}+W_3\ln\frac{x_3+G+B_3}{x_3+G}\quad A\in[B_3,\ B_1+B_3]$$

再看 V_2 的情况，由于

$$\frac{\partial V_2}{\partial R}=-\frac{W_1}{X+G+R}+\frac{W_2}{x_2+x_3+G+R}>0$$

所以对于 V_2 来说，R 是越大越好。因此

$$V_{2\max}(A)=\begin{cases}W_2\ln\dfrac{x_2+x_3+G+A}{x_2+x_3+G+B_3}+W_3\ln\dfrac{x_3+G+B_3}{x_3+G}\quad A\in[B_3,\ B_2+B_3]\\ W_1\ln\dfrac{X+G+A}{X+G+B_2+B_3}+W_2\ln\dfrac{x_2+x_3+G+B_2+B_3}{x_2+x_3+G+B_3}+W_3\ln\dfrac{x_3+G+B_3}{x_3+G}\\ \qquad A\in[B_2+B_3,\ B_1+B_3]\end{cases}$$

我们知道

$$V_{\max}(A)=\max[V_{1\max}(A),V_{2\max}(A)]$$

a) 当 $B_3\leqslant A\leqslant B_2+B_3$ 时，令

$$\begin{aligned}F_1=V_{2\max}(A)-V_{1\max}(A)&=\left(W_2\ln\frac{x_2+x_3+G+A}{x_2+x_3+G+B_3}+W_3\ln\frac{x_3+G+B_3}{x_3+G}\right)-\\&\quad\left(W_1\ln\frac{X+G+A}{X+G+B_3}+W_3\ln\frac{x_3+G+B_3}{x_3+G}\right)\\&=W_2\ln\frac{x_2+x_3+G+A}{x_2+x_3+G+B_3}-W_1\ln\frac{X+G+A}{X+G+B_3}>0\end{aligned}$$

b) 当 $B_2+B_3\leqslant A\leqslant B_1+B_3$ 时，令

$$\begin{aligned}F_2=V_{2\max}(A)-V_{1\max}(A)&=\left(W_1\ln\frac{X+G+A}{X+G+B_2+B_3}+W_2\ln\frac{x_2+x_3+G+B_2+B_3}{x_2+x_3+G+B_3}+\right.\\&\quad\left.W_3\ln\frac{x_3+G+B_3}{x_3+G}\right)-\left(W_1\ln\frac{X+G+A}{X+G+B_3}+W_3\ln\frac{x_3+G+B_3}{x_3+G}\right)\\&=W_2\ln\frac{x_2+x_3+G+B_2+B_3}{x_2+x_3+G+B_3}-W_1\ln\frac{X+G+B_2+B_3}{X+G+B_3}>0\end{aligned}$$

因为 $F_1>0$，$F_2>0$，所以在 $B_3\leqslant A\leqslant B_1+B_3$，时

$$V_{\max}(A)=V_{2\max}(A)\quad A\in[B_3,\ B_1+B_3]$$

3) 对于 $B_1+B_3\leqslant A\leqslant B_1+B_2+B_3$

$$V=W_1\ln\frac{X+G+A}{X+G+R}+W_2\ln\frac{x_2+x_3+G+R}{x_2+x_3+G+B_3}+W_3\ln\frac{x_3+G+B_3}{x_3+G}$$

由于第 3 级火箭的燃料分配已经确定为 B_3，而对于前两级火箭来说，因为 $W_1<W_2$，根据以前已有的结论，应该尽量装满第 2 级火箭，所以

$$V_{\max}(A)=W_1\ln\frac{X+G+A}{X+G+B_2+B_3}+W_2\ln\frac{x_2+x_3+G+B_2+B_3}{x_2+x_3+G+B_3}+W_3\ln\frac{x_3+G+B_3}{x_3+G}$$

$$A\in[B_1+B_3,\ B_1+B_2+B_3]$$

至于 $y_3^*\leqslant 0$ 和 $0\leqslant y_3^*\leqslant B_3$ 的情况可类似讨论。

第(2)，(3)，(4)，(5)种情况也如此。因此当三级火箭其 $W_2>W_3$ 时，最大速度值的一般变化规律问题解决了。这样两级和三级火箭最大速度值一般变化规律问题也就解决了。显见，一般多级火箭最大速度值变化规律可类似讨论。

第 4 章　从相对论力学看前面的有关问题

4.1　阿克莱公式及其与齐氏公式的比较

如果火箭的速度达到可与光速相比较，那么牛顿力学不适用，从而用齐氏公式计算也不行了，这时就必须应用相对论，如图 4-1 所示。

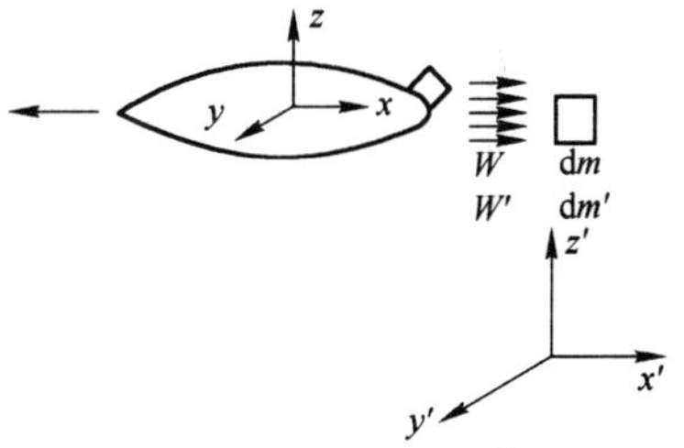

图 4-1　相对论力学中的火箭飞行

从相对论的角度来看，火箭飞行的基本公式就是本节要讲的。

设火箭相对于发射点的速度是 V，向前为正的方向；相对于火箭的喷气速度为 W，向后为正的方向。根据相对论中的速度相加定理

$$u=\frac{u'+V}{1+\frac{u'V}{c^2}}$$

可知，对于固定于发射点的坐标系而言，其喷气速度为

$$-W'=\frac{-W+V}{1-\frac{WV}{c^2}} \tag{4.1-1}$$

其中，c 为光速（$c\approx299\ 792\pm0.000\ 08$ km/s）。

再设 M 为火箭的瞬时静质量；M' 为火箭对应的瞬时动质量；$\mathrm{d}m$ 为喷气的瞬时静质量；$\mathrm{d}m'$ 为喷气对应的瞬时动质量。

那么，根据相对论中有关的结果可得

$$M'=\frac{M}{\sqrt{1-\left(\frac{V}{c}\right)^2}}$$

$$\mathrm{d}m'=\frac{\mathrm{d}m}{\sqrt{1-\left(\frac{W'}{c}\right)^2}}$$

则此时的能量守恒方程（即总能的一部分变成喷气的能量）为

$$\mathrm{d}\left[\frac{Mc^2}{\sqrt{1-\left(\frac{V}{c}\right)^2}}\right]+\frac{\mathrm{d}mc^2}{\sqrt{1-\left(\frac{W'}{c}\right)^2}}=0 \tag{4.1-2}$$

而动量守恒方程为

$$\mathrm{d}\left[\frac{MV}{\sqrt{1-\left(\frac{V}{c}\right)^2}}\right]+\frac{\mathrm{d}m(-W')}{\sqrt{1-\left(\frac{W'}{c}\right)^2}}=0 \tag{4.1-3}$$

从公式(4.1-1)可得

$$1-\frac{(W')^2}{c^2}=1-\frac{1}{c^2}\left(\frac{-W+V}{1-\frac{WV}{c^2}}\right)^2=\frac{\left(1-\frac{W^2}{c^2}\right)\left(1-\frac{V^2}{c^2}\right)}{\left(1-\frac{WV}{c^2}\right)^2}$$

因此

$$\frac{1}{\sqrt{1-\left(\frac{W'}{c}\right)^2}}=\frac{1-\frac{WV}{c^2}}{\sqrt{1-\frac{W^2}{c^2}}\sqrt{1-\frac{V^2}{c^2}}}$$

故式(4.1-2)和式(4.1-3)可写成

$$\frac{\mathrm{d}M}{\left(1-\frac{V^2}{c^2}\right)^{\frac{1}{2}}}+M\frac{\frac{V\mathrm{d}V}{c^2}}{\left(1-\frac{V^2}{c^2}\right)^{\frac{3}{2}}}=-\frac{1-\frac{WV}{c^2}}{\sqrt{1-\left(\frac{W}{c}\right)^2}\sqrt{1-\left(\frac{V}{c}\right)^2}}\mathrm{d}m$$

$$\frac{V\mathrm{d}M}{\left(1-\frac{V^2}{c^2}\right)^{\frac{1}{2}}}+\frac{M\mathrm{d}V}{\left(1-\frac{V^2}{c^2}\right)^{\frac{1}{2}}}+MV\frac{\frac{V\mathrm{d}V}{c^2}}{\left(1-\frac{V^2}{c^2}\right)^{\frac{3}{2}}}$$

$$=-\frac{\left(1-\frac{WV}{c^2}\right)}{\sqrt{\left(1-\frac{W^2}{c^2}\right)\left(1-\frac{V^2}{c^2}\right)}}\left(\frac{-W+V}{1-\frac{WV}{c^2}}\right)\mathrm{d}m$$

从上面两式可得

$$V\mathrm{d}M+M\mathrm{d}V\left(\frac{1}{1-\frac{V^2}{c^2}}\right)=-\frac{-W+V}{1-\frac{WV}{c^2}}\left(\mathrm{d}M+M\frac{\mathrm{d}V}{V}\frac{\frac{V^2}{c^2}}{1-\frac{V^2}{c^2}}\right)$$

运算后得

$$-\frac{\mathrm{d}M}{M}=\frac{c}{2W}\left(\frac{1}{1-\frac{V}{c}}+\frac{1}{1+\frac{V}{c}}\right)\mathrm{d}\left(\frac{V}{c}\right)$$

如果设火箭的初始静止质量是 $M_{(1)}$，发动机停止时火箭的静止质量是 $M_{(2)}$，初始速度

$V_0=0$，终了速度为 V，那么，积分后就可得阿克莱公式

$$\frac{M_{(1)}}{M_{(2)}}=\left(\frac{1+\frac{V}{c}}{1-\frac{V}{c}}\right)^{\frac{c}{2W}} \tag{4.1-4}$$

为了比较阿氏公式和齐氏公式，可将式(4.1-4)稍作变形如下

$$\frac{M_{(1)}}{M_{(2)}}=\mathrm{e}^{\frac{c}{2W}\ln\left(\frac{1+\frac{V}{c}}{1-\frac{V}{c}}\right)}$$

展开对数函数

$$\ln\left(1+\frac{V}{c}\right)=\frac{V}{c}-\frac{1}{2}\left(\frac{V}{c}\right)^2+\frac{1}{3}\left(\frac{V}{c}\right)^3+\cdots$$

$$\ln\left(1-\frac{V}{c}\right)=-\frac{V}{c}-\frac{1}{2}\left(\frac{V}{c}\right)^2-\frac{1}{3}\left(\frac{V}{c}\right)^3+\cdots$$

所以

$$\ln\left(\frac{1+\frac{V}{c}}{1-\frac{V}{c}}\right)=\ln\left(1+\frac{V}{c}\right)-\ln\left(1-\frac{V}{c}\right)$$

$$=2\frac{V}{c}\left[1+\frac{1}{3}\left(\frac{V}{c}\right)^2+\frac{1}{5}\left(\frac{V}{c}\right)^4+\frac{1}{7}\left(\frac{V}{c}\right)^6+\cdots\right]$$

故

$$\frac{M_{(1)}}{M_{(2)}}=\mathrm{e}^{\frac{V}{W}\left[1+\frac{1}{3}\left(\frac{V}{c}\right)^2+\frac{1}{5}\left(\frac{V}{c}\right)^4+\frac{1}{7}\left(\frac{V}{c}\right)^6+\cdots\right]} \tag{4.1-5}$$

但　$\frac{1}{3}\left(\frac{V}{c}\right)^2+\frac{1}{5}\left(\frac{V}{c}\right)^4+\frac{1}{7}\left(\frac{V}{c}\right)^6+\cdots<\frac{1}{3}\left[\left(\frac{V}{c}\right)^2+\left(\frac{V}{c}\right)^4+\left(\frac{V}{c}\right)^6+\cdots\right]=\frac{1}{3}\frac{1}{\left(\frac{c}{V}\right)^2-1}$

多级的情况显然类似可证，见文献[15]或文献[13]。

所以从式(4.1-5)可见，当 $\frac{V}{c}\to 0$ 时，也就是当火箭的速度远小于光速时，上式中整个中括弧的数值为 1；此时阿氏公式就化为齐氏公式。

此外，从齐氏公式到阿氏公式的修正是加大的。当火箭的速度很高时，用齐氏公式会得出过小的质量比，随着火箭的速度越来越大，用齐氏公式所得的结果将会越来越不精确，所以对较高速的火箭要用阿氏公式计算。

4.2　狭义相对论中多级火箭的速度表达式

4.1 节中已得到了

$$-\frac{\mathrm{d}M}{M}=\frac{c}{2W}\left(\frac{1}{1-\frac{V}{c}}+\frac{1}{1+\frac{V}{c}}\right)\mathrm{d}\left(\frac{V}{c}\right) \tag{4.2-1}$$

其中，c 为真空中的光速。

设 M_0 和 M 分别表示火箭在速度 V_0 和 V 时所对应的静质量，那么，对式(4.2-1)积分后可得

$$\frac{M_0}{M}=\left[\frac{\left(1+\frac{V}{c}\right)\left(1-\frac{V_0}{c}\right)}{\left(1-\frac{V}{c}\right)\left(1+\frac{V_0}{c}\right)}\right]^{\frac{c}{2W}} \tag{4.2-2}$$

在式(4.2-2)中，令 $V_0=0$，即设火箭的初速为 0，则得

$$\frac{M_0}{M}=\left(\frac{1+\frac{V}{c}}{1-\frac{V}{c}}\right)^{\frac{c}{2W}} \tag{4.2-3}$$

这就是 4.1 节中讲过的阿克莱公式。

从式(4.2-3)中解出 V 来可得

$$V=c\,\frac{\left(\frac{M_0}{M}\right)^{\frac{2W}{c}}-1}{\left(\frac{M_0}{M}\right)^{\frac{2W}{c}}+1} \tag{4.2-4}$$

不难看出，当质量比 M_0/M 和喷速 W 增加时，速度 V 将单调地上升。因此从狭义相对论的角度来看，提高火箭的静质量比和提高推进剂的喷气速度仍是提高火箭速度的两种行之有效的办法，这与经典力学的结论是一致的。

现在来求多级火箭的末速度在相对论中的表达式。

设有一如图 4-2 所示的多级火箭，令：

G 表示此多级火箭的有效载荷的静质量；

y_i 表示此多级火箭的第 i 级的推进剂(包括推进剂的辅助物等)的静质量；

x_i 表示此多级火箭的第 i 级的余下静质量(即此多级火箭的第 i 级总静质量减去 y_i)；

W_i 表示此多级火箭的第 i 级的喷气相对于火箭本身的喷气速度。

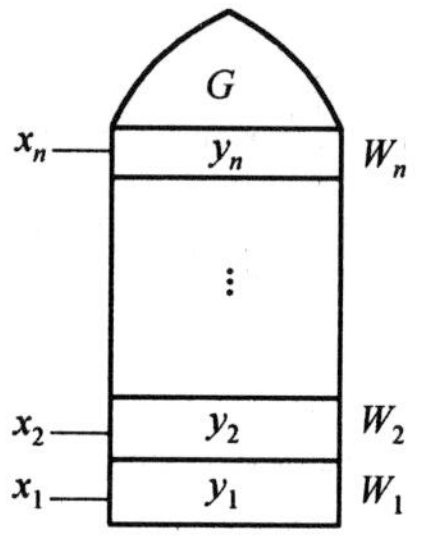

图 4-2　多级火箭示意图(4)

多级火箭的各级次序如图 4-2 所示。

若设 $\overline{V}_i$ 为火箭的第 i 级的推进剂烧完那一瞬时有效载荷的速度，也就是第 $i+1$ 级火箭的初速度，根据式(4.2-2)可得

$$\frac{x_i+y_i+\cdots+x_n+y_n+G}{x_i+x_{i+1}+y_{i+1}+\cdots+x_n+y_n+G}=\left[\frac{\left(1+\frac{\overline{V}_i}{c}\right)\left(1-\frac{\overline{V}_{i-1}}{c}\right)}{\left(1-\frac{\overline{V}_i}{c}\right)\left(1+\frac{\overline{V}_{i-1}}{c}\right)}\right]^{\frac{c}{2W_i}}$$

由此得递推公式

$$\left(\frac{x_i+y_i+x_{i+1}+y_{i+1}+\cdots+x_n+y_n+G}{x_i+x_{i+1}+y_{i+1}+\cdots+x_n+y_n+G}\right)^{\frac{2W_i}{c}}\left(\frac{1+\frac{\overline{V}_{i-1}}{c}}{1-\frac{\overline{V}_{i-1}}{c}}\right)=\frac{1+\frac{\overline{V}_i}{c}}{1-\frac{\overline{V}_i}{c}} \qquad (4.2\text{-}5)$$

由于多级火箭都是由静止开始起飞，所以 $V_0=0$

反复应用公式(4.2-5)可得

$$\frac{1+\frac{\overline{V}_i}{c}}{1-\frac{\overline{V}_i}{c}}=\left(\frac{x_1+y_1+x_2+y_2+\cdots+x_n+y_n+G}{x_1+x_2+y_2+\cdots+x_n+y_n+G}\right)^{\frac{2W_1}{c}}\cdots$$

$$\left(\frac{x_i+y_i+x_{i+1}+y_{i+1}+\cdots+x_n+y_n+G}{x_i+x_{i+1}+y_{i+1}+\cdots+x_n+y_n+G}\right)^{\frac{2W_i}{c}}$$

特别当 $i=n$ 时有

$$\frac{1+\frac{\overline{V}_n}{c}}{1-\frac{\overline{V}_n}{c}}=\left(\frac{x_1+y_1+x_2+y_2+\cdots+x_n+y_n+G}{x_1+x_2+y_2+\cdots+x_n+y_n+G}\right)^{\frac{2W_1}{c}}\cdots\left(\frac{x_n+y_n+G}{x_n+G}\right)^{\frac{2W_n}{c}} \qquad (4.2\text{-}6)$$

解出 $\overline{V}_n$ 来即可得相对论中的多级火箭其载荷的末速表达式

$$\overline{V}_n=c\left[\left(\frac{x_1+y_1+x_2+y_2+\cdots+x_n+y_n+G}{x_1+x_2+y_2+\cdots+x_n+y_n+G}\right)^{\frac{2W_1}{c}}\cdots\left(\frac{x_n+y_n+G}{x_n+G}\right)^{\frac{2W_n}{c}}-1\right]\Big/$$

$$\left[\left(\frac{x_1+y_1+x_2+y_2+\cdots+x_n+y_n+G}{x_1+x_2+y_2+\cdots+x_n+y_n+G}\right)^{\frac{2W_1}{c}}\cdots\left(\frac{x_n+y_n+G}{x_n+G}\right)^{\frac{2W_n}{c}}+1\right] \qquad (4.2\text{-}7)$$

4.3　多级火箭的特征速度在经典力学与狭义相对论中的值之换算关系及其应用

设：

W_i 为此多级火箭的第 i 级的喷气相对于火箭的速度；

y_i 为此多级火箭的第 i 级的推进剂的静质量；

x_i 为此多级火箭的第 i 级的余下静质量；

G 为此多级火箭的有效载荷的静质量。

那么，应用齐氏公式，可得到经典力学中的多级火箭的载荷在最终具有的速度为

$$V_n=W_1\ln\frac{x_1+y_1+x_2+y_2+\cdots+x_n+y_n+G}{x_1+x_2+y_2+\cdots+x_n+y_n+G}+\cdots+W_n\ln\frac{x_n+y_n+G}{x_n+G}$$

$$=\ln\left[\left(\frac{x_1+y_1+x_2+y_2+\cdots+x_n+y_n+G}{x_1+x_2+y_2+\cdots+x_n+y_n+G}\right)^{W_1}\cdots\left(\frac{x_n+y_n+G}{x_n+G}\right)^{W_n}\right]$$

所以

$$\left(\frac{x_1+y_1+x_2+y_2+\cdots+x_n+y_n+G}{x_1+x_2+y_2+\cdots+x_n+y_n+G}\right)^{W_1}\cdots\left(\frac{x_n+y_n+G}{x_n+G}\right)^{W_n}=\mathrm{e}^{V_n} \tag{4.3-1}$$

把式(4.3-1)代入式(4.2-7)可得

$$\overline{V}_n=c\,\frac{\mathrm{e}^{\frac{2V_n}{c}}-1}{\mathrm{e}^{\frac{2V_n}{c}}+1} \tag{4.3-2}$$

其中，V_n 为按经典力学计算所得的载荷最终的速度值；而 $\overline{V}_n$ 为按相对论计算所得的载荷最终的速度值。

由此可得

$$V_n=\frac{c}{2}\ln\left(\frac{1+\frac{\overline{V}_n}{c}}{1-\frac{\overline{V}_n}{c}}\right)=\overline{V}_n\left[1+\frac{1}{3}\left(\frac{\overline{V}_n}{c}\right)^2+\frac{1}{5}\left(\frac{\overline{V}_n}{c}\right)^4+\cdots\right]$$

从而与 4.1 节一样又证明了当$\frac{\overline{V}_n}{c}\to 0$ 时，$\overline{V}_n\to V_n$。

在式(4.3-2)中，若视 V_n 为自变量，则不难看出，函数关系是单调上升的，因此两者之间的对应是一对一的单调对应关系。当 $V_n=0$ 时，$\overline{V}_n=0$；当 $V_n\to+\infty$时，$\overline{V}_n\to c$。

有了式(4.3-2)，那么对于前面所论及的经典力学范围内的一些问题，在相对论中显然也可相应地进行讨论。

(1) 由于 $n\to+\infty$时，$V_n\to+\infty$；因此从式(4.3-2)即得到 $\overline{V}_n\to c$；这就是说，对于质量和级数都不加限制时，从相对论的角度看来，随着多级火箭的级数越来越多，其末速则无限地向光速逼近。

(2) 由于当 $n\to+\infty$时(见第 2 章 2.2 节)

$$V_n\to\frac{Wy}{x+y}\ln\frac{x+y+G}{G}$$

所以

$$\overline{V}_n\to\overline{V}_{+\infty}=c\,\frac{\left(\frac{x+y+G}{G}\right)^{\frac{2Wy}{c(x+y)}}-1}{\left(\frac{x+y+G}{G}\right)^{\frac{2Wy}{c(x+y)}}+1}$$

(3) 使 V_n 取最大值的排列即为使 $\overline{V}_n$ 取最大值之排列。

(4) 使 V_n 取给定值之最省推进剂方案，就是使 $\overline{V}_n$ 取对应值之最省推进剂方案。

同样，在经典力学中讨论的最大速度方案、最大的最大速度方案及多级火箭的最大速度值的一般变化规律和最佳质量比问题等显然在相对论中也有类似的结果。

第 5 章　关于前面几章

5.1　关于前面几章(Ⅰ)

本章简要介绍一下前面几章的主要内容间的相互联系及与相关学科的关系。请读者注意公式中若干符号与前后章节公式中符号的对应关系。

5.1.1　前面几章在航天力学以外的其他方面的意义

前面几章叙述了我们在航天力学方面研究所得到的一部分理论成果，这些成果不仅适用于航天力学，若从其他角度来看，显然还有其他的意义，例如解决了下面这样的数学问题

$$\begin{cases} \min P_n = \min\left(\dfrac{1}{A_1 - B_1 + \dfrac{B_1}{r_1}} \cdots \dfrac{1}{A_n - B_n + \dfrac{B_n}{r_n}}\right) \\ V = \sum\limits_{i=1}^{n} W_i \ln r_i \\ c_i \leqslant r_i \leqslant d_i \quad (i=1,\ 2,\ \cdots,\ n) \end{cases}$$

其中，$\min P_n$ 表示上述问题的使 P_n 达最小值的点所对应的 P_n 值；$r_i(i=1,\ 2,\ \cdots,\ n)$是变量；$c_i(i=1,\ 2,\ \cdots,\ n)$和 $d_i(i=1,\ 2,\ \cdots,\ n)$都可看做给定常数，但区间可开可闭，也可半开半闭等。

还解决了下述数学问题：

求

$$V_n = V_n(y_1, y_2, \cdots, y_n) = W_1 \ln \frac{x_1 + y_1 + x_2 + y_2 + \cdots + x_n + y_n + G}{x_1 + x_2 + y_2 + \cdots x_n + y_n + G} + \cdots + W_n \ln \frac{x_n + y_n + G}{x_n + G}$$

在条件

$$0 \leqslant y_i \leqslant B_i \quad (i=1,\ 2,\ \cdots,\ n)$$

$$\sum_{i=1}^{n} y_i = A$$

之下的最大值的一般变化规律。

从数学的角度看，这两个问题的解决都涉及求非线性规划问题的解析解。我们知道，非线性规划问题的解析解一般情况下是求不出来的，但前面的方法(在第 1 章和第 3 章的有关内容中进行了详细介绍)彻底解决了这两个问题。显见，对于非线性规划中的类似数学问题，上述方法也是有用的。

当然，从航天力学的角度来看，上述方法解决了“多级火箭的最佳质量比”及“多级火箭的最大速度值的一般变化规律”等问题。

此外，在第 4 章中我们求得

$$\bar{V}_n = c\,\frac{e^{\frac{2V_n}{c}}-1}{e^{\frac{2V_n}{c}}+1}$$

其中，V_n 是经典力学中多级火箭的特征速度表达式；$\bar{V}_n$ 是相对论力学中多级火箭的特征速度表达式；c 是光速。

在多级火箭的优化理论中，上式很有用，利用这个式子我们曾得到过第 4 章中的好几个结论。

若有类似情况，显然也可用第 4 章中的方法去求类似的式子。

再则，这类式子还有其他用途，利用它们还可得出一些新的成果。

至于可以说明上述方法其他意义的一些例子，在此不一一列举，细心的读者自己定会体会到。

5.1.2 一个结论的正确证明

很多论文和著作都从公式

$$V_n = \sum_{i=1}^{n} W_i \ln r_i$$

着手来说明，多级火箭的级数增加其特征速度也单调上升。

我们在第 4 章严格证明了对于质量和级数都不加限制的多级火箭，当 $n \to +\infty$ 时，$V_n \to +\infty$，$\bar{V}_n \to c$。这就是说

$$V_n = \sum_{i=1}^{n} W_i \ln r_i$$

这个式子只能在低速时用，一般情况下它不能用。如果喷气速度很大，例如接近光速，那么即使是三级或四级火箭也不能用。

因此要说明上述的一般结论，必须用下式

$$\bar{V}_n = c\,\frac{e^{\frac{2V_n}{c}}-1}{e^{\frac{2V_n}{c}}+1}$$

利用上式，显见

$$\begin{cases}\bar{V}_n = c\,\dfrac{e^{\frac{2V_n}{c}}-1}{e^{\frac{2V_n}{c}}+1}\\[2ex] \bar{V}_{n+1} = c\,\dfrac{e^{\frac{2V_{n+1}}{c}}-1}{e^{\frac{2V_{n+1}}{c}}+1}\end{cases}$$

而此时(参见第 2 章图 2-2)

$$V_n = W_n \ln \frac{x_n + y_n + x_{n-1} + y_{n-1} + \cdots + x_1 + y_1 + G}{x_n + x_{n-1} + y_{n-1} + \cdots + x_1 + y_1 + G} + \cdots + W_1 \ln \frac{x_1 + y_1 + G}{x_1 + G}$$

$$V_{n+1} = W_{n+1} \ln \frac{x_{n+1} + y_{n+1} + x_n + y_n + \cdots + x_1 + y_1 + G}{x_{n+1} + x_n + y_n + \cdots + x_1 + y_1 + G} + V_n$$

显见

$$V_{n+1} > V_n$$

而第 4 章已严格证明，$\bar{V}_n$ 随 V_n 的单调上升而单调上升，因此

$$\bar{V}_{n+1} > \bar{V}_n$$

这就是说，随着多级火箭的级数增加，其特征速度确实单调上升。

5.2　关于前面几章(Ⅱ)

前面各节内容，不是互相独立而是有着有机的联系，可举例说明之。

不妨设目标是，在多级火箭的起飞质量一定的条件下，如何使载荷最后达到的特征速度为最大？

又不妨设此时多级火箭的级数限定为 n，并且其各级的次序是按图 5-1 所示。

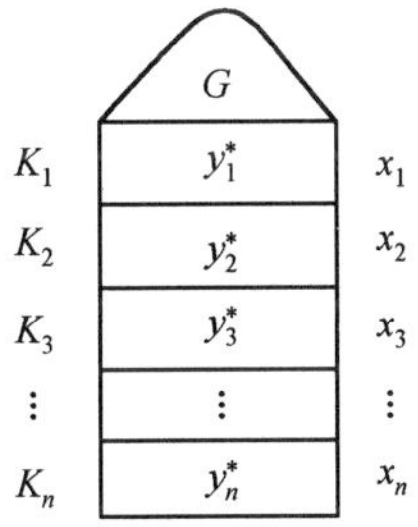

图 5-1　多级火箭示意图(5)

在第 2 章 2.3 节中探讨串联式多级火箭的最佳点火次序时就可注意到，设计一串联式的多级火箭，使得

(1) 各级的喷速 $W_i(i=1,2,\cdots,n)$越大越好；

(2) 各级的$\dfrac{x_i}{y_i}(i=1,2,\cdots,n)$越小越好。

如果 $W_i=A=$常量$(i=1,2,\cdots,n)$，$\dfrac{x_i}{y_i}=B=$常量$(i=1,2,\cdots,n)$，那么在我们的指标要求下，此时火箭各级的总质量 $x_i+y_i(i=1,2,\cdots,n)$应满足如下关系：

$$x_n + y_n \geqslant x_{n-1} + y_{n-1} \geqslant \cdots \geqslant x_2 + y_2 \geqslant x_1 + y_1$$

这时，对于图 5-1 所示的这个串联式的多级火箭而言，各级构成的排列是一个最佳排列。这个结论我们在 2.3 节中已经指出，但是 $x_i+y_i(i=1,2,\cdots,n)$ 具体如何确定，2.3 节无法回答，因为 x_i+y_i 的具体确定要通过第 1 章中确定最佳质量比的办法来确定。

5.2.1 情况 1

假若

$$W_i=A=\text{常量}\quad(i=1,2,\cdots,n)$$

$$\frac{x_i}{y_i}=B=\text{常量}\quad(i=1,2,\cdots,n)$$

那么，按第 1 章中的确定最佳质量比的办法来设计，此时确定的多级火箭（其对应的各级总质量）不但使载荷最后达到的特征速度为最大，而且其对应的排列一定是一个最佳排列。这就是说，此时确定的各级总质量一定有下列关系：

$$x_n^*+y_n^*\geqslant x_{n-1}^*+y_{n-1}^*\geqslant\cdots\geqslant x_2^*+y_2^*\geqslant x_1^*+y_1^*$$

根据最佳排列的定义及确定最佳质量比办法的意义本身显然立即可得上述结论。

5.2.2 情况 2

如果各级的喷气速度 $W_i(i=1,2,\cdots,n)$ 不一定相等，$\frac{x_i}{y_i}(i=1,2,\cdots,n)$ 也不一定相等。

此时，这个 n 级火箭有 $n!$ 种排列。对每一种排列，都有一个对应的最佳质量比方案。挑选出这 $n!$ 种方案中最好的一个（也有可能若干个均可达最大特征速度值，则挑选其中的任一个就行），那么与此对应的最佳质量比是整体的最佳质量比，而与此对应的排列也是最佳排列。

很显然，若图 5-2 是 $n!$ 种排列中挑选出的最好的排列，那么它显然是最佳排列。不然，（例如图 5-3 所示的比它更好）这绝不可能。因为图 5-3 所示的排列有它自己的最佳质量比方案。所以图 5-3 所对应的特征速度≤与图 5-3 所对应的最佳质量比方案相应的特征速度≤图 5-2 所对应的特征速度。

可类似地说明其他情况。

所以，此时图 5-2 所对应的那个排列是最佳排列。

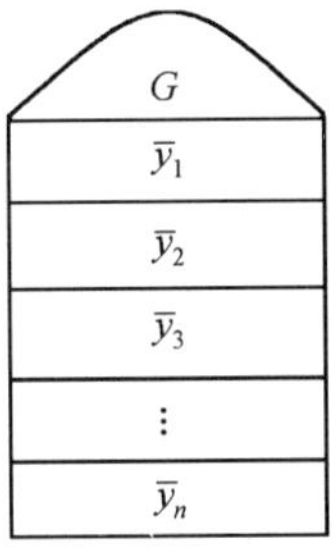

图 5-2　多级火箭示意图(6)

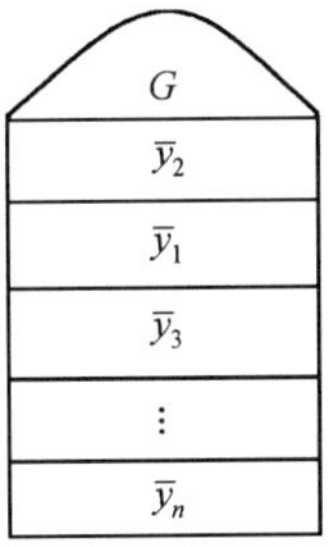

图 5-3　多级火箭示意图(7)

5.2.3　情况 3

对于用确定最佳质量比的方法挑选出来的那个最佳排列而言，所对应的 n 级火箭在成型后，由于各种误差的影响，仍有一个提高效益的问题。而且此时也因为误差影响，会出现加满后不一定最好，不一定就是最佳排列的情况。

因此，要用最大速度方案等来继续做优化工作，经过最大速度方案等办法处理过的成型后的多级火箭，效益是提高了，但它也不一定对应着整体最佳。

对于这个经过最大速度方案等处理过的成型后的多级火箭而论，若允许各级位置可变(例如可改变点火次序的并联式多级火箭)，那么显然，对应一种排列就有一个对应的最大速度方案。现在共有 $n!$ 种排列，故对应着 $n!$ 个最大速度方案，而这 $n!$ 个最大速度方案的最好者其所对应的那个排列，显然一定是一个整体最佳排列。这个证明方法显然与情况 2 类似，故不再重复。

再则，情况 3 提高了效益，基本上是在比较好的基础上再提高一步，用示意图来表示就是图 5-4 所示的情况。情况 3 的效益提高仅表现在图 5-4 所示的一个较好的基础上的小范围内。设计越精确，误差越小，则这范围也越小。

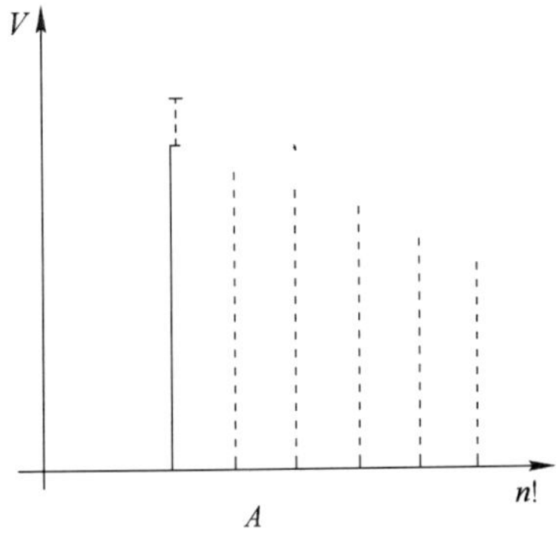

图 5-4　效益示意图

以上仅考虑多级火箭的结构参数优化，请注意这里尚未考虑多级火箭级数的选择，如果把级数的选择也考虑进去，那么结果将是更大范围内的优化。如果把运动的优化、轨道的优化等也考虑进去，优化的问题就更有意义、更系统化了，当然工作量也更大了。例如发射一颗人造地球卫星，或登月……就要把运动的优化及轨道的优化等都要考虑进去了。

但是只要涉及特征速度问题，总要涉及结构的参数，所以，多级火箭结构参数的优化是一个很重要的问题。

5.3 关于前面几章(Ⅲ)

前面几章的主要内容可分如下两大部分。

5.3.1 前面几章的第一部分内容(有的为下面工作作准备，有的在认识论方面还有作用)

(1) 以前我们已指出用

$$V_n = \sum_{i=1}^{n} W_i \ln r_i$$

来说明随着级数的增大其特征速度也增大有问题。其次是过去也没有回答这个随着级数增大而增大的特征速度在不同情况时它们各自到底会增大到什么量值?

问题出在什么地方呢? 5.1 节中已指出，如果将来采用新的喷速很大的推进剂，它比现在使用的推进剂的喷速高百倍、千倍…… 那么即使是二级火箭或三级火箭……，其特征速度也会很大，以致必须要考虑相对论效应。即使是现在使用的推进剂，在前面也证明了若级数和质量都不加限制,其特征速度随着级数的增大也会向光速逼近。因此即使是现在使用的推进剂，考虑多级火箭的这个一般理论问题，也不能用齐氏公式，因为牛顿力学已不适用。过去的毛病就出在没有考虑相对论效应。

如果考虑相对论效应，阿克莱已经推出了阿克莱公式，这是一个单级火箭在相对论力学中的特征速度表达式。

我们推导出了相对论力学中的多级火箭的特征速度表达式，根据这个公式可以证明，若级数和质量都不加限制,随着级数的增大多级火箭的特征速度确实增大，而且向光速逼近，但永远达不到光速。

(2) 前面求特征速度 V_n 的极限时，对多级火箭的总质量没有任何限制,级数也没有限制。

如果对多级火箭的总质量加以限制，例如总质量为某一常值 A，但级数不限，这实际就类似一个无穷分级问题了(至于级数有限但质量可无限的多级火箭我们以后会讨论)。

各级喷气速度可以不同，甚至在同级火箭里其喷气速度在整个阶段里也可以变化，要问这种情况下的 V_n 极限存不存在? 如何求? 前面明确地回答了这个问题。

$$V_{+\infty}=\int_0^x W(\xi)\frac{\sigma(\xi)}{\int_\xi^x[1+\sigma(\eta)]\mathrm{d}\eta+G}\mathrm{d}\xi$$

在特殊情况下，例如各级喷速相同时就有

$$V_{+\infty}=\frac{Wy}{x+y}\ln\frac{x+y+G}{G}$$

其中，y 为给定的推进剂总量；x 为给定的余下质量的总量；W 为喷速；G 为有效载荷。

至于它们在相对论力学中的对应值，应用式(4.3-2)即可求得。

(3) 钱学森先生在介绍阿克莱公式的推导时也介绍了一种证明方法[1]。用此方法证明了当速度较小时，阿克莱公式将退化为经典力学中的齐氏公式。

我们自己提出了一个新的证明方法，用它可更简洁地证明：当速度较小时，相对论力学中的多级火箭的特征速度 $\overline{V}_n$ 表达式将退化为经典力学中的多级火箭的 V_n 齐氏表达式。当然这种方法也可用于单级火箭的情况。

另外，我们还找出了 $\overline{V}_n$ 与 V_n 之间的一个简单的关系式

$$\overline{V}_n=c\,\frac{\mathrm{e}^{\frac{2V_n}{c}}-1}{\mathrm{e}^{\frac{2V_n}{c}}+1}$$

显见在这个关系式中，$\overline{V}_n$ 与 V_n 是一一对应的，且 $\overline{V}_n$ 随 V_n 的单调上升而上升；利用这个一一对应的关系式，显然经典力学中有关多级火箭的一些优化问题和结论都可以推广到相对论力学中去。

5.3.2 前面几章第二部分内容(应用基础理论)

(1) 解决了多级火箭最佳质量比的设计问题。

关于多级火箭的优化设计，早在20世纪50年代就有M·维特里吉特等人提出的关于多级火箭最佳质量比设计的数学模型，后来M·L·威廉斯等人又改进了这个模型。然后，关于多级火箭的最佳质量比设计，威廉斯等人的模型及其提供的计算方法被很多人接受了。

研究了这个模型及其方法，我们发现这个方法有局限性，他们的模型也需要改进，因为对多级火箭的质量比 r_i 而言，r_i 的变化范围应是 $1\leqslant r_i\leqslant A_i(i=1,2,\cdots,n)$，而决不是 $0<r_i<+\infty(i=1,2,\cdots,n)$，这里 A_i 是某组确定的常数。

对于改正了的数学模型而言，我们发现在某种情况下用威廉斯的方法求出的驻点确实是多级火箭的最佳质量比。当然，驻点存不存在？此时驻点是不是唯一？即使存在而且唯一但它是不是要求的最佳点？诸如这些问题，威廉斯等是没有交待的，我们都把它补上了。这就是说，用威廉斯方法求出的驻点如果落在我们定义的实际允许区域之内，那么它是最佳点

(参见图 5-5)。

我们举出用威廉斯方法求出的驻点可落在实际允许区域之外的具体反例。那么此时的最佳质量比解析解如何求?

这是一类非线性规划问题。我们找到了这一类非线性规划问题求解析解的方法,又把这个方法用在多级火箭的最佳质量比问题上,从而解决了多级火箭的最佳质量比的设计问题。

从多级火箭的最佳质量比问题的解决,可以引伸出关于多级火箭的级数确定问题,原则是能用 n 级火箭决不用$(n+1)$级火箭。

满足要求的可能有 k 种情况,假定的级数是 n,对这 k 种情况的每一种进行优化设计,挑出其最好者就是我们要求的那个最好设计(可能是之一),而此时对应的排列,显然可证:必定是在现在这么一个范围内的整体最佳排列。多级火箭如图 5-6 所示。

如果一定要限定在这 k 种情况中的某一种或是 n 种,那只能解决局部优化。当然若仅从特征速度最大或起飞质量最小来考虑,那么前面已指出,W_i 越大越好,$\frac{x_i}{y_i}$越小越好($i=1$, 2, …,n)。再在此基础上考虑优化问题。如果考虑另外的指标,例如成本最低等,那么前面的理论仍有用,做法也很类似。

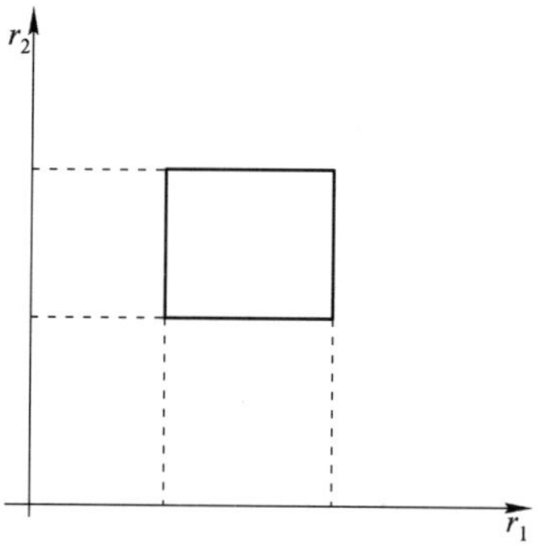

图 5-5　实际允许区域

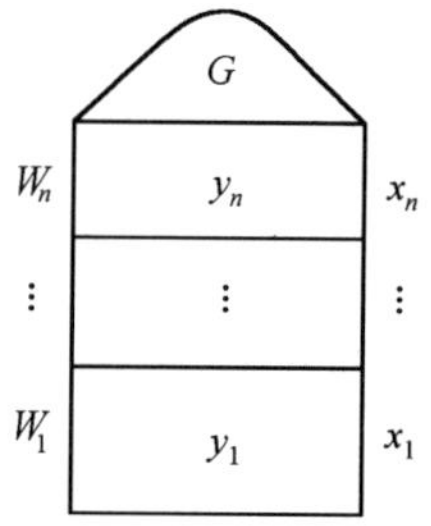

图 5-6　多级火箭示意图(8)

(2) 关于简单情况下的实体优化与设计优化问题如下所述。

由于模型不可能没有近似,再加上工艺上的误差等原因,若用第 1 章计算多级火箭最佳质量比的方法求出来的最佳质量比来设计多级火箭。那么按这个设计而制成的多级火箭是不是真正达到了最佳的目标(这跟"加满是不是最好?"这个问题也有关),就需要我们认真讨论。

为此,对已制造成型的多级火箭,令:

G 为此多级火箭的有效载荷;

y_i 为多级火箭第 i 级推进剂(包括辅助剂等)的总质量;

x_i 为多级火箭第 i 级除了推进剂总质量 y_i 以外的所有余下质量(包括外壳、发动机等);

W_i 为多级火箭第 i 级的喷气速度。

此时，G 和 x_i 及 W_i 均为常数($i=1, 2, \cdots, n$)，而 y_i 则需满足 $0 \leqslant y_i \leqslant B_i$($i=1, 2, \cdots, n$)这个条件，这里 B_i 也是一组常数($i=1, 2, \cdots, n$)。

用我们的新符号及新模型，先计算对于允许范围$(0, \sum_{i=1}^{n} B_i]$内给定的推进剂总剂量 A，如何分配各级的 y_i[这里 $0 \leqslant y_i \leqslant B_i$($i=1, 2, \cdots, n$)]而使 V_n 达最大？

结果表明，这个 V_n 确有最大点，而且只有 1 个，这个最大点还可用式子表示。

由此可知，既然允许范围内给定一个 A_1，必对应一个最大点，对应一个最大的 V_n，即 $V_{n\max 1}$。

允许范围内给定另一个 A_2，必又有一个对应的最大点，对应又一个最大的 V_n，即 $V_{n\max 2}$。

……

现在要问，$V_{n\max}$跟 A 到底有什么关系(见图 5-7)？

经过计算后知道：

1) $V_{n\max}$有时随 A 增大而增大，显见此时就是加满最好。

2) $V_{n\max}$有时不是随 A 增大而单调上升，此时就不一定是加满最好。

3) $V_{n\max}$随 A 到底是如何具体变化的，我们也把它解出来了，这才是关键性的。

其实这也是一类非线性规划问题。解决了这一类的非线性规划求解析解问题，从而为求 $V_{n\max}$随 A 的变化这个问题提供了具体的方法。当然，当 $V_{n\max}$不是随着 A 单调上升时，其最大值在何处？我们也找出来了。

此时，当然也派生出如下一些其他问题：

最省推进剂方案问题。

最大速度方案与最省推进剂方案等价否？

最大的最大速度方案。

最省的最省推进剂方案。

最宜的推进剂方案。

……

但仅仅如此还不够，因为这时对这 n 级火箭的任一种排列而言，都有一个对应的最大的最大速度方案，对应着一个最大的最大速度值。排列有 $n!$ 种，挑出那个最好的(可能是之一)，它才是我们要求的；而且它是这种情况下的整体最佳排列。当然这也是在允许改变各级次序时得到的。如果不允许改变各级次序或只允许改变一部分，那么此时也只能解决相对的局部优化。

这样二次优化的结果，不但提高了多级火箭的效益，而且反过来又可能对原设计的改善有帮助。

把这些内容跟设计优化及级数确定等内容联系起来就得到图 5-8。该图表示简单情况下这些内容的有机联系，它们都没有考虑地球引力和空气阻力等的影响。

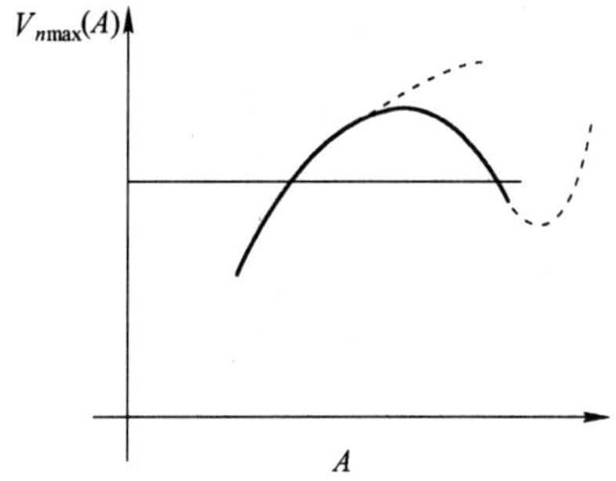

图 5-7　$V_{n\max}(A)$随 A 变化示意图(19)

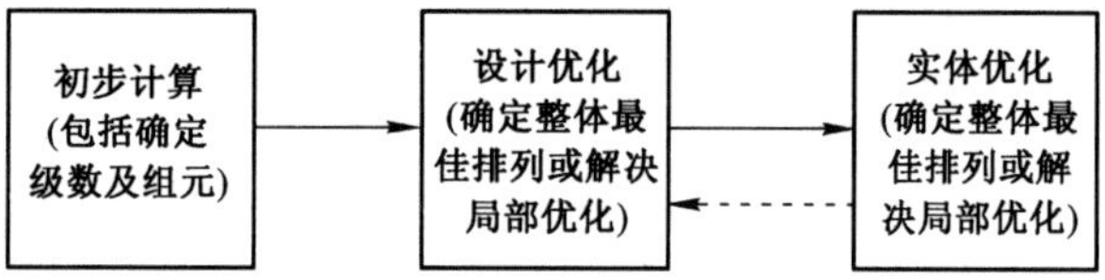

图 5-8　简单模型

(3) 关于复杂情况下的实体优化与设计优化问题简述如下。

如图 5-9 所示，对一个两级火箭，如果在重力场中飞行，如何使在 r_0 处 θ_k 为定值且使 V_k 为最大?

简单一点，如果把 g 看做常数，那么可用极大值原理算出(参见 5.7 节和 5.8 节)

$$\begin{cases}\beta_1=\beta_{1\max}\\ \psi=\psi_1=\psi^*\\ \alpha=\alpha^*\\ \beta_2=\beta_{2\max}\\ \psi=\psi_2=\psi^*\end{cases}$$

此时

$$V_k=-g(t_1+t_2)\sin\theta_k+\left[\left(W_1\ln\frac{x_1+y_1+x_2+y_2+G}{x_1+x_2+y_2+G}+W_2\ln\frac{x_2+y_2+G}{x_2+G}\right)^2-g^2(t_1+t_2)^2\cos^2\theta_k\right]^{\frac{1}{2}}$$

其中

$$t_1=\frac{y_1}{\beta_{1\max}},\ t_2=\frac{y_2}{\beta_{2\max}}$$

显然

$$V_k=V_k(y_1,y_2)$$

这样又可应用第 2 章中的模型、符号和方法及问题的提法了。

例如提出：若 y_1，y_2 在允许范围$(0,\sum_{i=1}^{2}B_i]$内变化，如何求此时的最大的最大速度值? 不妨记此最大的最大速度值为 $\bar{V}$。(复杂模型的情况见图 5-10。)

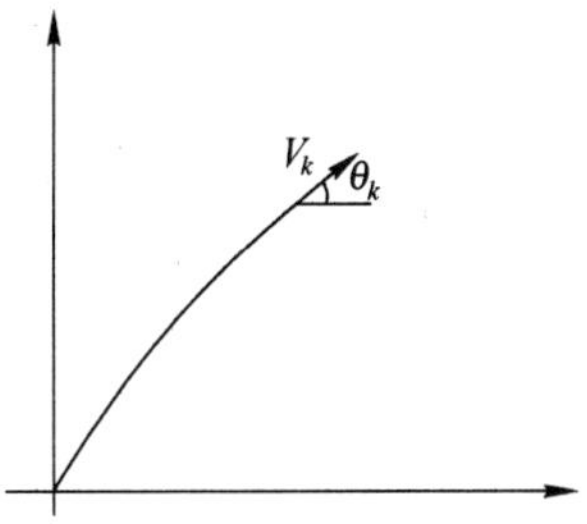

图 5-9　重力场中飞行示意

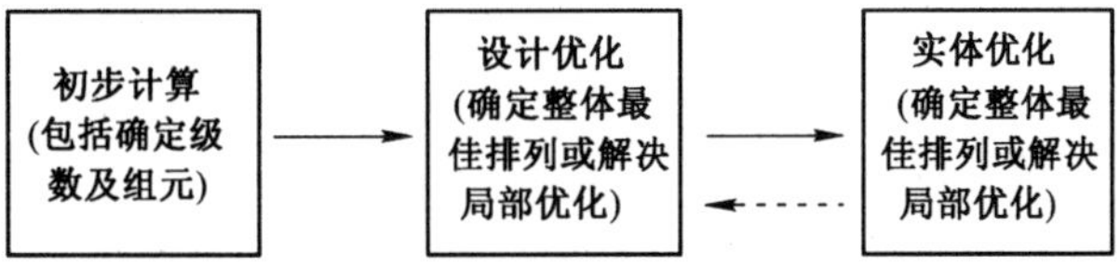

图 5-10　复杂模型

然后又可按图 5-10 所示的去进行操作。

如果 g 不能被看做常数，把重力异常也考虑进去，把气动阻力也考虑进去……那么显见问题就不那么简单了。但是第 1 章、第 2 章和第 3 章中的模型、方法、符号和问题的提法等，又会对上述复杂模型的优化起作用。

5.4　关于前面几章(Ⅳ)

改变载荷的情况

对一已制造成型的多级火箭而言，先假定不能改变此多级火箭的各级排列次序，但原来的载荷 G 现在变成了 $\bar{G}$，且 $\bar{G}<G$(见图 5-11)。

例如仍要求在第 1 主动段熄火时达到给定的速度 V，如何重新确定所需的级数(由于 G 的变化引起)以及如何分配这个重新确定级数后的多级火箭的 y_i 使其起飞质量最小?

如前所述，如果有

$$V_{nk}=f_n(y_1, y_2, \cdots, y_n) \tag{5.4-1}$$

$$0\leqslant y_i\leqslant B_i \quad (i=1,\ 2,\ \cdots,\ n)$$

那么按第 2 章中的理论，对 $\bar{G}$ 求此时的最大的最大速度方案，记此对应的最大的最大速度值为 V_n^*。

现在不要第 1 级，只要后面的第 2 级、第 3 级、……、第 n 级及载荷 $\bar{G}$，此时就构造了一个新的$(n-1)$级火箭(图 5-12)。

显然，对这个新的$(n-1)$级火箭，再次应用第 2 章的理论，就能得到一个类似上述的 V_{n-1}^*。

依此类推，这样就得到了一组数

$$V_n^*, V_{n-1}^*, \cdots, V_3^*, V_2^*, V_1^*$$

对于我们原来给定的速度 V，如果

$$V_1^* < V \leqslant V_2^*$$

那么就用图 5-13 所示的两级火箭就行了，这是确定级数。

然后对这给定的 V 求此两级火箭的最省的最省推进剂方案。

这样，不可改变多级火箭的各级排列次序情况下的对应问题已讨论完毕。

显见，其他任何的去级方法[例如像图 5-11 所示的多级火箭，我们先去第 n 级，再去第 $(n-1)$ 级，……]，只要实际允许，我们都可像上面那样类似地去做。

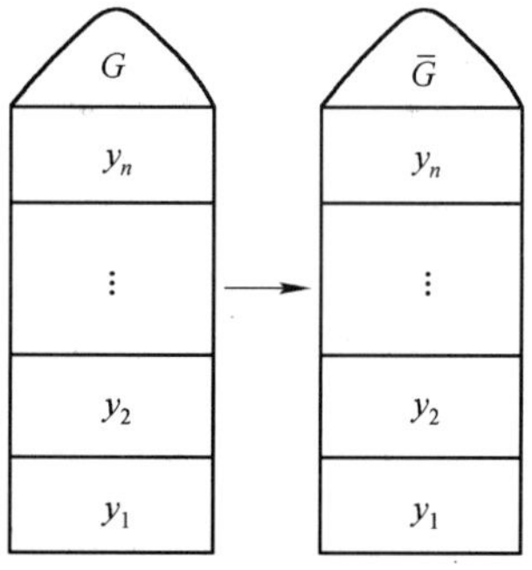

图 5-11　多级火箭示意图(9)

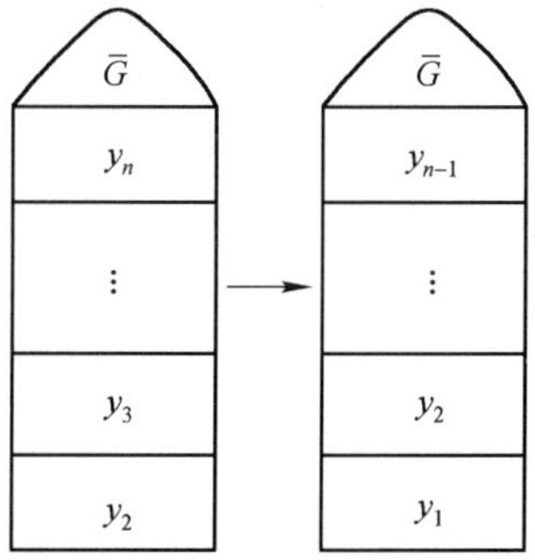

图 5-12　多级火箭示意图(10)

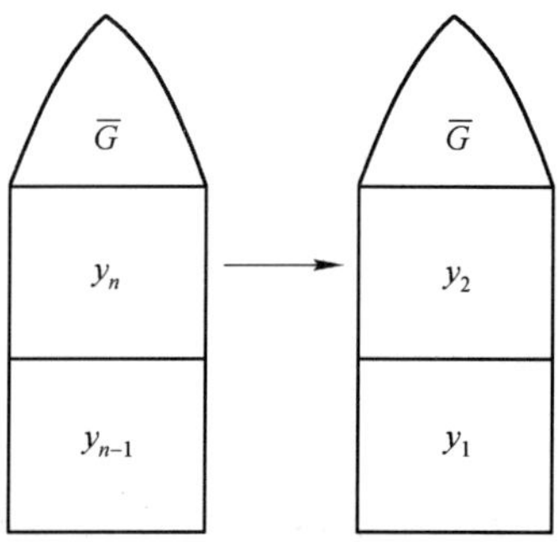

图 5-13　退化为两级的情况

如果允许改变各级次序，那么对 n 级火箭而言，它就是 $n!$ 种排列。对这 $n!$ 种情况的任一种，都对应着一个最大的最大速度值 V_{ni}^*，显然这样的 V_{ni}^* 有 $n!$ 个，所以 $i=1,2,\cdots,n!$。

记

$$\max V_{ni}^* \quad (i=1,2,\cdots,n!) = V_n^{**}$$

现在，再在这 n 级的多级火箭中任取 $(n-1)$ 级组成一新的 $(n-1)$ 级火箭。(当然，载荷 $\bar{G}$ 不变，下面也如此。)对这样的 $(n-1)$ 级火箭，显见它有 C_n^{n-1} 个，而对这 C_n^{n-1} 个 $(n-1)$ 级火箭的每一个，由于次序可变又对应着 $(n-1)!$ 种；所以在多级火箭的各级排列次序可变的情况下，对应的 $(n-1)$ 级火箭其最多有 $C_n^{n-1}\times(n-1)!$ 种，其对应的 $V_{(n-1)i}^*$ 也有 $C_n^{n-1}\times(n-1)!$ 个。

记

$$\max V_{(n-1)i}^* \quad (i=1,2,\cdots,C_n^{n-1}\times(n-1)!) = V_{n-1}^{**}$$

依此类推，又得到了一组数

$$V_n^{**}, V_{n-1}^{**}, \cdots, V_3^{**}, V_2^{**}, V_1^{**}$$

由上面这组数，对于给定的 V 值又可确定所需的火箭的级数。如果

$$V_1^{**} < V \leqslant V_2^{**}$$

那就确定为两级火箭。

当然，这时满足上述条件的两级火箭可能有 p' 种。

现在再来考虑，对于给定的 V 和满足这种条件的 p' 种两级火箭，求其最省的最省推进剂方案，并挑选出这 p' 种情况中的最佳者，就是我们所要求的。

挑选合适型号的火箭，也是这种思想的一部分体现。

如果 $\bar{G}>G$，那么可类似地处理。

例如，对不可改变各级排列次序的情况，那么算出 V_n^* 之后就知：如果给定的 $V<V_n^*$，那么又可确定级数及求最省的最省推进剂方案等。如果给定的 $V>V_n^*$，那么原来的 n 级火箭不行。或者再增加级数，或者装上助推火箭……加装多少，可做类似计算(带助推火箭的可参见第 6 章)。

至于改变射程等问题，显然也可类似地探讨。

特殊情况是，例如对一枚三级火箭而言，其喷气速度由底往顶存在如下关系，即 $W_1\leqslant W_2\leqslant W_3$，对此处理起来更简单。根据以前有关理论，既然载荷改变了，可以由底往顶减小推进剂的各级装载量，这样不但能完成任务，而且一定在这种情况下达到最佳(当然包括级数的确定)。

当然，在实际发射中，程序、重心等的调整和考虑又需要工程界做大量的工作。

其他有关的实际问题，显然可以类似地进行处理。

5.5　关于前面几章(Ⅴ)

5.5.1　$\frac{x_i}{y_i}(i=1,2,\cdots,n)$减小，$V_n$ 就增大

我们知道下式成立

$$\begin{aligned} V_n &= W_1\ln\frac{x_1+y_1+x_2+y_2+\cdots+x_n+y_n+G}{x_1+x_2+y_2+\cdots+x_n+y_n+G}+ \\ &\quad W_2\ln\frac{x_2+y_2+x_3+y_3+\cdots+x_n+y_n+G}{x_2+x_3+y_3+\cdots+x_n+y_n+G}+\cdots+ \\ &\quad W_n\ln\frac{x_n+y_n+G}{x_n+G} \\ &= \sum_{i=1}^{n}W_i\ln r_i \end{aligned} \tag{5.5-1}$$

所以

$$\left\{\begin{aligned} r_1 &= \frac{x_1+y_1+x_2+y_2+\cdots+x_n+y_n+G}{x_1+x_2+y_2+\cdots+x_n+y_n+G} \\ &= 1+\frac{y_1}{x_1+x_2+y_2+\cdots+x_n+y_n+G} \\ &\vdots \\ r_{n-1} &= \frac{x_{n-1}+y_{n-1}+x_n+y_n+G}{x_{n-1}+x_n+y_n+G}=1+\frac{y_{n-1}}{x_{n-1}+x_n+y_n+G} \\ r_n &= \frac{x_n+y_n+G}{x_n+G}=1+\frac{y_n}{x_n+G} \end{aligned}\right. \tag{5.5-2}$$

引入下述定义。

定义 在 $x_i+y_i=A_i$ 的前提下，说$\frac{x_i}{y_i}(i=1,2,\cdots,n)$越来越小，是指 x_i 越来越小而同时 y_i 越来越大(这里 A_i 是一组正常数)。

有了这个定义，可证命题：

当$\frac{x_i}{y_i}(i=1,2,\cdots,n)$减小(即$\frac{y_i}{x_i}$增大)时，$V_n$ 必增大。

可从式(5.5-2)的最后一个式子看起，显然可得上述命题。

同样，显然可证对单独的情况，例如$\frac{x_2}{y_2}$减小，V_n 也必然增大(即使其他$\frac{x_i}{y_i}$不变)。

所以要提高多级火箭的特征速度 V_n，就要提高多级火箭各级的喷气速度和减小各级的$\frac{x_i}{y_i}(i=1,2,\cdots,n)$，另外则要确定最佳质量比 r_i(其实也就是最佳确定 A_i 等)。

5.5.2 一个命题的另一种表述

现在考虑一枚如图 5-14 所示的多级火箭，设 $W_1\leqslant W_2\leqslant\cdots\leqslant W_n$，则由前面有关结论知：

当推进剂总量给定后，最大速度方案应为，先将第 n 级的储箱注满，再将第$(n-1)$级的储箱注满。如此下去直至给定的推进剂总量全部注完。

若该多级火箭的有效载荷由 G 降至 $\overline{G}$，则为保证火箭的飞行末速度 V_n 不变，应当减小总的推进剂量。

下面讨论两种减小方案。

(1) 只减小第 i 级的推进剂量，减小量为 Δy_i，见图 5-15。

(2) 只减小第 j 级$(j<i)$的推进剂量，减小量为 Δy_j，见图 5-16。

如果可以这样做的话，那么来比较 Δy_i 和 Δy_j 的大小。

在方案(1)中，第 i 级通过减小推进剂量 Δy_i 来使 V_n 达到所要求的特征速度。现在若不

从第 i 级减小推进剂量 Δy_i，而是从第 j 级中减小推进剂量 Δy_i，则由前述结论知此时 V_n 将变大。为了使 V_n 仍能保持不变，可从第 j 级中再减小推进剂量 $\Delta y_j'$，则此时第 j 级共减小推进剂量为 $\Delta y_i+\Delta y_j'$。

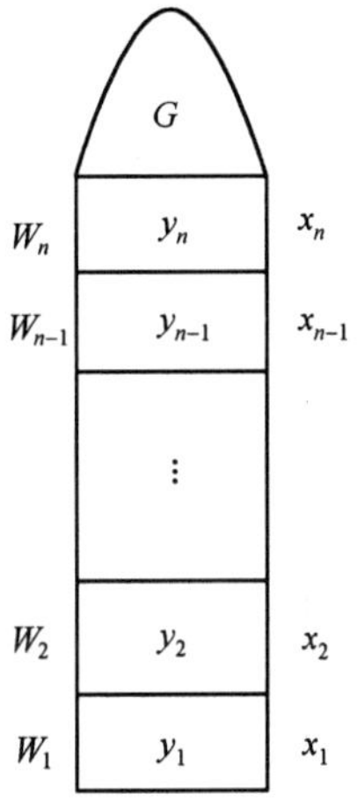

图 5-14　多级火箭示意图(11)

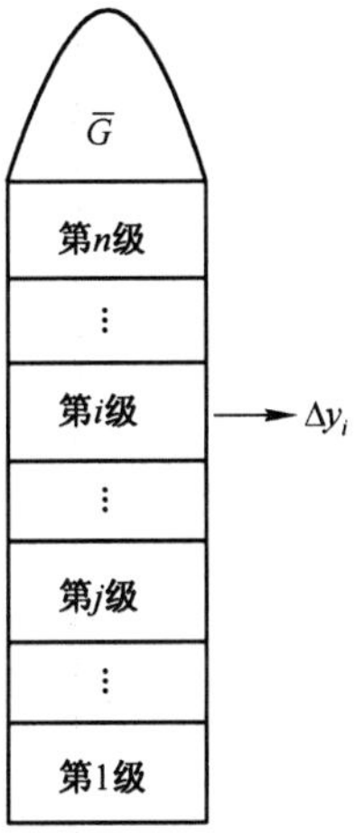

图 5-15　多级火箭示意图(12)

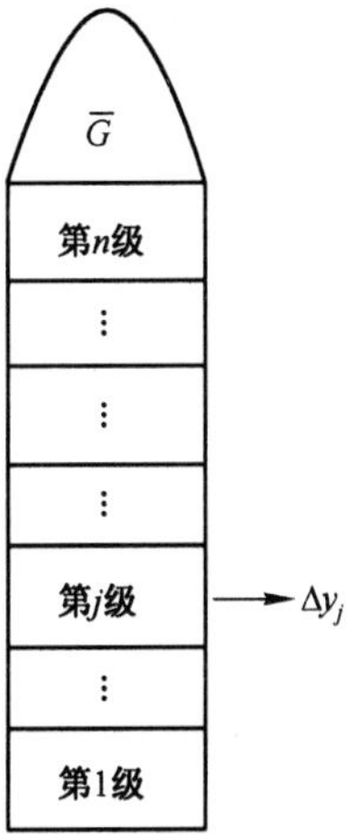

图 5-16　多级火箭示意图(13)

与方案(2)相比较，易知 $\Delta y_i+\Delta y_j'=\Delta y_j$。又因为 $\Delta y_j'>0$，所以

$$\Delta y_i<\Delta y_j$$

将上面结论推广可得

$$\Delta y_1>\Delta y_2>\Delta y_3>\cdots>\Delta y_n$$

由此可见当火箭的有效载荷减小时，为保护特征速度不变，应优先减小第 1 级的推进剂量，其次为第 2 级、第 3 级……这样节省的推进剂最多。

5.5.3　在实际允许区域情况下，Min$P$ 显然也是随着 V 的增加而增加

在第 1 章中，我们已经严格地讨论了威廉斯意义下的两级火箭的最佳质量比问题，不但得到了最佳质量比的解析解，而且指出对于任意的两级火箭而言，其 Min$P$ 随着 V 的单调上升而单调上升。这里

$$V\in\left[0,\ \sum_{i=1}^{n}W_i\ln\frac{B_i}{B_i-A_i}\right)$$

其中各个符号的意义详见第 1 章，这里不再重复。

显然，如果不是威廉斯意义下的最佳质量比，而是实际意义下的最佳质量比，那么上述结论仍成立，证明类似，故不重复。这里画了两级火箭情况的关于最佳质量比讨论的示意图(见图 5-17 和图 5-18)，而 n 级火箭的情况只要重复应用第 1 章的结论又可类似得到结论。

这种方法过去提到过，但没有特别指出，为了在确定级数和组元中应用，我们要单独地

指出。

在设计中，确定级数和组元及讨论最佳质量比时，没有讨论最小的最小起飞质量及最大的最大特征速度等问题，关键也在此。因为这时 Min$P$ 是随着 V 的单调增加而单调上升，当然这 V 是在允许区域内。而 Min$P$ 之所以随 V 的单调增加而单调增加，关键是相当于这里的 x_i 与 y_i 之间存在一定的关系，这就是威廉斯等人提出的一些关系。当然那里没有用 x_i 及 y_i 等符号(详见第 1 章)，所以我们说是相当于 x_i 和 y_i 之间有一定关系。

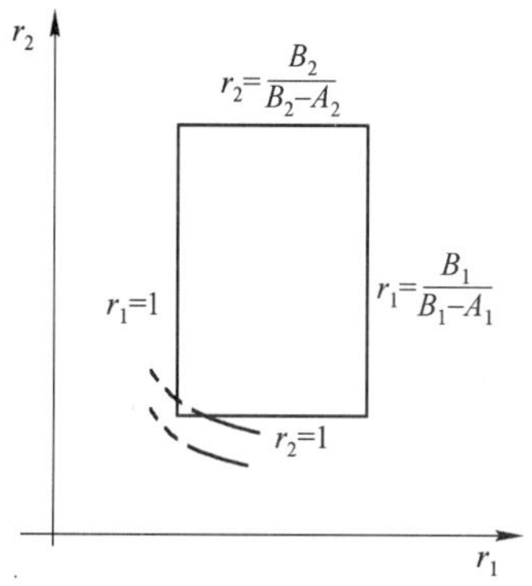

图 5-17　Min$P$ 的讨论(1)

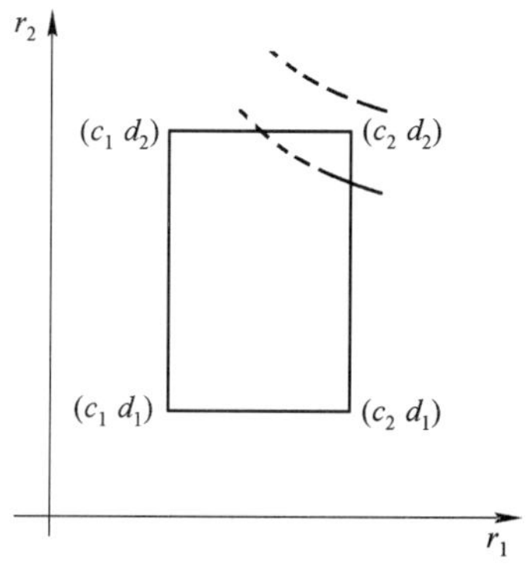

图 5-18　Min$P$ 的讨论(2)

而对于已设计好的多级火箭而言，它们的 x_i 与 y_i 之间没有了这种关系(这里的 x_i 和 y_i 已是我们自己的标志了)，相当于它们是相对独立了。这样就要讨论最大的最大速度方案问题和最省的最省推进剂方案问题等。当然这时最小的起飞质量也不一定随着速度 V 的单调上升而单调上升了,但确有特殊情况仍单调上升，而且这种情况在实际中常常碰到，例如当 $W_1 \leqslant W_2 \leqslant \cdots \leqslant W_n$ 时就是如此，当然此时也不会出现加满是不是最好的问题。相反，在这种情况下，加满就是最好。

5.6　一个关于多级火箭结构参数优化的例子

本节实际上是国防科技大学贾沛然、郭振云两位研究者合作完成的一个报告的全文。原报告的题目是“设一结构参数已定的多级火箭当有效载荷 G 减小时，装药量变化的讨论与验算”，目的是对前已叙述的有关理论进行验证及评价。

5.6.1　多级火箭的定义与问题的提出

为了叙述方便，现以三级火箭为例，定义一些专有名词及符号，见图 5-19。

其中，G 为三级火箭的有效载荷；x_i 为第 i 级结构质量，$i=1$，2，3；y_i 为第 i 级装药质

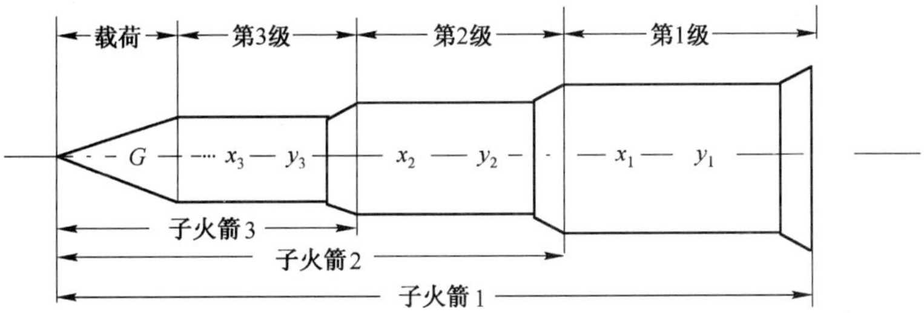

图 5-19 三级火箭的“子火箭”和“级”的定义

量，$i=1$，2，3。

前面已指出，对一已设计好的多级火箭，对于 $W_1<W_2<W_3$ 的情况，若有效载荷 G 减小，而入轨条件不变，单纯从装药量考虑，可减少装药量的原则是采用减少最下面级的装药量最多。

为验证上述理论，现设一有效载荷为 $G=300$ kg 的洲际导弹，按射程要求，假设给定各级发动机燃气排气速度为 $W_i(i=1,2,3)$，且 $W_1<W_2<W_3$。按结构设计原则确定各级的结构质量 x_i 和装药质量 $y_i(i=1,2,3)$。当有效载荷 G 减小为 150 kg 时，要求仍保证原设计的理想速度相等或射程相同条件下，可将该多级火箭各级装药量减少多少？

5.6.2 当 $G=150$ kg 时，保持原理想速度不变下，y_1 或 y_2 或 y_3 的减小量

设原三级火箭在 $G=300$ kg 时，其理想速度 $V=8\ 260$ m/s。

(1) 当 $G=150$ kg，且保持 V 不变，求第 1 级装药量减小量 Δy_1。

由于 x_1，x_2，x_3，y_2，y_3 不变，则可算得第 3 级、第 2 级理想速度增量为

$$\Delta V_3=4\ 341\ \text{m/s}$$

$$\Delta V_2=2\ 530\ \text{m/s}$$

从而可算得第 1 级装药减小量为

$$\Delta y_1=y_1-\{e^{[(V-\Delta V_2-\Delta V_3)/W_1]}-1\}(G+x_3+y_3+x_2+y_2+x_1)=4\ 600\ \text{kg}$$

(2) 当 $G=150$ kg 时，保持原理想速度不变下，求第 3 级装药量减小量 Δy_3。

此时需采用迭代公式求取 Δy_3

$$\begin{cases}\Delta V_1^{(i)}=W_1\ln\left[\dfrac{m_{01}-150-\Delta y_3^{(i-1)}}{m_{1k}-150-\Delta y_3^{(i-1)}}\right]\\ \Delta V_2^{(i)}=W_2\ln\left[\dfrac{m_{02}-150-\Delta y_3^{(i-1)}}{m_{2k}-150-\Delta y_3^{(i-1)}}\right]\\ y_3^{(i)}=\{e^{[(V-\Delta V_1^{(i)}-\Delta V_2^{(i)})/W_3]}-1\}(G+x_3)\\ \Delta y_3^{(i)}=y_3-y_3^{(i)}\\ \Delta V_3^{(i)}=W_3\ln\left[\dfrac{G+x_3+y_3^{(i)}}{G+x_3}\right]\end{cases}$$

其中，上标 i 为迭代次数；m_{01}，m_{02} 为原三级火箭在 $G=300$ kg 时子火箭 1、子火箭 2 的起始质量；m_{1k}，m_{2k} 为原三级火箭在 $G=300$ kg 时子火箭 1、子火箭 2 的发动机熄火时的质量。

迭代公式计算起始状态取 $\Delta y_3^{(0)}=0$，经过 8 次迭代得以下结果：

$$\Delta V_1^{(8)}=1\ 885\ \text{m/s}$$

$$\Delta V_2^{(8)}=2\ 922\ \text{m/s}$$

$$\Delta y_3^{(8)}=1\ 050\ \text{kg}$$

$$\Delta V_3^{(8)}=3\ 453\ \text{m/s}$$

可见，可减少第 3 级装药量 1 050 kg。

(3) 根据上述思路，不难求得第 2 级可减少装药量 2 536 kg。

5.6.3 当 $G=150$ kg 时，保持原最大射程不变下，y_1，y_2，y_3 的减小量

(1) 原三级火箭($G=300$ kg)的最大射程 $L_{\max}$ 的计算如下。

在不计地球旋转条件下，根据文献[8]提供的算法，首先计算主动段参数，由于考虑到空气动力及地球引力的影响，主动段平面运动微分方程为

$$\begin{cases}\dot{V}=\dfrac{P_e}{m}-\dfrac{1}{m}C_x q S_M+g\sin\theta \\ \dot{\theta}=\dfrac{1}{mV}(P_e+C_y^{\alpha})\alpha+\dfrac{g}{V}\cos\theta \\ \dot{x}=V\cos\theta \\ \dot{y}=V\sin\theta \\ \alpha=\dfrac{a_{\delta}^{\varphi}M_{z1}^{\delta}}{M_{z1}^{\alpha}+a_{\delta}^{\varphi}M_{z1}^{\sigma}}(\varphi_{pr}-\theta) \\ h=y \\ m=m_0-\dot{m}t\end{cases}$$

上式中各符号意义见文献[8]，此处省略。

利用上述微分方程组，根据 $G=300$ kg 所选得的 x_i，y_i ($i=1,2,3$)，给定程序 $\varphi_{pr}(t)$，只要给定 $t=0$，$v=x=y=h=\alpha=0$，$\theta=90°$，$m=m_{01}$，即可进行数值积分求解；多级火箭可逐级积分，终端条件为 $m=G+x_3$。通过积分最终可得该三级火箭在发射坐标系关机点参数：v_k，θ_k，x_k，y_k，然后按下式

$$\begin{cases}\beta_k=\arctan\dfrac{x_k}{R+y_k} \\ \Theta_k=\theta_k+\beta_k \\ r_k=R+h_k\end{cases}$$

将关机点 k 处的参数用速度 v_k、当地速度倾角 Θ_k 及矢径长度 r_k 表示。据此即可运用椭圆弹道理论计算出被动段(再入段认为是椭圆弹道的一部分)射程 $L_c=R\beta_c$，从而可得全射程$L=R(\beta_c+\beta_k)$。

显然，当其他参数不变，通过调整飞行程序角 $\varphi_{pr}(t)$，即可改变射程 L，因而可选择 $\varphi_{pr}(t)$,使射程取最大值 L_{max}。仿真结果：对 $G=300$ kg 的有效载荷，选定 x_i, y_i $(i=1,2,3)$ 后，通过 $\varphi_{pr}(t)$的选择，可使 $L_{max}=12\ 293$ km。

(2) 当 $G=150$ kg 时，保持 L_{max}不变，求第 1 级装药量减小量 Δy_1。

在第 1 段中，除将有效载荷取为 $G=150$ kg，且将 y_1 作为一变量，给定一个 y_1，即可通过 $\varphi_{pr}(t)$的选择求得该 y_1 下的最大射程。通过仿真得到第 1 级装药量减小量为 $\Delta y_1=5\ 776.3$ kg，在选定的程序下可使射程 $L=12\ 299.6$ km。

(3) 当 $G=150$ kg 时，保持 L_{max}不变，求第 2 级装药量减小量 Δy_2。

做法与(2)相同，只是此时将 y_2 作为一变量，通过仿真得到第 2 级装药量减小量为 $\Delta y_2=3\ 193.5$ kg，在选定的程序下可使射程 $L=12\ 300.7$ km。

(4) 在同样前提下，第 3 级装药量减小量 $\Delta y_3=1\ 267.5$ kg，在选定的程序下，射程$L=12\ 304.4$ km。

5.6.4　结论

(1) 对一已设计好的多级火箭，在结构质量不变条件下，当有效载荷质量减小，在保证原火箭理想速度的约束下，可使该三级火箭的第 1 级或第 2 级或第 3 级的装药量减少，且第 1 级装药量减少最多，随着级数上升装药量减少稍有下降。从而证明文献[12]中关于这个问题的结论是正确的。

(2) 本节在多级火箭的动力学过程的微分方程中考虑了地球引力、空气动力的影响，通过程序 $\varphi_{pr}(t)$的选择，在保证原最大射程约束条件下，计算证明在有效载荷减小时，仍有结论(1)的结果，即 $\Delta y_1>\Delta y_2>\Delta y_3$。

(3) 本节仅就有效载荷减小所引起装药量改变问题进行了仿真。在装药量减小后，对原多级火箭的运动稳定性、控制与制导系统参数的影响等未进行研究。

5.7　多级火箭在射面内飞行的最大速度方案等

本节的单级火箭部分是黄圳珪等编写的教材中介绍的。多级火箭部分及考虑运动优化后的最大速度方案等，则是作者的科研成果。

5.7.1 单级火箭的情况

如图 5-20 所示。

设火箭在射面 Oxy 内飞行，推力 $\boldsymbol{F}$ 及其与 x 轴的夹角 $\psi(t)$ 都是可控制的量，因此，现在的最优推力程序应包括推力的大小与方向。

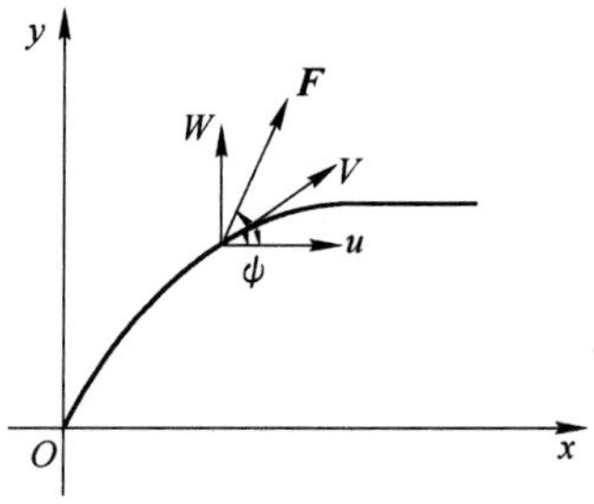

图 5-20 单级火箭近地飞行示意图

火箭的运动方程为

$$\begin{cases} \dot{x}=u \\ \dot{y}=w \\ \dot{u}=\dfrac{W\beta}{m}\cos\psi \\ \dot{w}=-g+\dfrac{W\beta}{m}\sin\psi \\ \dot{m}=-\beta \end{cases} \tag{5.7-1}$$

同样，这里的 β 满足

$$0\leqslant\beta\leqslant\beta_{max} \tag{5.7-2}$$

现在来考虑如下问题。

在熄火点速度达最大，且熄火点角度为给定角。

目标泛函为 J，且取极小

$$J=-V_k^2 \tag{5.7-3}$$

把不等式约束化为等价的等式约束

$$\beta(\beta_{max}-\beta)-\alpha^2=0 \tag{5.7-4}$$

增广函数与 H 函数分别为

$$\begin{aligned}\phi^*=&\lambda_1(\dot{x}-u)+\lambda_2(\dot{y}-w)+\lambda_3\left(\dot{u}-\frac{W\beta}{m}\cos\psi\right)+\\&\lambda_4\left(\dot{w}+g-\frac{W\beta}{m}\sin\psi\right)+\lambda_5(\dot{m}+\beta)+\lambda_6[\beta(\beta_{max}-\beta)-\alpha^2]\end{aligned} \tag{5.7-5}$$

$$\begin{aligned}H&=\lambda_1u+\lambda_2w+\lambda_3\frac{W\beta}{m}\cos\psi+\lambda_4\left(-g+\frac{W\beta}{m}\sin\psi\right)-\lambda_5\beta\\&=\lambda_1u+\lambda_2w-\lambda_4g+\left(\frac{\lambda_3W}{m}\cos\psi+\frac{\lambda_4W}{m}\sin\psi-\lambda_5\right)\beta\\&=\lambda_1u+\lambda_2w-\lambda_4g+K_\beta\beta\end{aligned} \tag{5.7-6}$$

其中

$$\begin{cases} K_\beta = \dfrac{W}{m} K_\psi - \lambda_5 \\ K_\psi = \lambda_3 \cos\psi + \lambda_4 \sin\psi \end{cases} \tag{5.7-7}$$

因此，欧拉方程组为

$$\begin{cases} \dot{\lambda}_1 = 0 \\ \dot{\lambda}_2 = 0 \\ \dot{\lambda}_3 = -\lambda_1 \\ \dot{\lambda}_4 = -\lambda_2 \\ \dot{\lambda}_5 = \dfrac{W\beta}{m^2} K_\psi \\ 0 = -K_\beta + \lambda_6 (\beta_{max} - 2\beta) \\ 0 = \lambda_3 \sin\psi - \lambda_4 \cos\psi \\ 0 = \lambda_6 \alpha \end{cases} \tag{5.7-8}$$

由于 H 函数不显含时间 t，因此

$$H \equiv 常数$$

关于推力大小的程序，后面将证明此时的最优推力大小程序仅仅由最大推力弧组成。

关于推力方向程序，由欧拉方程组有关方程的积分可得

$$\begin{cases} \lambda_1 = C_1 \\ \lambda_2 = C_2 \\ \lambda_3 = C_3 - C_1 t \\ \lambda_4 = C_4 - C_2 t \end{cases}$$

其中，$C_i(i=1, 2, 3, 4)$均为积分常数。

再由欧拉方程组的第 7 式知

$$\tan\psi = \frac{\lambda_4}{\lambda_3} = \frac{C_4 - C_2 t}{C_3 - C_1 t} \tag{5.7-9}$$

贯截条件为

$$[-2V\delta V - H\delta t + \lambda_1 \delta x + \lambda_2 \delta y + \lambda_3 \cos\theta_k \delta V + \lambda_4 \sin\theta_k \delta V + \lambda_5 \delta m]_{t_k} = 0$$

因此，由贯截条件和欧拉方程组知

$$\lambda_1 \equiv 0$$

$$\lambda_2 \equiv 0$$

则推力方向 $\psi(t)$满足

$$\tan\psi(t) = \frac{C_4}{C_3} = 常数$$

这就是说：$\psi = \psi_0 =$ 常数。

如果端点条件为

$$t=0,\ x(0)=0,\ y(0)=0,\ u(0)=0,\ w(0)=0,\ m(0)=m_0$$

$$t_k=\frac{m_0-m_k}{\beta_{\max}}$$

由于 m_0，m_k，$\beta_{\max}$均为给定值，所以 t_k 也给定。

从而积分运动方程的第 3、第 4 两式可得

$$\begin{cases} u_k=V_k\cos\theta_k=\int_0^{t_k}\frac{F}{m}\cos\psi_0\,\mathrm{d}t=-F\cos\psi_0\int_{m_0}^{m_k}\frac{\mathrm{d}m}{m\beta_{\max}}=W\cos\psi_0\ln\frac{m_0}{m_k} \\ w_k=V_k\sin\theta_k=\int_0^{t_k}\left(\frac{F}{m}\sin\psi_0-g\right)\mathrm{d}t=W\sin\psi_0\ln\frac{m_0}{m_k}-\frac{g}{\beta_{\max}}(m_0-m_k) \end{cases} \tag{5.7-10}$$

其中，W 为有效喷气速度。

所以，当 θ_k 给定时，就可解上述方程组(5.7-10)，而求得 ψ_0 与 V_k 之值。

例如，若设 $\sin\theta_k\neq0$(例如 $\theta_k\neq0$，$\theta_k\neq\pi$)，那么可得($\sin\theta_k=0$ 类似地可求得)

$$\psi_0=\theta_k+\arcsin\left(\frac{gt_k\cos\theta_k}{W\ln\frac{m_0}{m_k}}\right)$$

$$V_k=\frac{W\sin\psi_0}{\sin\theta_k}\ln\frac{m_0}{m_k}-\frac{gt_k}{\sin\theta_k}$$

而经过简单计算知

$$u(t)=W\cos\psi_0\ln\frac{m_0}{m}$$

$$w(t)=-gt+W\sin\psi_0\ln\frac{m_0}{m}$$

$$x(t)=W\cos\psi_0\cdot t-W\cos\psi_0\frac{m}{\beta_{\max}}\ln\frac{m_0}{m}$$

$$y(t)=W\sin\psi_0\cdot t-\frac{1}{2}gt^2-W\sin\psi_0\frac{m}{\beta_{\max}}\ln\frac{m_0}{m}$$

最后，用极大值原理补证一下本节问题的最优推力大小程序仅由最大推力弧组成。

因为贯截条件为

$$[-2V\delta V-H\delta t+\lambda_1\delta x+\lambda_2\delta y+\lambda_3\cos\theta_k\delta V+\lambda_4\sin\theta_k\delta V+\lambda_5\delta m]_{t_k}=0$$

所以

$$\lambda_1\equiv0\quad \lambda_3\ \text{为常数}$$

$$\lambda_2\equiv0\quad \lambda_4\ \text{为常数}$$

$$H\equiv0$$

$$-2V_k+\lambda_3\cos\theta_k+\lambda_4\sin\theta_k=0$$

因为 $V_k\neq0$，所以 λ_3 与 λ_4 为不同时为 0 的常数。

现在证明 $\lambda_4 \neq 0$。可用反证法。若 $\lambda_4 = 0$ 则从

$$\lambda_3 \sin\psi - \lambda_4 \cos\psi = 0$$

可得 $\lambda_3 \equiv 0$。

另外 $\psi = 0$ 及 $\psi = \pi$ 的飞行显然这时不在考虑之列。

再则，由于

$$K_\beta = \frac{W}{m}(\lambda_3 \cos\psi + \lambda_4 \sin\psi) - \lambda_5 \tag{5.7-11}$$

所以

$$\begin{aligned}\dot{K}_\beta &= \frac{\beta W}{m^2}(\lambda_3 \cos\psi + \lambda_4 \sin\psi) + \\ &\quad \frac{W}{m}[\dot{\lambda}_3 \cos\psi + \dot{\lambda}_4 \sin\psi + (-\lambda_3 \sin\psi + \lambda_4 \cos\psi)\dot{\psi}] - \dot{\lambda}_5 \\ &= \frac{W}{m}(\dot{\lambda}_3 \cos\psi + \dot{\lambda}_4 \sin\psi) \equiv 0 \quad (因为\ \dot{\lambda}_3 \equiv \dot{\lambda}_4 \equiv 0)\end{aligned}$$

所以 K_β 恒为一常数，而

$$H = \lambda_1 u + \lambda_2 w - \lambda_4 g + K_\beta \beta \equiv 0$$

故知，$K_\beta \equiv 0$ 不行。

而 $K_\beta < 0$（即恒小于 0），即 $\beta \equiv 0$，当然无意义。所以唯一的情况就是

$$K_\beta > 0，此时对应的\ \beta = \beta_{\max}$$

从 $H \equiv 0$ 的表达式还可知，λ_4 是一恒大于 0 的常数。

所以，此时的最优轨道仅由最大推力弧组成。

所以，本节的计算是合理的。

5.7.2　多级火箭的情况

对单级火箭而言，在引力场中射面内飞行时，若给定 θ_k 时要 V_k^2 达最大，那么从前面已知

$$\beta = \beta_{\max}$$

$$\tan\psi = \frac{\lambda_4}{\lambda_3}$$

并且求得

$$\psi = \theta_k + \arcsin\left(\frac{g t_k \cos\theta_k}{W \ln\dfrac{m_0}{m_k}}\right)$$

$$V_k = \frac{W \sin\psi}{\sin\theta_k} \ln\frac{m_0}{m_k} - \frac{g t_k}{\sin\theta_k}$$

现在来看两级火箭的最大速度方案问题。

设第 1 级熄火时载荷的速度为 V_k，速度倾角为 α，第 2 级熄火时载荷的速度为 V_f，其速度倾角为 θ_f。

设 $0\leqslant\theta_f<\frac{\pi}{2}$（$\theta_f\geqslant\frac{\pi}{2}$ 的情况可类似处理）。

所以，要 V_f 最大等价于要 u_f 最大。而 $u_f=u_k+(u_f-u_k)$，故只要 u_k 最大，且 (u_f-u_k) 也最大，则 u_f 就可达最大。而且显见 u_f 为正而 u_k 也可取正值。

对两级火箭而言，在重力场内要使 V_f 达最大则就得

$$\begin{cases}\beta_1=\beta_{1\max}\\ \beta_2=\beta_{2\max}\end{cases}$$

而且有

$$\begin{cases}u_k=W_1\ln\dfrac{x_1+y_1+x_2+y_2+G}{x_1+x_2+y_2+G}\cos\psi_1=V_k\cos\alpha & (5.7\text{-}12)\\ w_k=W_1\ln\dfrac{x_1+y_1+x_2+y_2+G}{x_1+x_2+y_2+G}\sin\psi_1-gt_1=V_k\sin\alpha & (5.7\text{-}13)\\ u_f=W_1\ln\dfrac{x_1+y_1+x_2+y_2+G}{x_1+x_2+y_2+G}\cos\psi_1+W_2\ln\dfrac{x_2+y_2+G}{x_2+G}\cos\psi_2=V_f\cos\theta_f & (5.7\text{-}14)\\ w_f=W_1\ln\dfrac{x_1+y_1+x_2+y_2+G}{x_1+x_2+y_2+G}\sin\psi_1+W_2\ln\dfrac{x_2+y_2+G}{x_2+G}\sin\psi_2-g(t_1+t_2) & \\ \quad=V_f\sin\theta_f & (5.7\text{-}15)\end{cases}$$

由式(5.7-12)和式(5.7-13)可得

$$W_1\ln\frac{x_1+y_1+x_2+y_2+G}{x_1+x_2+y+G}\sin(\alpha-\psi_1)=-gt_1\cos\alpha \tag{5.7-16}$$

由式(5.7-14)和式(5.7-15)可得

$$W_1\ln\frac{x_1+y_1+x_2+y_2+G}{x_1+x_2+y_2+G}\sin(\theta_f-\psi_1)+W_2\ln\frac{x_2+y_2+G}{x_2+G}\sin(\theta_f-\psi_2)=-g(t_1+t_2) \tag{5.7-17}$$

此外，利用式(5.7-14)和式(5.7-15)又可得

$$\begin{aligned}V_f&=u_f\cos\theta_f+w_f\sin\theta_f\\ &=\left(W_1\ln\frac{x_1+y_1+x_2+y_2+G}{x_1+x_2+y_2+G}\cos\psi_1+W_2\ln\frac{x_2+y_2+G}{x_2+G}\cos\psi_2\right)\cos\theta_f+\\ &\quad\left[W_1\ln\frac{x_1+y_1+x_2+y_2+G}{x_1+x_2+y_2+G}\sin\psi_1+W_2\ln\frac{x_2+y_2+G}{x_2+G}\sin\psi_2-g(t_1+t_2)\right]\sin\theta_f\\ &=W_1\ln\frac{x_1+y_1+x_2+y_2+G}{x_1+x_2+y_2+G}\cos(\psi_1-\theta_f)+W_2\ln\frac{x_2+y_2+G}{x_2+G}\cos(\psi_2-\theta_f)-g(t_1+t_2)\sin\theta_f\end{aligned}$$

由式(5.7-16)和式(5.7-17)可见：ψ_1 和 ψ_2 都是 α 的函数，可见 V_f 也是 α 的函数。

记

$$V_f=F(\alpha)$$

既然 V_f 是 α 的函数，就有选择最佳 α 的问题。

将式(5.7-17)对 α 求导，可得

$$-W_1\ln\frac{x_1+y_1+x_2+y_2+G}{x_1+x_2+y_2+G}\cos(\theta_f-\psi_1)\frac{\mathrm{d}\psi_1}{\mathrm{d}\alpha}-W_2\ln\frac{x_2+y_2+G}{x_2+G}\cos(\theta_f-\psi_2)\frac{\mathrm{d}\psi_2}{\mathrm{d}\alpha}=0 \quad (5.7\text{-}18)$$

利用式(5.7-18)可得

$$\begin{aligned}\frac{\mathrm{d}V_f}{\mathrm{d}\alpha}&=-W_1\ln\frac{x_1+y_1+x_2+y_2+G}{x_1+x_2+y_2+G}\sin(\psi_1-\theta_f)\frac{\mathrm{d}\psi_1}{\mathrm{d}\alpha}-W_2\ln\frac{x_2+y_2+G}{x_2+G}\sin(\psi_2-\theta_f)\frac{\mathrm{d}\psi_2}{\mathrm{d}\alpha}\\&=-W_1\ln\frac{x_1+y_1+x_2+y_2+G}{x_1+x_2+y_2+G}\,\frac{\sin(\psi_1-\psi_2)}{\cos(\psi_2-\theta_f)}\,\frac{\mathrm{d}\psi_1}{\mathrm{d}\alpha} \qquad (5.7\text{-}19)\end{aligned}$$

要使 $\frac{\mathrm{d}V_f}{\mathrm{d}\alpha}=0$，得 $\psi_1=\psi_2$

或

$$\frac{\mathrm{d}\psi_1}{\mathrm{d}\alpha}=0$$

但若 $\frac{\mathrm{d}\psi_1}{\mathrm{d}\alpha}=0$，则对式(5.7-14)两边求导可得

$$W_1\ln\frac{x_1+y_1+x_2+y_2+G}{x_1+x_2+y_2+G}\cos(\alpha-\psi_1)=gt_1\sin\alpha \qquad (5.7\text{-}20)$$

把式(5.7-20)与式(5.7-14)联立可得

$$\begin{cases}W_1\ln\dfrac{x_1+y_1+x_2+y_2+G}{x_1+x_2+y_2+G}=gt_1\\[2ex]\psi_1=\dfrac{\pi}{2}\end{cases} \qquad (5.7\text{-}21)$$

很明显，这与实际情况不符。

所以，从 $\frac{\mathrm{d}V_f}{\mathrm{d}\alpha}=0$ 可得到 $\psi_1=\psi_2$。

由于在满足 $\frac{\mathrm{d}V_f}{\mathrm{d}\alpha}=0$ 的 α 处有 $\psi_1=\psi_2$，把此代入式(5.7-17)，可确定出唯一的 $\psi=\psi^*$ 来，再把此 ψ^* 代入式(5.7-16)可确定出唯一的 $\alpha=\alpha^*$。

并且，因为

$$\left.\frac{\mathrm{d}^2V_f}{\mathrm{d}\alpha^2}\right|_{\alpha^*}=-\left[W_1\ln\frac{x_1+y_1+x_2+y_2+G}{x_1+x_2+y_2+G}\left(\frac{\mathrm{d}\psi_1}{\mathrm{d}\alpha}\right)^2+W_2\ln\frac{x_2+y_2+G}{x_2+G}\left(\frac{\mathrm{d}\psi_2}{\mathrm{d}\alpha}\right)^2\right]\frac{1}{\cos(\psi_1-\theta_f)}<0$$

所以，这唯一的 α 还是最佳的 α。

这样，两级火箭此时的最佳推力程序就全部求得

$$\begin{cases} \beta_1=\beta_{1\max} \\ \psi=\psi_1=\psi^* \\ \alpha=\alpha^* \\ \beta_2=\beta_{2\max} \\ \psi=\psi_2=\psi^* \end{cases}$$

并且，由于 $\psi_1=\psi_2=\psi^*$，所以，对应最佳 α^* 的 V_f 将立刻可从式(5.7-14)与式(5.7-15)导出

$$V_f=-g(t_1+t_2)\sin\theta_f+\left[\left(W_1\ln\frac{x_1+y_1+x_2+y_2+G}{x_1+x_2+y_2+G}+W_2\ln\frac{x_2+y_2+G}{x_2+G}\right)^2-g^2(t_1+t_2)^2\cos^2\theta_f\right]^{\frac{1}{2}}$$

其中

$$t_1=\frac{y_1}{\beta_{1\max}}$$

$$t_2=\frac{y_2}{\beta_{2\max}}$$

所以 $$V_f=V_f(y_1,\ y_2)$$

这样，就又可提出最大速度方案等问题了。

上面考虑的是始点固定、终点可变的重力场射面内的最优飞行轨道情况。对于始点固定、终点也固定的情况，可类似地去做。而对于空间的情况，计算就复杂一些；但可设法化为平面问题，然后再类似地去解决。

第 6 章　带有助推火箭的多级火箭一些有关问题的探讨

6.1　带有助推火箭的多级火箭在不同情况时其对应的特征速度

6.1.1　一组助推火箭且$\frac{y_2}{\beta_2} \geqslant \frac{y_1}{\beta_1}$时对应的特征速度

如图 6-1 所示，设此组助推火箭其对应的参数为 x_1, y_1, W_1, β_1。而主火箭的第 1 级其对应的参数为 x_2, y_2, W_2, β_2。

这里 y_1 是助推火箭的总推进剂量，β_1 是此助推火箭的秒耗量，y_2 是主火箭的第 1 级推进剂总量，β_2 是此级的秒耗量，载荷为 G。

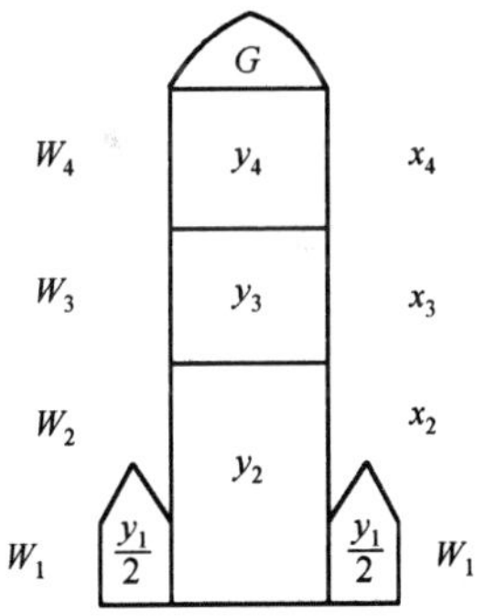

图 6-1　一组助推火箭时的示意图

不妨设$\frac{y_2}{\beta_2} > \frac{y_1}{\beta_1}$。如果是其他情况，显然可按下述算法类似地进行计算。

设助推火箭燃料耗尽时，主火箭对应的速度为 V_1，而助推火箭燃料耗尽需耗时 $t_1 = \frac{y_1}{\beta_1}$。

记
$$\bar{G} = x_3 + y_3 + x_4 + y_4 + G$$

那么由

$$M\mathrm{d}V = W_1\beta_1\,\mathrm{d}t + W_2\beta_2\,\mathrm{d}t$$
$$M = x_1 + y_1 + x_2 + y_2 + \bar{G} - (\beta_1 + \beta_2)t$$

可得

$$\mathrm{d}V = \frac{(W_1\beta_1 + W_2\beta_2)\,\mathrm{d}t}{x_1 + y_1 + x_2 + y_2 + \bar{G} - (\beta_1 + \beta_2)t}$$

两边积分可得

$$\int_0^{V_1}\mathrm{d}V=\int_0^{t_1}\frac{W_1\beta_1+W_2\beta_2}{x_1+y_1+x_2+y_2+\overline{G}-(\beta_1+\beta_2)t}\mathrm{d}t$$

所以

$$V_1=\frac{W_1\beta_1+W_2\beta_2}{\beta_1+\beta_2}\ln\frac{x_1+y_1+x_2+y_2+\overline{G}}{x_1+x_2+\left(y_2-\dfrac{\beta_2}{\beta_1}y_1\right)+\overline{G}}$$

再求从助推火箭分离起至主火箭第1级燃料耗尽止之间的速度增量 ΔV。

由于助推火箭已分离，所以此时

$$M\mathrm{d}V=W_2\beta_2\mathrm{d}t$$

$$M=x_2+\left(y_2-\frac{\beta_2}{\beta_1}y_1\right)+\overline{G}-\beta_2 t$$

设主火箭的第1级燃料耗尽需耗时 $t_2=\dfrac{y_2}{\beta_2}$，那么

$$\int_0^{\Delta V}\mathrm{d}V=\int_0^{t_2-t_1}\frac{W_2\beta_2}{x_2+\left(y_2-\dfrac{\beta_2}{\beta_1}y_1\right)+\overline{G}-\beta_2 t}\mathrm{d}t$$

可得

$$\Delta V=W_2\ln\frac{x_2+\left(y_2-\dfrac{\beta_2}{\beta_1}y_1\right)+\overline{G}}{x_2+\overline{G}}$$

因此

$$V=V_1+\Delta V=\frac{W_1\beta_1+W_2\beta_2}{\beta_1+\beta_2}\ln\frac{x_1+y_1+x_2+y_2+\overline{G}}{x_1+x_2+\left(y_2-\dfrac{\beta_2}{\beta_1}y_1\right)+\overline{G}}+$$

$$W_2\ln\frac{x_2+\left(y_2-\dfrac{\beta_2}{\beta_1}y_1\right)+\overline{G}}{x_2+\overline{G}}$$

故知当有一组助推火箭时，这个三级火箭的特征速度表达式为

$$V_{31}=\frac{W_1\beta_1+W_2\beta_2}{\beta_1+\beta_2}\ln\frac{x_1+y_1+x_2+y_2+x_3+y_3+x_4+y_4+G}{x_1+x_2+\left(y_2-\dfrac{\beta_2}{\beta_1}y_1\right)+x_3+y_3+x_4+y_4+G}+$$

$$W_2\ln\frac{x_2+\left(y_2-\dfrac{\beta_2}{\beta_1}y_1\right)+x_3+y_3+x_4+y_4+G}{x_2+x_3+y_3+x_4+y_4+G}+$$

$$W_3\ln\frac{x_3+y_3+x_4+y_4+G}{x_3+x_4+y_4+G}+W_4\ln\frac{x_4+y_4+G}{x_4+G}\tag{6.1-1}$$

出现 $\dfrac{y_2}{\beta_2}=\dfrac{y_1}{\beta_1}$ 时，式(6.1-1)自然会更简化些，下面也如此，不再重复。

6.1.2　两组助推火箭且$\frac{y_3}{\beta_3} \geqslant \frac{y_2}{\beta_2} \geqslant \frac{y_1}{\beta_1}$时对应的特征速度

图 6-2 完全是为了方便计算而画的示意图。

设此两组助推火箭对应的参数分别为

$$x_1, y_1, W_1, \beta_1$$

$$x_2, y_2, W_2, \beta_2$$

而主火箭第 1 级对应的参数为 x_3, y_3, W_3, β_3，载荷为 G。记 $\bar{G}=x_4+y_4+x_5+y_5+G$，而 x_i，y_i，W_i 以及 $\beta_i(i=1, 2, \cdots, 5)$的意义与前一样。

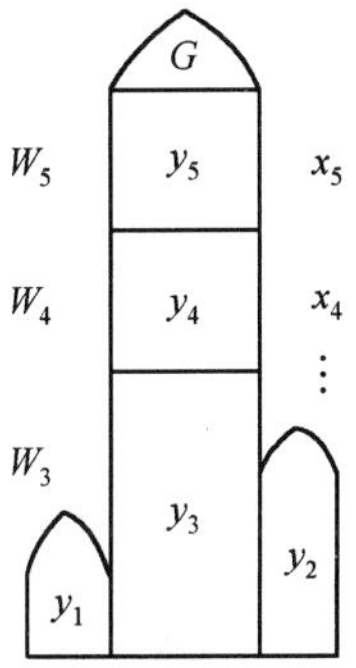

图 6-2　两组助推火箭时的示意图

记 V_1 为助推火箭 1 燃料耗尽时主火箭对应的速度。

此时 $t_1=\frac{y_1}{\beta_1}$

由于

$$M\mathrm{d}V=W_1\beta_1\mathrm{d}t+W_2\beta_2\mathrm{d}t+W_3\beta_3\mathrm{d}t$$

$$M=x_1+y_1+x_2+y_2+x_3+y_3+\bar{G}-(\beta_1+\beta_2+\beta_3)t$$

所以

$$\mathrm{d}V=\frac{W_1\beta_1+W_2\beta_2+W_3\beta_3}{x_1+y_1+x_2+y_2+x_3+y_3+\bar{G}-(\beta_1+\beta_2+\beta_3)t}\mathrm{d}t$$

$$\int_0^{V_1}\mathrm{d}V=\int_0^{t_1}\frac{W_1\beta_1+W_2\beta_2+W_3\beta_3}{x_1+y_1+x_2+y_2+x_3+y_3+\bar{G}-(\beta_1+\beta_2+\beta_3)t}\mathrm{d}t$$

$$V_1=\frac{W_1\beta_1+W_2\beta_2+W_3\beta_3}{\beta_1+\beta_2+\beta_3}\ln\frac{x_1+y_1+x_2+y_2+x_3+y_3+\bar{G}}{x_1+x_2+\left(y_2-\frac{y_1}{\beta_1}\beta_2\right)+x_3+\left(y_3-\frac{y_1}{\beta_1}\beta_3\right)+\bar{G}}$$

再求从助推火箭 1 分离起至助推火箭 2 燃料耗尽止的速度增量 ΔV_1。

此段时间为 $\Delta t_1=t_2-t_1=\frac{y_2}{\beta_2}-\frac{y_1}{\beta_1}$

$$M=x_2+\left(y_2-\frac{y_1}{\beta_1}\beta_2\right)+x_3+\left(y_3-\frac{y_1}{\beta_1}\beta_3\right)+\bar{G}-(\beta_2+\beta_3)t$$

由于

$$M\mathrm{d}V=W_2\beta_2\mathrm{d}t+W_3\beta_3\mathrm{d}t$$

可得

$$\int_0^{\Delta V_1}\mathrm{d}V=\int_0^{\Delta t_1}\frac{W_2\beta_2+W_3\beta_3}{x_2+\left(y_2-\frac{y_1}{\beta_1}\beta_2\right)+x_3+\left(y_3-\frac{y_1}{\beta_1}\beta_3\right)+\bar{G}-(\beta_2+\beta_3)t}\mathrm{d}t$$

$$\Delta V_1=\frac{W_2\beta_2+W_3\beta_3}{\beta_2+\beta_3}\ln\frac{x_2+\left(y_2-\frac{y_1}{\beta_1}\beta_2\right)+x_3+\left(y_3-\frac{y_1}{\beta_1}\beta_3\right)+\bar{G}}{x_2+x_3+\left(y_3-\frac{y_2}{\beta_2}\beta_3\right)+\bar{G}}$$

再求从助推火箭 2 分离至主火箭第 1 级燃料耗尽止的速度增量 ΔV_2。

此段时间为 $\Delta t_2=t_3-t_2=\frac{y_3}{\beta_3}-\frac{y_2}{\beta_2}$

$$M=x_3+\left(y_3-\frac{y_2}{\beta_2}\beta_3\right)+\bar{G}-\beta_3 t$$

$$M\mathrm{d}V=W_3\beta_3\,\mathrm{d}t$$

$$\int_0^{\Delta V_2}\mathrm{d}V=\int_0^{\Delta t_2}\frac{W_3\beta_3}{x_3+\left(y_3-\frac{y_2}{\beta_2}\beta_3\right)+\bar{G}-\beta_3 t}\mathrm{d}t$$

$$\Delta V_2=W_3\ln\frac{x_3+\left(y_3-\frac{y_2}{\beta_2}\beta_3\right)+\bar{G}}{x_3+\bar{G}}$$

所以

$$V=V_1+\Delta V_1+\Delta V_2=\frac{W_1\beta_1+W_2\beta_2+W_3\beta_3}{\beta_1+\beta_2+\beta_3}\ln\frac{x_1+y_1+x_2+y_2+x_3+y_3+\bar{G}}{x_1+x_2+\left(y_2-\frac{y_1}{\beta_1}\beta_2\right)+x_3+\left(y_3-\frac{y_1}{\beta_1}\beta_3\right)+\bar{G}}+$$

$$\frac{W_2\beta_2+W_3\beta_3}{\beta_2+\beta_3}\ln\frac{x_2+\left(y_2-\frac{y_1}{\beta_1}\beta_2\right)+x_3+\left(y_3-\frac{y_1}{\beta_1}\beta_3\right)+\bar{G}}{x_2+x_3+\left(y_3-\frac{y_2}{\beta_2}\beta_3\right)+\bar{G}}+W_3\ln\frac{x_3+\left(y_3-\frac{y_2}{\beta_2}\beta_3\right)+\bar{G}}{x_3+\bar{G}}$$

所以，当有两组助推火箭时，这个三级火箭此时的特征速度为

$$V_{32}=\frac{W_1\beta_1+W_2\beta_2+W_3\beta_3}{\beta_1+\beta_2+\beta_3}\ln\frac{x_1+y_1+x_2+y_2+x_3+y_3+\bar{G}}{x_1+x_2+\left(y_2-\frac{y_1}{\beta_1}\beta_2\right)+x_3+\left(y_3-\frac{y_1}{\beta_1}\beta_3\right)+\bar{G}}+$$

$$\frac{W_2\beta_2+W_3\beta_3}{\beta_2+\beta_3}\ln\frac{x_2+\left(y_2-\frac{y_1}{\beta_1}\beta_2\right)+x_3+\left(y_3-\frac{y_1}{\beta_1}\beta_3\right)+\bar{G}}{x_2+x_3+\left(y_3-\frac{y_2}{\beta_2}\beta_3\right)+\bar{G}}+$$

$$W_3\ln\frac{x_3+\left(y_3-\frac{y_2}{\beta_2}\beta_3\right)+\bar{G}}{x_3+\bar{G}}+W_4\ln\frac{x_4+y_4+x_5+y_5+G}{x_4+x_5+y_5+G}+W_5\ln\frac{x_5+y_5+G}{x_5+G}$$

(6.1-2)

其中

$$\bar{G}=x_4+y_4+x_5+y_5+G$$

6.1.3　n 组助推火箭且$\frac{y_{n+1}}{\beta_{n+1}}>\frac{y_n}{\beta_n}>\cdots>\frac{y_2}{\beta_2}>\frac{y_1}{\beta_1}$时对应的特征速度

图 6-3 与图 6-1、图 6-2 一样，完全是为了计算而画的示意图(实际情况不是如此)。

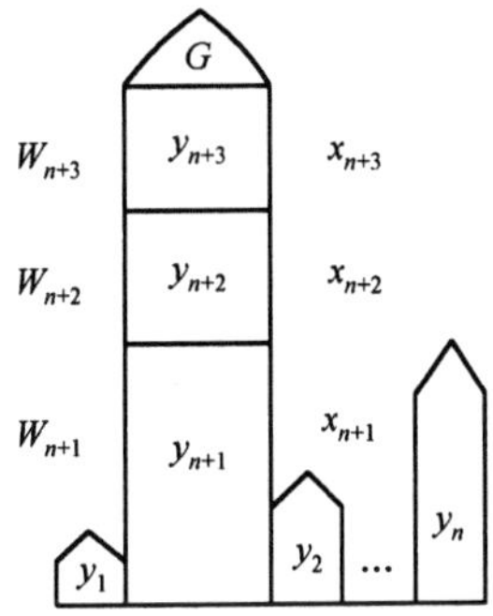

图 6-3　n 组助推火箭时的示意图

设此 n 组助推火箭，其对应参数为 $x_i, y_i, W_i, \beta_i(i=1, 2, \cdots, n)$。主火箭第 1 级的对应参数为 $x_{n+1}, y_{n+1}, W_{n+1}, \beta_{n+1}$。又不妨设$\frac{y_{i+1}}{\beta_{i+1}}>\frac{y_i}{\beta_i}(i=1, 2, \cdots, n)$。

那么显见，这个带有 n 组助推火箭的三级火箭此时对应的特征速度应为

$$V_{3n}=\frac{\sum_{i=1}^{n+1}W_i\beta_i}{\sum_{i=1}^{n+1}\beta_i}\ln\frac{\sum_{i=1}^{n+1}(x_i+y_i)+\bar{G}}{\sum_{i=1}^{n+1}(x_i+y_i)-\frac{y_1}{\beta_1}\sum_{i=1}^{n+1}\beta_i+\bar{G}}+$$

$$\frac{\sum_{i=2}^{n+1}W_i\beta_i}{\sum_{i=2}^{n+1}\beta_i}\ln\frac{\sum_{i=2}^{n+1}(x_i+y_i)-\frac{y_1}{\beta_1}\sum_{i=2}^{n+1}\beta_i+\bar{G}}{\sum_{i=2}^{n+1}(x_i+y_i)-\frac{y_2}{\beta_2}\sum_{i=2}^{n+1}\beta_i+\bar{G}}+\cdots+$$

$$\frac{\sum_{i=k}^{n+1}W_i\beta_i}{\sum_{i=k}^{n+1}\beta_i}\ln\frac{\sum_{i=k}^{n+1}(x_i+y_i)-\frac{y_{k-1}}{\beta_{k-1}}\sum_{i=k}^{n+1}\beta_i+\bar{G}}{\sum_{i=k}^{n+1}(x_i+y_i)-\frac{y_k}{\beta_k}\sum_{i=k}^{n+1}\beta_i+\bar{G}}+\cdots+$$

$$W_{n+1}\ln\frac{x_{n+1}+\left(y_{n+1}-\frac{y_n}{\beta_n}\beta_{n+1}\right)+\bar{G}}{x_{n+1}+\bar{G}}+$$

$$W_{n+2}\ln\frac{x_{n+2}+y_{n+2}+x_{n+3}+y_{n+3}+G}{x_{n+2}+x_{n+3}+y_{n+3}+G}+W_{n+3}\ln\frac{x_{n+3}+y_{n+3}+G}{x_{n+3}+G} \tag{6.1-3}$$

其中

$$\bar{G}=x_{n+2}+y_{n+2}+x_{n+3}+y_{n+3}+G$$

6.1.4　目前使用的航天飞机在$\frac{y_2}{\beta_2}>\frac{y_1}{\beta_1}$时对应的特征速度表达式

设有一如图 6-4 所示的航天飞机。其对应的参数为：

轨道器 G；

外储箱 x_2, y_2, W_2, β_2；

助推器 x_1, y_1, W_1, β_1。

那么当外储箱燃料耗尽时，根据前面的公式马上可知此时航天飞机对应的特征速度应为

$$V_{航}=\frac{W_1\beta_1+W_2\beta_2}{\beta_1+\beta_2}\ln\frac{G+x_1+y_1+x_2+y_2}{G+x_1+x_2+\left(y_2-\frac{y_1}{\beta_1}\beta_2\right)}+$$

$$W_2\ln\frac{G+x_2+\left(y_2-\frac{y_1}{\beta_1}\beta_2\right)}{x_2+G} \tag{6.1-4}$$

如果 $W_1=W_2$ 等，那么公式将会更简单。

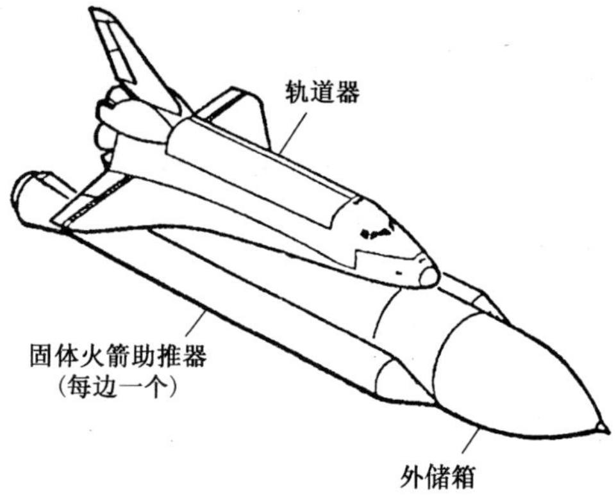

图 6-4　两级式第一代航天飞机示意图

6.1.5　理论上带有助推火箭的多级火箭其特征速度在其他情况下的对应表达式

仅举带有一组助推火箭的三级火箭为例。若$\frac{y_2}{\beta_2}>\frac{y_1}{\beta_1}$，那么 6.1.1 节中已得此多级火箭在这种情况下的特征速度表达式(6.1-1)。

如果$\frac{y_2}{\beta_2}=\frac{y_1}{\beta_1}$，我们像 6.1.1 节中那样类似去计算，显然可得现在这种情况下其对应的特征速度表达式

$$V=\frac{W_1\beta_1+W_2\beta_2}{\beta_1+\beta_2}\ln\frac{x_1+y_1+x_2+y_2+\bar{G}}{x_1+x_2+\bar{G}}+W_3\ln\frac{x_3+y_3+x_4+y_4+G}{x_3+x_4+y_4+G}+W_4\ln\frac{x_4+y_4+G}{x_4+G} \tag{6.1-5}$$

其中，$\bar{G}=x_3+y_3+x_4+y_4+G$。[这个式子,以前已讲它是式(6.1-1)的退化,但它包含在式(6.1-1)之中,至于好坏下面会讨论。]

同样，如果$\frac{y_2}{\beta_2}<\frac{y_1}{\beta_1}$，这种情况工程上不怎么采用，因为它给工程带来一些不必要的麻烦。但理论上我们还应该分析一下，下面也是如此。此时该多级火箭在现在这种情况下其特征速度的表达式为

$$V=\frac{W_1\beta_1+W_2\beta_2}{\beta_1+\beta_2}\ln\frac{x_1+y_1+x_2+y_2+\bar{G}}{x_1+\left(y_1-\frac{y_2}{\beta_2}\beta_1\right)+x_2+\bar{G}}+W_1\ln\frac{x_1+\left(y_1-\frac{y_2}{\beta_2}\beta_1\right)+\bar{G}}{x_1+\bar{G}}+$$

$$W_3\ln\frac{x_3+y_3+x_4+y_4+G}{x_3+x_4+y_4+G}+W_4\ln\frac{x_4+y_4+G}{x_4+G} \tag{6.1-6}$$

很显然，对于带有两组助推火箭或 n 组助推火箭的多级火箭，其特征速度在其他情况下

的对应表达式，也可像 6.1.1 节中那样类似计算去获得。

6.1.6　理论上航天飞机其特征速度在其他情况下的对应表达式

对航天飞机而言，若$\frac{y_2}{\beta_2}>\frac{y_1}{\beta_1}$，那么前面已得此种情况下其对应的特征速度表达式(6.1-4)。

若$\frac{y_2}{\beta_2}=\frac{y_1}{\beta_1}$，那么在类似计算后可得其对应的特征速度表达式

$$V=\frac{W_1\beta_1+W_2\beta_2}{\beta_1+\beta_2}\ln\frac{x_1+y_1+x_2+y_2+G}{x_1+x_2+G} \tag{6.1-7}$$

若$\frac{y_2}{\beta_2}<\frac{y_1}{\beta_1}$，那么在类似计算后可得其对应的特征速度表达式

$$V=\frac{W_1\beta_1+W_2\beta_2}{\beta_1+\beta_2}\ln\frac{x_1+y_1+x_2+y_2+G}{x_1+\left(y_1-\frac{y_2}{\beta_2}\beta_1\right)+x_2+G}+W_1\ln\frac{x_1+\left(y_1-\frac{y_2}{\beta_2}\beta_1\right)+G}{x_1+G} \tag{6.1-8}$$

这里关于$\frac{y_2}{\beta_2}=\frac{y_1}{\beta_1}$及$\frac{y_2}{\beta_2}<\frac{y_1}{\beta_2}$的有关情况以前已有说明，不再重复，下节也如此。

6.2　理论上 3 种燃烧方式的比较及分析

现在我们以带一组助推火箭的单级主火箭的情况来对上述提到的 3 种燃烧方式进行比较和分析。显见其他情况(例如带有一组助推火箭的三级火箭等)也可类似讨论。

不妨设 $W_1=W_2$，$\beta_1=\beta_2$。

1) 此时$\frac{y_2}{\beta_2}>\frac{y_1}{\beta_1}$等价于 $y_2>y_1$。设 $y_1+y_2=A$，而且 y_i 是同种推进剂；那么 $x_2>x_1$，$x_1+x_2=B$

$$V_1=W_1\ln\frac{G+x_1+y_1+x_2+y_2}{G+x_1+x_2+(y_2-y_1)}+W_2\ln\frac{G+x_2+(y_2-y_1)}{x_2+G}$$

2) 现在设 $\bar{y}_2=\bar{y}_1$，$\bar{y}_1+\bar{y}_2=A$，$\bar{x}_2=\bar{x}_1$，$\bar{x}_1+\bar{x}_2=B$。此时是第 2 种燃烧方式，对应的特征速度为

$$V_2=W_1\ln\frac{\bar{x}_1+\bar{x}_2+\bar{y}_1+\bar{y}_2+G}{\bar{x}_1+\bar{x}_2+G}$$

3) 现在再设 $\bar{y}_2<\bar{y}_1$，$\bar{y}_1+\bar{y}_2=A$ 且 $\bar{y}_1-\bar{y}_2=y_2-y_1$；此时 $x_1=\bar{x}_2<\bar{x}_1=x_2$，$\bar{x}_1+\bar{x}_2=$

B。显见这是第 3 种燃烧方式，对应的特征速度为

$$V_3=W_1\ln\frac{\bar{x}_1+\bar{x}_2+\bar{y}_1+\bar{y}_2+G}{\bar{x}_1+(\bar{y}_1-\bar{y}_2)+\bar{x}_2+G}+W_1\ln\frac{\bar{x}_1+(\bar{y}_1-\bar{y}_2)+G}{\bar{x}_1+G}$$

(a) 此种情况下有 $V_1>V_2$。

$$\begin{aligned}V_1&=W_1\ln\frac{G+x_1+x_2+y_1+y_2}{G+x_1+x_2+(y_2-y_1)}+W_2\ln\frac{G+x_2+(y_2-y_1)}{x_2+G}\\&=W_1\ln\frac{G+x_1+y_1+x_2+y_2}{G+x_1+x_2+(y_2-y_1)}\frac{G+x_2+(y_2-y_1)}{x_2+G}\end{aligned}$$

而

$$\frac{G+x_1+y_1+x_2+y_2}{G+x_1+x_2+(y_2-y_1)}\frac{G+x_2+(y_2-y_1)}{x_2+G}>\frac{\bar{x}_1+\bar{x}_2+\bar{y}_1+\bar{y}_2+G}{\bar{x}_1+\bar{x}_2+G}$$

因为

$$\frac{G+x_2+(y_2-y_1)}{x_2+G}>\frac{G+x_1+x_2+(y_2-y_1)}{\bar{x}_1+\bar{x}_2+G}$$

所以此种情况下 $V_1>V_2$。

显见，类似可证：在这种情况下也有 $V_3>V_2$。

(b) V_1 与 V_3 的比较如下。

$$V_1=W_1\ln\frac{G+x_1+y_1+x_2+y_2}{G+x_1+x_2+(y_2-y_1)}+W_2\ln\frac{G+x_2+(y_2-y_1)}{x_2+G}$$

$$V_3=W_1\ln\frac{G+\bar{x}_1+\bar{x}_2+\bar{y}_1+\bar{y}_2}{G+\bar{x}_1+\bar{x}_2+(\bar{y}_1-\bar{y}_2)}+W_1\ln\frac{G+\bar{x}_1+(\bar{y}_1-\bar{y}_2)}{\bar{x}_1+G}$$

显见 $$V_1=V_3$$

综上所述，在现在这种情况下，按第 1 种方式燃烧为好。对带一组助推火箭的多级火箭(例如两级、三级主火箭等)和航天飞机，在这种情况下显见上述结论也是成立的。它不但工程上简单、可靠，而且从能量角度看也是最好的。至于其他情况，例如 $W_1>W_2$ 及 $W_1<W_2$ 的情况，显然可类似进行分析和比较。

6.3 $W_1\leqslant W_2\leqslant\cdots\leqslant W_n$ 情况下的最大速度方案等

(1) 不妨设一组助推火箭的情况，其他可类似探讨。

设有图 6-1 所示的三级火箭。

根据目前的一般情况我们不妨设$\frac{y_2}{\beta_2}>\frac{y_1}{\beta_1}$。

这样根据 6.1 节，我们可得此时的特征速度表达式

$$V_{31}=\frac{W_1\beta_1+W_2\beta_2}{\beta_1+\beta_2}\ln\frac{x_1+y_1+x_2+y_2+x_3+y_3+x_4+y_4+G}{x_1+x_2+\left(y_2-\frac{\beta_2}{\beta_1}y_1\right)+x_3+y_3+x_4+y_4+G}+$$

$$W_2\ln\frac{x_2+\left(y_2-\frac{\beta_2}{\beta_1}y_1\right)+x_3+y_3+x_4+y_4+G}{x_2+x_3+y_3+x_4+y_4+G}+$$

$$W_3\ln\frac{x_3+y_3+x_4+y_4+G}{x_3+x_4+y_4+G}+W_4\ln\frac{x_4+y_4+G}{x_4+G}$$

$$=k_1\ln\frac{x_1+y_1+x_2+y_2+x_3+y_3+x_4+y_4+G}{x_1+x_2+\left(y_2-\frac{\beta_2}{\beta_1}y_1\right)+x_3+y_3+x_4+y_4+G}+$$

$$W_2\ln\frac{x_2+\left(y_2-\frac{\beta_2}{\beta_1}y_1\right)+x_3+y_3+x_4+y_4+G}{x_2+x_3+y_3+x_4+y_4+G}+$$

$$W_3\ln\frac{x_3+y_3+x_4+y_4+G}{x_3+x_4+y_4+G}+W_4\ln\frac{x_4+y_4+G}{x_4+G} \tag{6.3-1}$$

其中

$$k_1=\frac{W_1\beta_1+W_2\beta_2}{\beta_1+\beta_2}$$

性质 1：k_1 和 W_2,W_3,W_4 的关系与 W_1 和 W_2,W_3,W_4 的关系一样。

显然我们只要证明 k_1 与 W_2 的关系就行了。

若设 $W_1=W_2$

那么
$$k_1=\frac{W_1\beta_1+W_2\beta_2}{\beta_1+\beta_2}=W_1=W_2$$

即
$$k_1=W_2$$

若设 $W_1<W_2$，

那么
$$k_1=\frac{W_1\beta_1+W_2\beta_2}{\beta_1+\beta_2}<\frac{W_2\beta_1+W_2\beta_2}{\beta_1+\beta_2}=W_2$$

即
$$k_1<W_2$$

同理可证，当 $W_1>W_2$ 时

$$k_1>W_2$$

所以 k_1 和 W_2,W_3,W_4 的关系与 W_1 和 W_2,W_3,W_4 的关系一样。

性质 2：如果 $W_1\leqslant W_2\leqslant W_3\leqslant W_4$，那么此时这个带有一组助推火箭的多级火箭其最大速度方案仍是第 2 章中所述的那样，对于给定的推进剂总量 A，先加 y_4 对应的那级。如果 $A>B_4$，那么加满 y_4 对应的那级后再加 y_3 对应的那级；若 $A>B_3+B_4$，那么在加满 y_3 对应的那级后再加 y_2 对应的那级……直至助推火箭。

证明如下。

1) 先设 $y_1+y_2=B$，$\bar{y}_1+\bar{y}_2=B$，但 $\bar{y}_2>y_2$（当然 $\bar{y}_1<y_1$）。我们来证明此时有 $\bar{V}_{31}>V_{31}$。

记 $x_3+y_3+x_4+y_4+G=\bar{G}$，

那么

$$V_{31}=k_1\ln\frac{x_1+y_1+x_2+y_2+\bar{G}}{x_1+x_2+\left(y_2-\frac{y_1}{\beta_1}\beta_2\right)+\bar{G}}+W_2\ln\frac{x_2+\left(y_2-\frac{y_1}{\beta_1}\beta_2\right)+\bar{G}}{x_2+\bar{G}}+$$

$$W_3\ln\frac{x_3+y_3+x_4+y_4+G}{x_3+x_4+y_4+G}+W_4\ln\frac{x_4+y_4+G}{x_4+G}$$

$$=k_1\ln\frac{x_1+y_1+x_2+y_2+\bar{G}}{x_1+x_2+\left(y_2-\frac{y_1}{\beta_1}\beta_2\right)+\bar{G}}\frac{x_2+\left(y_2-\frac{y_1}{\beta_1}\beta_2\right)+\bar{G}}{x_2+\bar{G}}+$$

$$(W_2-k_1)\ln\frac{x_2+\left(y_2-\frac{y_1}{\beta_1}\beta_2\right)+\bar{G}}{x_2+\bar{G}}+$$

$$W_3\ln\frac{x_3+y_3+x_4+y_4+G}{x_3+x_4+y_4+G}+W_4\ln\frac{x_4+y_4+G}{x_4+G}$$

$$\bar{V}_{31}=k_1\ln\frac{x_1+\bar{y}_1+x_2+\bar{y}_2+\bar{G}}{x_1+x_2+\left(\bar{y}_2-\frac{\bar{y}_1}{\beta_1}\beta_2\right)+\bar{G}}\frac{x_2+\left(\bar{y}_2-\frac{\bar{y}_1}{\beta_1}\beta_2\right)+\bar{G}}{x_2+\bar{G}}+$$

$$(W_2-k_1)\ln\frac{x_2+\left(\bar{y}_2-\frac{\bar{y}_1}{\beta_1}\beta_2\right)+\bar{G}}{x_2+\bar{G}}+$$

$$W_3\ln\frac{x_3+y_3+x_4+y_4+G}{x_3+x_4+y_4+G}+W_4\ln\frac{x_4+y_4+G}{x_4+G}$$

显见

$$(W_2-k_1)\ln\frac{x_2+\left(\bar{y}_2-\frac{\beta_2}{\beta_1}\bar{y}_1\right)+\bar{G}}{x_2+\bar{G}}>(W_2-k_1)\ln\frac{x_2+\left(y_2-\frac{\beta_2}{\beta_1}y_1\right)+\bar{G}}{x_2+\bar{G}}$$

因此要证明 $\bar{V}_{31}>V_{31}$，只要证明

$$\frac{x_2+\left(\bar{y}_2-\frac{\beta_2}{\beta_1}\bar{y}_1\right)+\bar{G}}{x_1+x_2+\left(\bar{y}_2-\frac{\beta_2}{\beta_1}\bar{y}_1\right)+\bar{G}}>\frac{x_2+\left(y_2-\frac{\beta_2}{\beta_1}y_1\right)+\bar{G}}{x_1+x_2+\left(y_2-\frac{\beta_2}{\beta_1}y_1\right)+\bar{G}}$$

记 $k=y_2-\frac{\beta_2}{\beta_1}y_1$；$\bar{k}=\bar{y}_2-\frac{\beta_2}{\beta_1}\bar{y}_1$。

这样只要证明

$$\frac{x_2+\bar{k}+\bar{G}}{x_1+x_2+\bar{k}+\bar{G}}>\frac{x_2+k+\bar{G}}{x_1+x_2+k+\bar{G}}$$

即只要证明

$$(x_2+\bar{k}+\bar{G})(x_1+x_2+k+\bar{G})>(x_2+k+\bar{G})(x_1+x_2+\bar{k}+\bar{G}) \qquad (*)$$

因为

$$\bar{k}x_1>kx_1$$

所以通过直接计算可知(*)式确实成立。

因此此时 $\bar{V}_{31}>V_{31}$ 成立。

2) 再设 $y_2+y_3=B$，$\bar{y}_2+\bar{y}_3=B$，但 $\bar{y}_3>y_3$(当然 $\bar{y}_2<y_2$)。y_1, y_4 不变。我们来证明此时仍有 $\bar{V}_{31}>V_{31}$。

记 $G'=x_4+y_4+G$，

那么

$$V_{31}=k_1\ln\frac{x_1+y_1+x_2+y_2+x_3+y_3+G'}{x_1+x_2+\left(y_2-\frac{y_1}{\beta_1}\beta_2\right)+x_3+y_3+G'}+$$

$$W_2\ln\frac{x_2+\left(y_2-\frac{y_1}{\beta_1}\beta_2\right)+x_3+y_3+G'}{x_2+x_3+y_3+G'}\frac{x_3+y_3+x_4+y_4+G}{x_3+x_4+y_4+G}+$$

$$(W_3-W_2)\ln\frac{x_3+y_3+x_4+y_4+G}{x_3+x_4+y_4+G}+W_4\ln\frac{x_4+y_4+G}{x_4+G}$$

$$\bar{V}_{31}=k_1\ln\frac{x_1+y_1+x_2+\bar{y}_2+x_3+\bar{y}_3+G'}{x_1+x_2+\left(\bar{y}_2-\frac{y_1}{\beta_1}\beta_2\right)+x_3+\bar{y}_3+G'}+$$

$$W_2\ln\frac{x_2+\left(\bar{y}_2-\frac{y_1}{\beta_1}\beta_2\right)+x_3+\bar{y}_3+G'}{x_2+x_3+\bar{y}_3+G'}\frac{x_3+\bar{y}_3+x_4+y_4+G}{x_3+x_4+y_4+G}+$$

$$(W_3-W_2)\ln\frac{x_3+\bar{y}_3+x_4+y_4+G}{x_3+x_4+y_4+G}+W_4\ln\frac{x_4+y_4+G}{x_4+G}$$

显见

$$k_1\ln\frac{x_1+y_1+x_2+\bar{y}_2+x_3+\bar{y}_3+G'}{x_1+x_2+\left(\bar{y}_2-\frac{y_1}{\beta_1}\beta_2\right)+x_3+\bar{y}_3+G'}+W_4\ln\frac{x_4+y_4+G}{x_4+G}$$

$$=k_1\ln\frac{x_1+y_1+x_2+y_2+x_3+y_3+G'}{x_1+x_2+\left(y_2-\frac{y_1}{\beta_1}\beta_2\right)+x_3+y_3+G'}+W_4\ln\frac{x_4+y_4+G}{x_4+G}$$

$$(W_3-W_2)\ln\frac{x_3+\bar{y}_3+x_4+y_4+G}{x_3+x_4+y_4+G}>(W_3-W_2)\ln\frac{x_3+y_3+x_4+y_4+G}{x_3+x_4+y_4+G}$$

$$\frac{x_3+\bar{y}_3+G'}{x_2+x_3+\bar{y}_3+G'}>\frac{x_3+y_3+G'}{x_2+x_3+y_3+G'}$$

因此此时仍有 $\bar{V}_{31}>V_{31}$。

类似可证：若 $y_3+y_4=B$，$\bar{y}_3+\bar{y}_4=B$ 但 $\bar{y}_4>y_4$；y_1, y_2 不变，那么仍有 $\bar{V}_{31}>V_{31}$。

因此性质 2 成立。

(2) 再看航天飞机的情况。

对航天飞机而言，设其各主要参数为轨道器 G；外储箱 x_2, y_2, W_2, β_2；助推器 x_1, y_1, W_1, β_1。

如果$\dfrac{y_2}{\beta_2}>\dfrac{y_1}{\beta_1}$，那么 6.1 节中已得到

$$V_{航}=\frac{W_1\beta_1+W_2\beta_2}{\beta_1+\beta_1}\ln\frac{x_1+y_1+x_2+y_2+G}{G+x_1+x_2+\left(y_2-\dfrac{y_1}{\beta_1}\beta_2\right)}+W_2\ln\frac{G+x_2+\left(y_2-\dfrac{y_1}{\beta_1}\beta_2\right)}{x_2+G}$$

记

$$k_1=\frac{W_1\beta_1+W_2\beta_2}{\beta_1+\beta_2}$$

那么与(1)中类似可得，

性质 3：k_1 和 W_2 的关系与 W_1 和 W_2 的关系一样。

性质 4：当 $W_1 \leqslant W_2$ 时，此航天飞机的最大速度方案也是先加注外储箱。如果加满了还有多余，那么再加注助推器(如果助推器是液体火箭)。

6.4 $W_1 \leqslant W_2 \leqslant \cdots \leqslant W_n$ 情况下的最大的最大速度值等

6.4.1 带有一组助推火箭的三级火箭当 $W_1 \leqslant W_2 \leqslant W_3 \leqslant W_4$ 时其最大速度值的一般变化规律等

显然，根据 6.3 节中的性质 2，我们立即可得此时的最大速度方案。

带有一组助推火箭的三级火箭，不妨设 $B_4+B_3+B_2<A<B_4+B_3+B_2+B_1$。那么此时的最大速度方案就是

$$\begin{cases} y_4=B_4 \\ y_3=B_3 \\ y_2=B_2 \\ y_1=A-(B_4+B_3+B_2) \end{cases}$$

同样显见，此时的最大速度值的一般变化规律也可立即写出

$$
\begin{cases}
V_{\max}(A)=W_4\ln\dfrac{x_4+A+G}{x_4+G} \quad A\in[0,\ B_4] \\
V_{\max}(A)=W_3\ln\dfrac{x_3+(A-B_4)+x_4+B_4+G}{x_3+x_4+B_4+G}+W_4\ln\dfrac{x_4+B_4+G}{x_4+G} \quad A\in[B_4,\ B_4+B_3] \\
V_{\max}(A)=W_2\ln\dfrac{x_2+[A-(B_4+B_3)]+x_3+B_3+x_4+B_4+G}{x_2+x_3+B_3+x_4+B_4+G}+ \\
\qquad W_3\ln\dfrac{x_3+B_3+x_4+B_4+G}{x_3+x_4+B_4+G}+W_4\ln\dfrac{x_4+B_4+G}{x_4+G} \quad A\in[B_4+B_3,\ B_4+B_3+B_2] \\
V_{\max}(A)=k_1\ln\dfrac{x_1+[A-(B_4+B_3+B_2)]+x_2+B_2+x_3+B_3+x_4+B_4+G}{x_1+x_2+\{B_2-c[A-(B_4+B_3+B_2)]\}+x_3+B_3+x_4+B_4+G}+ \\
\qquad W_2\ln\dfrac{x_2+\{B_2-c[A-(B_4+B_3+B_2)]\}+x_3+B_3+x_4+B_4+G}{x_2+x_3+B_3+x_4+B_4+G}+ \\
\qquad W_3\ln\dfrac{x_3+B_3+x_4+B_4+G}{x_3+x_4+B_4+G}+W_4\ln\dfrac{x_4+B_4+G}{x_4+G} \\
\qquad\qquad A\in[B_4+B_3+B_2,B_4+B_3+B_2+B_1]
\end{cases}
$$

其中，$k_1=\dfrac{W_1\beta_1+W_2\beta_2}{\beta_1+\beta_2}$；$c=\dfrac{\beta_2}{\beta_1}$。

6.4.2　航天飞机当 $W_1 \leqslant W_2$ 时其最大速度值的一般变化规律等

类似，不妨设 $B_2<A<B_2+B_1$，那么此时最大速度方案为

$$
\begin{cases}
y_2=B_2 \\
y_1=A-B_2
\end{cases}
$$

而其最大速度值的一般变化规律显然马上可写出

$$
V_{\max}(A)=\begin{cases}
W_2\ln\dfrac{G+x_2+A}{x_2+G} \quad A\in[0,\ B_2] \\
k_1\ln\dfrac{G+x_1+x_2+A}{G+x_1+x_2+[B_2-c(A-B_2)]}+ \\
\qquad W_2\ln\dfrac{G+x_2+[B_2-c(A-B_2)]}{x_2+G} \quad A\in[B_2,B_2+B_1]
\end{cases}
$$

其中，$k_1=\dfrac{W_1\beta_1+W_2\beta_2}{\beta_1+\beta_2}$；$c=\dfrac{\beta_2}{\beta_1}$。

由上可见，对于带有一组助推火箭且 $W_1\leqslant W_2\leqslant W_3\leqslant W_4$ 的三级火箭和 $W_1\leqslant W_2$ 的航天飞机而言，它们的最大速度方案以及最大速度值的一般变化规律问题已完全解决。

类似第 2 章中有关内容，我们也可对带有一组助推火箭的多级火箭及航天飞机提出最省推进剂方案问题，最大的最大速度方案问题等。而且由于最大速度值的一般变化规律的解

决，显见此时对应的最省推进剂方案问题，最省的最省推进剂方案问题，最大的最大速度方案问题，最宜的推进剂量方案问题等都可像第 2 章中那样类似地去解决。当然结论有些会有不同，这点下面会碰到。

6.4.3 不带助推火箭的多级火箭与带有助推火箭的多级火箭的共同之处及其区别

举三级火箭为例来说明。

由第 2 章知，对于一枚三级火箭而言，若其喷气速度有关系 $W_1 \leqslant W_2 \leqslant W_3$，那么此时最大的最大速度方案是各级都加满，即此时是加满最好。

仔细分析此时的特征速度表达式会有启发。

$$V=W_1\ln\frac{x_1+y_1+x_2+y_2+x_3+y_3+G}{x_1+x_2+y_2+x_3+y_3+G}+W_2\ln\frac{x_2+y_2+x_3+y_3+G}{x_2+x_3+y_3+G}+W_3\ln\frac{x_3+y_3+G}{x_3+G}$$

当 $W_1 \leqslant W_2 \leqslant W_3$ 且 $B_3+B_2<A<B_3+B_2+B_1$ 时，

$$V_{\max}(A)=W_1\ln\frac{x_1+x_2+x_3+G+A}{x_1+x_2+x_3+G+B_2+B_3}+W_2\ln\frac{x_2+B_2+x_3+B_3+G}{x_2+x_3+B_3+G}+W_3\ln\frac{x_3+B_3+G}{x_3+G}$$

$$\frac{\mathrm{d}V_{\max}(A)}{\mathrm{d}A}=\frac{W_1}{x_1+x_2+x_3+G+A}>0$$

所以此时第 1 级也是加满最好。这也是一种分析的方法。

但对带有助推火箭的三级火箭而言，虽然在 $W_1 \leqslant W_2 \leqslant W_3 \leqslant W_4$ 情况下，仍有先加第 4 级，再加第 3 级……这个性质，但第 1 级是不是加满最好？这就要仔细分析了。

不妨设 $B_4+B_3+B_2<A<B_4+B_3+B_2+B_1$，由前面知此时

$$V_{\max}(A)=k_1\ln\frac{x_1+[A-(B_4+B_3+B_2)]+x_2+B_2+x_3+B_3+x_4+B_4+G}{x_1+x_2+\{B_2-c[A-(B_4+B_3+B_2)]\}+x_3+B_3+x_4+B_4+G}+$$

$$W_2\ln\frac{x_2+\{B_2-c[A-(B_4+B_3+B_2)]\}+x_3+B_3+x_4+B_4+G}{x_2+x_3+B_3+x_4+B_4+G}+$$

$$W_3\ln\frac{x_3+B_3+x_4+B_4+G}{x_3+x_4+B_4+G}+W_4\ln\frac{x_4+B_4+G}{x_4+G}$$

$$A\in[B_4+B_3+B_2,\ B_4+B_3+B_2+B_1]$$

$$\frac{\mathrm{d}V_{\max}(A)}{\mathrm{d}A}=\frac{k_1}{x_1+x_2+x_3+x_4+G+A}+$$

$$\frac{k_1c}{x_1+x_2+\{B_2-c[A-(B_4+B_3+B_2)]\}+x_3+B_3+x_4+B_4+G}-$$

$$\frac{W_2c}{x_2+\{B_2-c[A-(B_4+B_3+B_2)]\}+x_3+B_3+x_4+B_4+G}$$

显见，这时的$\frac{dV_{max}(A)}{dA}$是不是大于 0 就不一定了。

所以我们要求上述的 $V_{max}(A)$函数在区域 $B_4+B_3+B_2 \leqslant A \leqslant B_4+B_3+B_2+B_1$ 上的最大值。

这个最大值显然是存在的，也能像第 2 章中那样分析和求解。

如果这个最大值在 $A=B_4+B_3+B_2+B_1$ 处达到，那么这时就是加满最好，此时的最大的最大速度方案为 $y_4=B_4$，$y_3=B_3$，$y_2=B_2$，$y_1=B_1$。

如果这个最大值在$[B_4+B_3+B_2, B_4+B_3+B_2+B_1]$中间 A^* 处达到，那么这时就不是加满最好(如果达到最大值的地方不止一个，那就取最左边的那个，参见图 6-5)。这时的最大的最大速度方案应为 $y_4=B_4$，$y_3=B_3$，$y_2=B_2$，$y_1=A^*-(B_4+B_3+B_2)$。

综上所述可见，不带助推火箭的多级火箭，只要 $W_1 \leqslant W_2 \leqslant \cdots \leqslant W_n$，它们一定是加满最好，最大的最大速度方案是 $y_i=B_i(i=1, 2, \cdots, n)$。

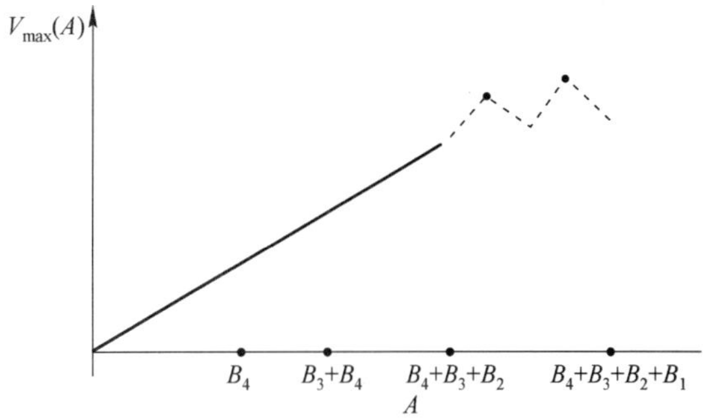

图 6-5　$V_{max}(A)$随 A 变化示意图(20)

而带有助推火箭的多级火箭(例如带有一组助推火箭的三级火箭)，即使仍有 $W_1 \leqslant W_2 \leqslant W_3 \leqslant W_4$ 这么一个好性质，它也不一定是加满最好。有时是加满最好，有时不是加满最好。这完全可以用 3.1 节中讨论的那个二次三项式那样类似地讨论，这里无须重复。

当然对航天飞机而言也是如此。

正因为有上述差异，也就带来了其他一系列的差异。

例如对 $W_1 \leqslant W_2 \leqslant W_3$ 的三级火箭而言，其最大速度方案与最省推进剂方案是等价而且唯一的，其最大的最大速度方案与最宜的推进剂量方案也是一致的等。

但对带有助推火箭的多级火箭而言，上面的叙述都不一定。

具体如何？又可用以前的理论来完全解决。

经过类似推导，我们显然可得到若干推论。

推论 1：对于带有一组助推火箭的多级火箭，若其 W_i 有关系 $W_i \leqslant W_{i+1}(i=1, 2, \cdots, n)$，那么其推进剂的加注仍是先加主火箭的第 n 级，若有多余再加主火箭的第$(n-1)$级……直至助推火箭。而最大的最大速度值的求法也可通过一单元函数的求极值问题而加以解决。此时加满也不一定最好。

推论 2：对于带有一组助推火箭的多级火箭，若其 W_i 有关系 $W_i \leqslant W_{i+1}(i=1, 2, \cdots, n)$，但其助推火箭是固体火箭且不允许改变其推进剂量；那么此时主火箭各级推进剂量最好加注法是先加主火箭的第 n 级，若有多余再加主火箭的第$(n-1)$级……直至主火箭的第 1

级。此时是加满最好(这个证明非常简单)。也就是说此时的最大的最大速度值在 $y_{n+1}=B_{n+1}$，$y_n=B_n$，…，$y_2=B_2$，$y_1=B_1$ 处达到。对航天飞机的固体助推器，若不允许改变其推进剂量，也有上述结论，证明也很简单。

显见推论 1 的结果优于或等于推论 2 的结果，理由就是推论 2 中的助推火箭(或助推器)的推进剂量是固定的，从而限制了更大的选择范围。

推论 3：对于带有一组助推火箭的多级火箭，若其 W_i 有关系 $W_i \leqslant W_{i+1}(i=1,2,\cdots,n)$，而载荷临时减小了。此时最好的推进剂量各级加注法是先减助推火箭的 y_1，若减得还不够再减主火箭的第 1 级 y_2……由下往上减，直至满足给定的特征速度要求(参见后面有关的节)。

6.5 W_i 的其他情况时的最大速度方案等

(1) 关于 $W_1>W_2$ 时带一组助推火箭的单级主火箭的最大速度方案的讨论如下。

对于带一组助推火箭的单级主火箭，若 $W_1 \leqslant W_2$，那么其最大速度方案等问题已在前面几节中解决。

现在来探讨 $W_1>W_2$，即 $k_1>W_2$ 时其最大速度方案等问题。

前面已知

$$V=\frac{W_1\beta_1+W_2\beta_2}{\beta_1+\beta_2}\ln\frac{G+x_1+y_1+x_2+y_2}{G+x_1+x_2+\left(y_2-\dfrac{\beta_2}{\beta_1}y_1\right)}+W_2\ln\frac{G+x_2+\left(y_2-\dfrac{\beta_2}{\beta_1}y_1\right)}{x_2+G}$$

$$=k_1\ln\frac{G+x_1+y_1+x_2+y_2}{G+x_1+x_2+y_2-cy_1}+W_2\ln\frac{G+x_2+y_2-cy_1}{x_2+G} \tag{6.5-1}$$

其中

$$k_1=\frac{W_1\beta_1+W_2\beta_2}{\beta_1+\beta_2}$$

$$c=\frac{\beta_2}{\beta_1}$$

显见 $0\leqslant y_1\leqslant B_1$，$0\leqslant y_2\leqslant B_2$，$0\leqslant A\leqslant B_1+B_2$。

现在对于允许范围内的 A 而言我们来求最大速度方案。

因为

$$y_1+y_2=A$$

$$\varphi=(y_1+y_2)-A$$

$$f=V+\lambda\varphi$$

所以

$$\begin{cases}\dfrac{\partial f}{\partial y_1}=\dfrac{k_1}{G+x_1+y_1+x_2+y_2}+\dfrac{k_1 c}{G+x_1+x_2+y_2-cy_1}-\dfrac{W_2 c}{G+x_2+y_2-cy_1}+\lambda=0\\ \dfrac{\partial f}{\partial y_2}=\dfrac{k_1}{G+x_1+y_1+x_2+y_2}-\dfrac{k_1}{G+x_1+x_2+y_2-cy_1}+\dfrac{W_2}{G+x_2+y_2-cy_1}+\lambda=0\end{cases}$$

由上可得

$$\frac{k_1(1+c)}{G+x_1+x_2+y_2-cy_1}=\frac{W_2(1+c)}{G+x_2+y_2-cy_1}$$

与 $y_1+y_2=A$ 联合可解得

$$\begin{cases}y_1=\dfrac{G+x_2+A}{1+c}-\dfrac{W_2 x_1}{(k_1-W_2)(1+c)}\\ y_2=A-y_1=\dfrac{W_2 x_1}{(k_1-W_2)(1+c)}-\dfrac{G+x_2-cA}{1+c}\end{cases}\tag{6.5-2}$$

这就是此时的驻点表达式。下面要证明这个驻点是极大点。

把 $y_2=A-y_1$ 代入式(6.5-1)可得

$$V=k_1\ln\frac{G+x_1+x_2+A}{G+x_1+x_2+A-y_1-cy_1}+W_2\ln\frac{G+x_2+A-y_1-cy_1}{G+x_2}$$

$$V_{y_1}=\frac{k_1(1+c)}{G+x_1+x_2+A-(1+c)y_1}-\frac{W_2(1+c)}{G+x_2+A-(1+c)y_1}$$

$$V_{y_1y_1}=\frac{k_1(1+c)^2}{[G+x_1+x_2+A-(1+c)y_1]^2}-\frac{W_2(1+c)^2}{[G+x_2+A-(1+c)y_1]^2}$$

把式(6.5-2)代入 $V_{y_1y_1}$ 的上述表达式可得

$$V_{y_1y_1}\Big|_{\text{在驻点处}}=\frac{k_1(1+c)^2}{\left[G+x_1+x_2+A-\left(G+x_2+A-\dfrac{W_2x_1}{k_1-W_2}\right)\right]^2}-\frac{W_2(1+c)^2}{\left[G+x_2+A-\left(G+x_2+A-\dfrac{W_2x_1}{k_1-W_2}\right)\right]^2}$$

$$=\frac{k_1(1+c)^2(k_1-W_2)^2}{(x_1k_1)^2}-\frac{W_2(1+c)^2(k_1-W_2)^2}{(W_2x_1)^2}$$

$$=\frac{(1+c)^2(k_1-W_2)^2}{x_1^2}\left(\frac{1}{k_1}-\frac{1}{W_2}\right)<0$$

所以函数 V 在驻点处达极大。

现在可知：对于一允许范围内给定的 A 而言，如果式(6.5-2)表示的驻点是在图6-6所示的斜线区域 OQQ_1Q_2 内，例如点 M_2，则此时最大速度方案就在点 M_2 处达到。如果式(6.5-2)表示的驻点在斜线区域 OQQ_1Q_2 之外，则此时的最大速度方案是在对应的边界点上达到。例如，如果式(6.5-2)表达的驻点是 M_1，则此时的最大速度方案在点 N_1 处达到。

(2) 当 $k_1>W_2$ 时，带一组助推火箭的单级主火箭，其主火箭也是不一定加满最好。

为此，我们只要举出具体反例就可说明。

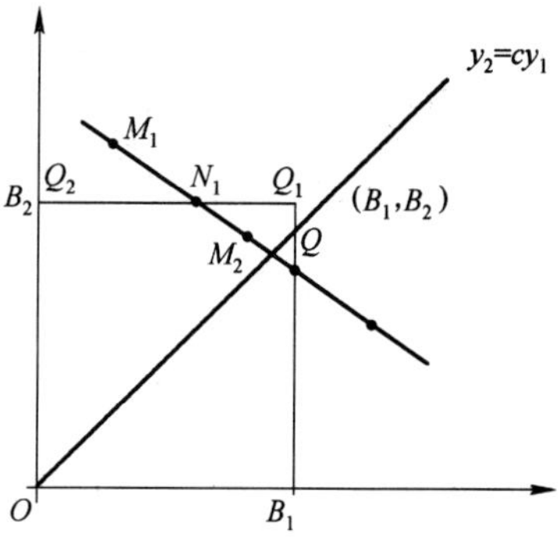

图 6-6　驻点分析(5)

例如，当 $y_1=B_1$，$y_2=B_2$ 时，

$$V=k_1\ln\frac{G+x_1+B_1+x_2+B_2}{G+x_1+x_2+B_2-cB_1}+W_2\ln\frac{G+x_2+B_2-cB_1}{x_2+G}$$

若设 $y_1=B_1$，$y_2=\frac{n-1}{n}B_2$，不妨设 $y_2=\frac{B_2}{2}$，那么

$$\bar{V}=k_1\ln\frac{G+x_1+B_1+x_2+\frac{B_2}{2}}{G+x_1+x_2+\frac{B_2}{2}-cB_1}+W_2\ln\frac{G+x_2+\frac{B_2}{2}-cB_1}{x_2+G}$$

这里不妨设 $y_2=\frac{B_2}{2}$，意即能使 $\frac{B_2}{2}-cB_1>0$，否则取 $\frac{n-1}{n}B_2$，当 n 足够大使 $\frac{n-1}{n}B_2-cB_1>0$。证明是一样的，但取 $\frac{B_2}{2}=y_2$ 说明更简单。

显见

$$\ln\frac{G+x_1+B_1+x_2+\frac{B_2}{2}}{G+x_1+x_2+\frac{B_2}{2}-cB_1}>\ln\frac{G+x_1+B_1+x_2+B_2}{G+x_1+x_2+B_2-cB_1}$$

$$\ln\frac{G+x_2+B_2-cB_1}{x_2+G}>\ln\frac{G+x_2+\frac{B_2}{2}-cB_1}{x_2+G}$$

所以要 $\bar{V}-V>0$ 只要下式成立

$$\bar{V}-V=k_1\ln\frac{G+x_1+B_1+x_2+\frac{B_2}{2}}{G+x_1+x_2+\frac{B_2}{2}-cB_1}-k_1\ln\frac{G+x_1+B_1+x_2+B_2}{G+x_1+x_2+B_2-cB_1}-$$

$$\left(W_2\ln\frac{G+x_2+B_2-cB_1}{x_2+G}-W_2\ln\frac{G+x_2+\frac{B_2}{2}-cB_1}{x_2+G}\right)>0$$

即只要

$$k_1\left(\ln\frac{G+x_1+B_1+x_2+\frac{B_2}{2}}{G+x_1+x_2+\frac{B_2}{2}-cB_1}-\ln\frac{G+x_1+B_1+x_2+B_2}{G+x_1+x_2+B_2-cB_1}\right)>$$

$$W_2\left(\ln\frac{G+x_2+B_2-cB_1}{x_2+G}-\ln\frac{G+x_2+\frac{B_2}{2}-cB_1}{x_2+G}\right)$$

$$\frac{k_1}{W_2}>\frac{\ln\frac{G+x_2+B_2-cB_1}{x_2+G}-\ln\frac{G+x_2+\frac{B_2}{2}-cB_1}{x_2+G}}{\ln\frac{G+x_1+B_1+x_2+\frac{B_2}{2}}{G+x_1+x_2+\frac{B_2}{2}-cB_1}-\ln\frac{G+x_1+B_1+x_2+B_2}{G+x_1+x_2+B_2-cB_1}}\tag{6.5-3}$$

所以当式(6.5-3)成立时，$\bar{V}-V>0$ 也成立。

这就是说，当 $k_1>W_2$ 时，带一组助推火箭的单级主火箭，其主火箭也是不一定加满最好。

(3) 如果 $W_i=W_{i+1}(i=1, 2, \cdots, n)$，那么 $k_i=k_{i+1}(i=1, 2, \cdots, n)$；如果 $W_i<W_{i+1}(i=1, 2, \cdots, n)$，那么 $k_i<k_{i+1}(i=1, 2, \cdots, n)$；如果 $W_i>W_{i+1}(i=1,2,\cdots, n)$，那么 $k_i>k_{i+1}(i=1, 2, \cdots, n)$。

从 6.1 节已知

$$
\begin{aligned}
V_{3n}=&\frac{\sum\limits_{i=1}^{n+1}W_i\beta_i}{\sum\limits_{i=1}^{n+1}\beta_i}\ln\frac{\sum\limits_{i=1}^{n+1}(x_i+y_i)+\bar{G}}{\sum\limits_{i=1}^{n+1}(x_i+y_i)-\dfrac{y_1}{\beta_1}\sum\limits_{i=1}^{n+1}\beta_i+\bar{G}}+\\
&\frac{\sum\limits_{i=2}^{n+1}W_i\beta_i}{\sum\limits_{i=2}^{n+1}\beta_i}\ln\frac{\sum\limits_{i=2}^{n+1}(x_i+y_i)-\dfrac{y_1}{\beta_1}\sum\limits_{i=2}^{n+1}\beta_i+\bar{G}}{\sum\limits_{i=2}^{n+1}(x_i+y_i)-\dfrac{y_2}{\beta_2}\sum\limits_{i=2}^{n+1}\beta_i+\bar{G}}+\cdots+\\
&\frac{\sum\limits_{i=j}^{n+1}W_i\beta_i}{\sum\limits_{i=j}^{n+1}\beta_i}\ln\frac{\sum\limits_{i=j}^{n+1}(x_i+y_i)-\dfrac{y_{j-1}}{\beta_{j-1}}\sum\limits_{i=j}^{n+1}\beta_i+\bar{G}}{\sum\limits_{i=j}^{n+1}(x_i+y_i)-\dfrac{y_j}{\beta_j}\sum\limits_{i=j}^{n+1}\beta_i+\bar{G}}+\cdots+\\
&W_{n+1}\ln\frac{x_{n+1}+\left(y_{n+1}-\dfrac{y_n}{\beta_n}\beta_{n+1}\right)+\bar{G}}{x_{n+1}+\bar{G}}+\\
&W_{n+2}\ln\frac{x_{n+2}+y_{n+2}+x_{n+3}+y_{n+3}+G}{x_{n+2}+x_{n+3}+y_{n+3}+G}+W_{n+3}\ln\frac{x_{n+3}+y_{n+3}+G}{x_{n+3}+G}
\end{aligned}
$$

其中

$$\bar{G}=x_{n+2}+y_{n+2}+x_{n+3}+y_{n+3}+G$$

记

$$k_j=\frac{\sum\limits_{i=j}^{n+1}W_i\beta_i}{\sum\limits_{i=j}^{n+1}\beta_i}$$

现在来证明：

1) 如果 $W_i=W_{i+1}(i=1, 2, \cdots, n)$，那么 $k_i=k_{i+1}(i=1, 2, \cdots, n)$。

因为

$$k_j=\frac{\sum\limits_{i=j}^{n+1}W_i\beta_i}{\sum\limits_{i=j}^{n+1}\beta_i}=W$$

所以结论成立。

2) 如果 $W_j<W_{j+1}(j=1,2,\cdots,n)$，那么 $k_j<k_{j+1}(j=1,2,\cdots,n)$。

因为

$$k_j=\frac{\sum_{i=j}^{n+1}W_i\beta_i}{\sum_{i=j}^{n+1}\beta_i}=\frac{W_j\beta_j+\sum_{i=j+1}^{n+1}W_i\beta_i}{\beta_j+\sum_{i=j+1}^{n+1}\beta_i}=\frac{W_j\beta_j+A}{\beta_j+B}$$

其中

$$A=\sum_{i=j+1}^{n+1}W_i\beta_i$$

$$B=\sum_{i=j+1}^{n+1}\beta_i$$

所以

$$k_{j+1}=\frac{A}{B}$$

要

$$k_j=\frac{W_j\beta_j+A}{\beta_j+B}<\frac{A}{B}$$

只要

$$(W_j\beta_j+A)B<A(\beta_j+B)$$

$$W_jB<A$$

$$W_j\sum_{i=j+1}^{n+1}\beta_i<\sum_{i=j+1}^{n+1}W_i\beta_i \qquad (*)$$

显见最后的(*)式一定成立；因为 $W_j<W_{j+1}(j=1,2,\cdots,n)$，所以如果 $W_j<W_{j+1}$，那么$k_j<k_{j+1}(j=1,2,\cdots,n)$。

3) 同理可证：如果 $W_j>W_{j+1}(j=1,2,\cdots,n)$，那么 $k_j>k_{j+1}(j=1,2,\cdots,n)$。

这个性质很有用，在一组助推火箭的情况下利用类似性质，我们在 6.3 节和 6.4 节中得到了一些重要的结果。

6.6 W_i 的其他情况时的最大速度值的一般变化规律

仍以带一组助推火箭的单级主火箭为例。

6.5 节中对于 $k_1>W_2$ 的情况，解决了最大速度方案问题，并且举出具体反例说明当$k_1>W_2$时加满也不一定最好。

本节要讨论的是当 $k_1>W_2$ 时其最大速度值的一般变化规律。

很明显，如这个问题解决了，这种情况下其他的一系列问题，例如此时的最省推进剂方案问题，最大的最大速度方案问题，最省的最省推进剂方案问题等都可以解决了。

对于一给定的推进剂总量 A 而言，6.5 节中已知此时的极大点是

$$\begin{cases} y_2=\dfrac{Ac-(G+x_2)}{1+c}+\dfrac{W_2x_1}{(k_1-W_2)(1+c)} \\ y_1=A-y_2=\dfrac{A+G+x_2}{1+c}-\dfrac{W_2x_1}{(k_1-W_2)(1+c)} \end{cases} \tag{6.6-1}$$

由式(6.6-1)可得

$$y_2=\frac{1}{1+c}\left[cA+\frac{W_2x_1}{k_1-W_2}-(G+x_2)\right] \tag{6.6-2}$$

对于一给定的 A 而言它是一直线。

若直线(6.6-2)的 $y_2\leqslant 0$，那么

$$\frac{1}{1+c}\left[cA+\frac{W_2x_1}{k_1-W_2}-(G+x_2)\right]\leqslant 0$$

$$Ac\leqslant -\left[\frac{W_2x_1}{k_1-W_2}-(G+x_2)\right]$$

$$A\leqslant\frac{1}{c}\left[(G+x_2)-\frac{W_2x_1}{k_1-W_2}\right]$$

因此，当

$$A\leqslant\frac{1}{c}\left[(G+x_2)-\frac{W_2x_1}{k_1-W_2}\right] \tag{6.6-3}$$

成立时，就出现 $y_2\leqslant 0$ 的情况(参见图 6-7 虚线所示)。

类似可知，当

$$A\geqslant\frac{1}{c}\left[(1+c)B_2+G+x_2-\frac{W_2x_1}{k_1-W_2}\right]$$

成立时，就出现 $y_2\geqslant B_2$ 的情况(参见图 6-9)。

当

$$\frac{1}{c}\left(G+x_2-\frac{W_2x_1}{k_1-W_2}\right)<A<\frac{1}{c}\left[(1+c)B_2+G+x_2-\frac{W_2x_1}{k_1-W_2}\right] \tag{6.6-4}$$

成立时就出现 $0<y_2<B_2$ 情况(参见图 6-8)。

不妨记

$$D_1=\frac{1}{c}\left(G+x_2-\frac{W_2x_1}{k_1-W_2}\right)$$

$$D_2=\frac{1}{c}\left[(1+c)B_2+G+x_2-\frac{W_2x_1}{k_1-W_2}\right]$$

显见 $D_2>D_1$(见图 6-10)。

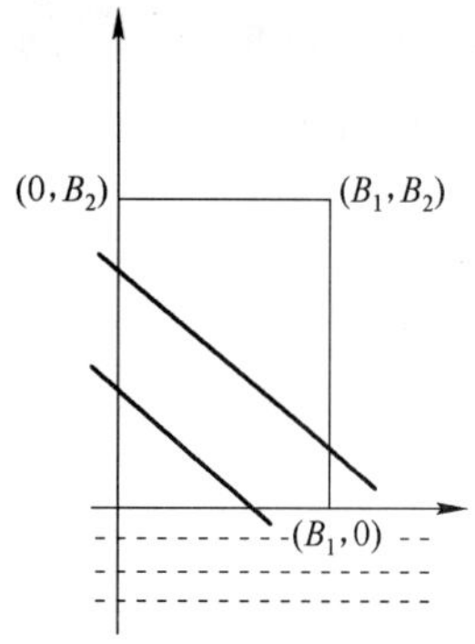

图 6-7　驻点分析(6)

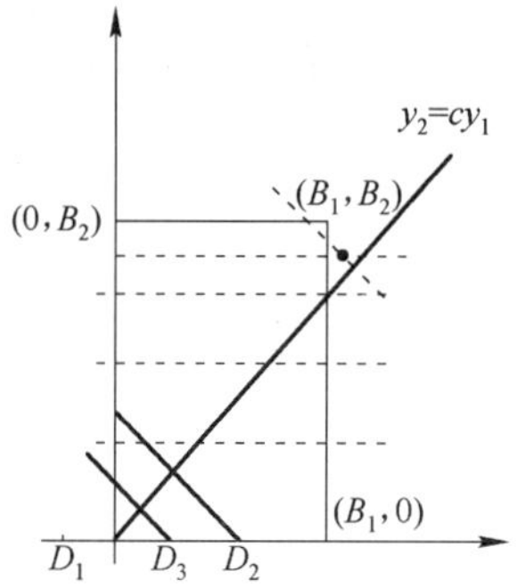

图 6-8　驻点分析(7)

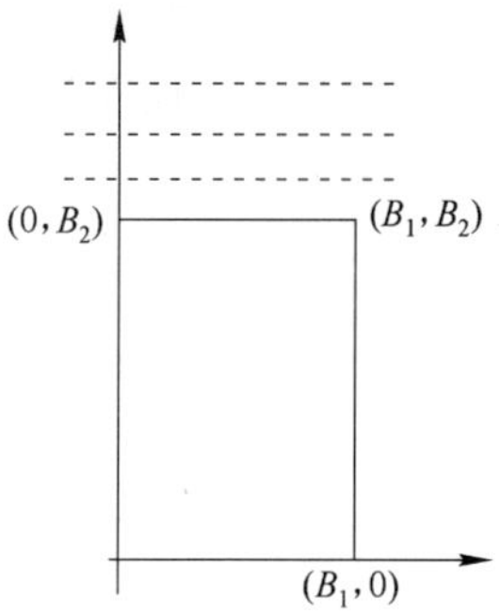

图 6-9　驻点分析(8)

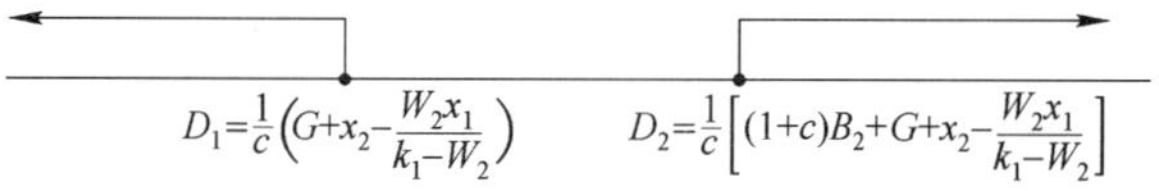

图 6-10　驻点分析(9)

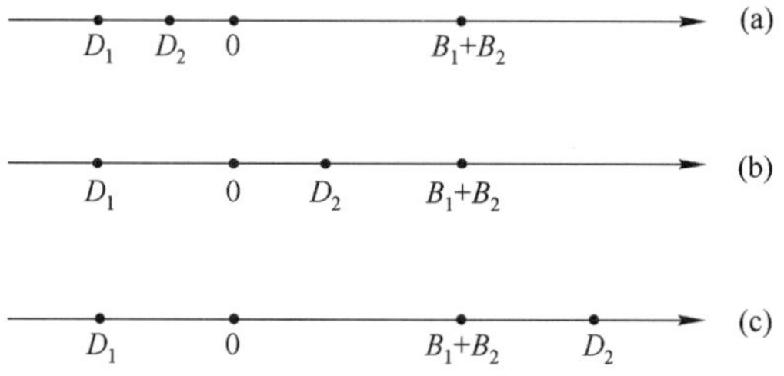

图 6-11　驻点分析(10)

(1) 如果 D_1，D_2 如图 6-11(a)所示，因为 $0\leqslant A\leqslant B_1+B_2$，所以此时恒有$A>D_2>D_1$。

此时直线(6.6-2)如图 6-9 的虚线所示。所以此时当 $A\in[0, B_2]$时，其最大速度方案为 $y_1=0$，$y_2=A$。

当 $A\in[B_2, B_1+B_2]$时，最大速度方案为 $y_1=A-B_2$，$y_2=B_2$。

因此，当 $A\in[0, B_2]$时，

$$
\begin{aligned}
V_{\max}(A)&=k_1\ln\frac{G+x_1+x_2+A}{G+x_1+x_2+A}+W_2\ln\frac{G+x_2+A}{x_2+G}\\
&=W_2\ln\frac{G+x_2+A}{x_2+G}\uparrow
\end{aligned}
$$

当 $A\in[B_2, B_1+B_2]$时，

$$
V_{\max}(A)=k_1\ln\frac{G+x_1+x_2+A}{G+x_1+x_2+B_2-c(A-B_2)}+W_2\ln\frac{G+x_2+B_2-c(A-B_2)}{x_2+G}
$$

(2) 如果 D_1,D_2 如图 6-11(b)所示，若要 $y_2\leqslant A$，只要

$$y_2=\frac{1}{1+c}\left[cA+\frac{W_2x_1}{k_1-W_2}-(G+x_2)\right]\leqslant A$$

$$A\geqslant\frac{W_2x_1}{k_1-W_2}-(G+x_2)$$

记

$$\frac{W_2x_1}{k_1-W_2}-(G+x_2)=D_3$$

那么，当 $A>D_3$ 时，$y_2<A$ 且 $y_1>0$；当 $A\leqslant D_3$ 时，$y_2\geqslant A$。

因为这时 $D_1<0$，$D_3>0$，所以当 $A\in[0, D_3]$时，$y_2\geqslant A$，最大速度方案为 $y_1=0$，$y_2=A$。

因此，当 $A\in[0, D_3]$时，

$$V_{\max}(A)=k_1\ln\frac{G+x_1+x_2+A}{G+x_1+x_2+A}+W_2\ln\frac{G+x_2+A}{x_2+G}=W_2\ln\frac{G+x_2+A}{x_2+G}\uparrow$$

当 $A\in(D_3, D_2]$时，$y_2<A$，$y_1>0$，此时最大速度方案为驻点所表示。因此，

$$V_{\max}(A)=k_1\ln\frac{G+x_1+x_2+\bar{y}_1+\bar{y}_2}{G+x_1+x_2+\bar{y}_2-c\bar{y}_1}+W_2\ln\frac{G+x_2+\bar{y}_2-c\bar{y}_1}{x_2+G}$$

$$=k_1\ln\frac{G+x_1+x_2+A}{x_1+\dfrac{W_2x_1}{k_1-W_2}}+W_2\ln\frac{\dfrac{W_2x_1}{k_1-W_2}}{x_2+G}$$

当 $A\in[D_2, B_2]$时，最大速度方案为 $y_1=0$，$y_2=A$。因此，

$$V_{\max}(A)=W_2\ln\frac{G+x_2+A}{x_2+G}\uparrow$$

当 $A\in[B_2, B_1+B_2]$时，最大速度方案为 $y_1=A-B_2$，$y_2=B_2$。因此，

$$V_{\max}(A)=k_1\ln\frac{G+x_1+x_2+A}{G+x_1+x_2+B_2-c(A-B_2)}+W_2\ln\frac{G+x_2+B_2-c(A-B_2)}{x_2+G}$$

(3) 如果 D_1，D_2 如图 6-11(c)所示，那么当 $A\in[0, D_3]$时，最大速度方案为 $y_2=A$，$y_1=0$。因此，当 $A\in[0, D_3]$时，

$$V_{\max}(A)=k_1\ln\frac{G+x_1+x_2+A}{G+x_1+x_2+A}+W_2\ln\frac{G+x_2+A}{x_2+G}$$

$$=W_2\ln\frac{G+x_2+A}{x_2+G}$$

当 $A\in[D_3, D_4]$时，最大速度方案为驻点所示。因此，

$$V_{\max}(A)=k_1\ln\frac{G+x_1+x_2+A}{x_1+\dfrac{W_2x_1}{k_1-W_2}}+W_2\ln\frac{\dfrac{W_2x_1}{k_1-W_2}}{x_2+G}$$

当 $A\in(D_4, B_1+B_2]$时，此时驻点的 $y_1>B_1$，这是因为若要

$$y_1=\frac{1}{1+c}\left(G+x_2+A-\frac{W_2x_1}{k_1-W_2}\right)\leqslant B_1$$

只要

$$A\leqslant(1+c)B_1+\frac{W_2x_1}{k_1-W_2}-(G+x_2)=D_4$$

参见图 6-12。

此时的最大速度方案为 $y_1=B_1$，$y_2=A-B_1$。因此，

$$V_{\max}(A)=k_1\ln\frac{G+x_1+x_2+A}{G+x_1+x_2+(A-B_1)-cB_1}+W_2\ln\frac{G+x_2+(A-B_1)-cB_1}{x_2+G}$$

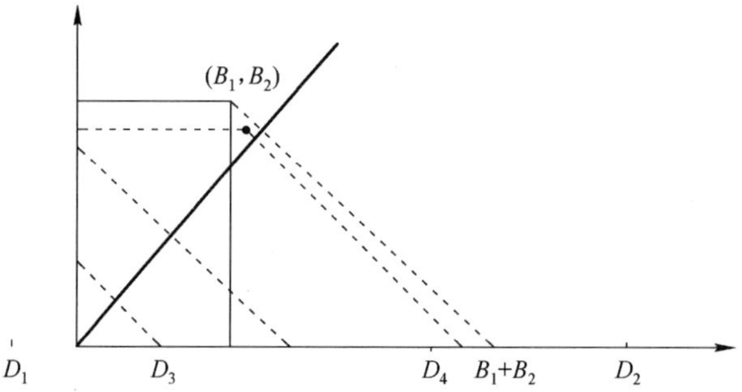

图 6-12　驻点分析(11)

综上所述可见，对于 D_1，D_2 等如本节所述的情况，以及对带一组助推火箭的单级主火箭而言，其 $V_{\max}(A)$的具体表达式，我们提供了一种求法。

显见这种方法，对于 D_1，D_2 等的其他情况其分析也是适用的。

6.7　W_i 的其他情况时带一组助推火箭的多级火箭最大的最大速度值等

现在，我们知道当 $W_1\leqslant W_2\leqslant\cdots\leqslant W_n$ 时，带一组助推火箭的多级火箭其最大速度值的一般变化规律问题已解决。

对带多组助推火箭的多级火箭在 $W_1\leqslant W_2\leqslant\cdots\leqslant W_n$ 时其最大速度值的一般变化规律显见也可类似解决。

当 $W_1>W_2$ 时，带一组助推火箭的单级主火箭，其最大速度值的一般变化规律问题也已解决。

当 $W_1>W_2<W_3$ 等情况的带一组助推火箭的三级火箭等其最大速度值的一般变化规律又可像第 3 章中 3.4 节那样解决。

因此不管 W_i 是什么情况，其最大速度值的一般变化规律问题，我们是能够解决的。

有了最大速度值一般变化规律问题的解决，那么最大的最大速度方案，最宜的推进剂量方案以及它们对应的最大的最大速度值和最省的最省推进剂方案等都可像从前那样给予解决。

6.8　最大载荷问题

在工程上要面临最大载荷问题。设 V^* 是多级火箭的最大的最大速度值，给定的速度 $V_0<V^*$，如何分配在各级火箭中的推进剂量，以使有效载荷 G 能达到最大？其他如射程改小了，载荷能增大多少等类似问题可类似处理。

(1) 首先以一个不带助推火箭的两级火箭为例开始考虑。

若
$$W_1\leqslant W_2,\ y_2+y_1=A$$

$$V_1=W_1\ln\frac{x_1+y_1+x_2+y_2+G}{x_1+x_2+y_2+G}+W_2\ln\frac{x_2+y_2+G}{x_2+G}$$

分析特征速度表达式可以看见，若 G 增大，则 $\frac{x_1+y_1+x_2+y_2+G}{x_1+x_2+y_2+G}$ 与 $\frac{x_2+y_2+G}{x_2+G}$ 均减小，也就是说 V_1 减小。因此想要使 G 达到最大，必须使 V_1 达到火箭所能达到的最大的最大速度值 $V_{\max\max}$。这样随着 G 的一步步增大，V_1 由 $V_{\max\max}$ 一步步减小，直至达到所要求的 V_0，而此时对应的 G 就是有效载荷能达到的最大量。因此能看到，只要找到最宜推进剂量方案，也就解决了最大有效载荷问题。在 $W_1\leqslant W_2$ 的情况下，对不带助推火箭的两级火箭而言，已经知道其最大的最大速度方案与最宜推进剂量方案是一致的，就是 $y_i=B_i(i=1,2)$，也就是：加满最好。因此在给定速度 V_0 的条件下，要使有效载荷 G 能增加到最大量，只要加满就行，也就是说此时 $A=B_1+B_2$。这时最大的有效载荷到底是多少呢？我们只要将 $V_1=V_0$ 与 $A=B_1+B_2$ 代入特征速度表达式，即得

$$V_0=W_1\ln\frac{x_1+x_2+A+G}{x_1+x_2+B_2+G}+W_2\ln\frac{x_2+B_2+G}{x_2+G}$$

即可求出 G 的最大量，记为 G^*。而 (G^*-G) 就是载荷所增加的量。

(2) 同样在 $W_i\leqslant W_{i+1}(i=1,2,\cdots,n-1)$ 的情况下，对不带助推火箭的多级火箭(设为 n 级)而言，

$$V_1=W_1\ln\frac{\sum_{i=1}^{n}x_i+\sum_{i=1}^{n}y_i+G}{\sum_{i=1}^{n}x_i+\left(\sum_{i=1}^{n}y_i-y_1\right)+G}+W_2\ln\frac{\left(\sum_{i=1}^{n}x_i-x_1\right)+\left(\sum_{i=1}^{n}y_i-y_1\right)+G}{\left(\sum_{i=1}^{n}x_i-x_1\right)+\left(\sum_{i=1}^{n}y_i-y_1-y_2\right)+G}+\cdots+W_n\ln\frac{x_n+y_n+G}{x_n+G}$$

分析特征速度表达式可以看见，若 G 增大，则 $\dfrac{\sum_{i=1}^{n}x_i+\sum_{i=1}^{n}y_i+G}{\sum_{i=1}^{n}x_i+(\sum_{i=1}^{n}y_i-y_1)+G}$，$\dfrac{(\sum_{i=1}^{n}x_i-x_1)+(\sum_{j=1}^{n}y_i-y_1)+G}{(\sum_{i=1}^{n}x_i-x_1)+(\sum_{i=1}^{n}y_i-y_1-y_2)+G}$，…，$\dfrac{x_n+y_n+G}{x_n+G}$ 各项也均减小，也就是说 V_1 减小。因此想要使 G 达到最大量，也必须使 V_1 达到最大的最大速度值 $V_{\max\max}$。

我们也已经知道其最大的最大速度方案与最宜推进剂量方案是一致的，就是 $y_i=B_i(i=1,2,\cdots,n)$，也就是说：此时也是加满最好。因此在给定速度 V_0 的条件下，要使有效载荷 G 能达到最大量，同样只要加满就行。那么将 $V_1=V_0$ 与 $A=\sum_{i=1}^{n}B_i$ 代入特征速度表达式，即得

$$V_0=W_1\ln\frac{\sum_{i=1}^{n}x_i+A+G}{\sum_{i=1}^{n}x_i+(A-B_1)+G}+W_2\ln\frac{(\sum_{i=1}^{n}x_i-x_1)+(A-B_1)+G}{(\sum_{i=1}^{n}x_i-x_1)+(A-B_1-B_2)+G}+\cdots+W_n\ln\frac{x_n+B_n+G}{x_n+G}$$

即可求出 G 的最大量，记为 G^*。而 (G^*-G) 就是此时载荷所增加的量。

(3) 在 $W_1\leqslant W_2$ 的情况下，如果考虑目前使用的航天飞机，而且只考虑第 1 种燃烧方式。若助推器是固体火箭，而且不允许改变推进剂量，也就是说 y_1 固定为 y_1^0。取 $c=\dfrac{\beta_2}{\beta_1}$，$k_1=\dfrac{W_1\beta_1+W_2\beta_2}{\beta_1+\beta_2}$，则特征速度表达式为

$$V_1=k_1\ln\frac{G+x_1+y_1^0+x_2+y_2}{G+x_1+x_2+y_2-cy_1^0}+W_2\ln\frac{G+x_2+y_2-cy_1^0}{x_2+G}$$

可见若 G 增大，则 $\dfrac{x_1+y_1^0+x_2+y_2+G}{x_1+x_2+y_2-cy_1^0+G}$ 与 $\dfrac{x_2+y_2-cy_1^0+G}{x_2+G}$ 均减小，也就是说 V_1 减小。因此依然是只要找到最宜推进剂量方案，也就解决了最大有效载荷问题。此时最大的最大速度方案与最宜推进剂量方案一致，就是外储箱加满最好，$y_2=B_2$。因此要使有效载荷 G 能增加到最大量，也是只要加满 y_2 就行。将 $V_1=V_0$ 与 $A=y_1^0+B_2$ 代入特征速度表达式，即得

$$V_0=k_1\ln\frac{G+x_1+x_2+A}{G+x_1+x_2+B_2-cy_1^0}+W_2\ln\frac{G+x_2+B_2-cy_1^0}{x_2+G}$$

即可求出 G 的最大量，记为 G^*。而 (G^*-G) 就是此时载荷所增加的量。

(4) 对带一组助推火箭的三级火箭而言，若助推火箭是固体火箭，而且不允许改变推进剂量，也就是说 y_1 固定为 y_1^0。也只考虑第 1 种燃烧方式

$$V_1 = k_1 \ln \frac{x_1 + y_1^0 + x_2 + y_2 + x_3 + y_3 + x_4 + y_4 + G}{x_1 + x_2 + (y_2 - cy_1^0) + x_3 + y_3 + x_4 + y_4 + G} +$$

$$W_2 \ln \frac{x_2 + (y_2 - cy_1^0) + x_3 + y_3 + x_4 + y_4 + G}{x_2 + x_3 + y_3 + x_4 + y_4 + G} +$$

$$W_3 \ln \frac{x_3 + y_3 + x_4 + y_4 + G}{x_3 + x_4 + y_4 + G} + W_4 \ln \frac{x_4 + y_4 + G}{x_4 + G}$$

同样有若 G 增大，则 $\frac{x_1+y_1^0+x_2+y_2+x_3+y_3+x_4+y_4+G}{x_1+x_2+(y_2-cy_1^0)+x_3+y_3+x_4+y_4+G}$，$\frac{x_2+(y_2-cy_1^0)+x_3+y_3+x_4+y_4+G}{x_2+x_3+y_3+x_4+y_4+G}$，$\frac{x_3+y_3+x_4+y_4+G}{x_3+x_4+y_4+G}$ 与 $\frac{x_4+y_4+G}{x_4+G}$ 均减小，也就是说 V_1 减小。因此只要找到最宜推进剂量方案，也就解决了最大有效载荷问题。此时最大的最大速度方案也与最宜推进剂量方案一致，就是主火箭加满最好，$y_i = B_i (i=2,3,4)$。因此要使有效载荷 G 能达到最大量，也是只要加满 $y_i (i=2,3,4)$ 就行。将 $V_1 = V_0$ 与 $A = y_1^0 + B_2 + B_3 + B_4$ 代入特征速度表达式，即得

$$V_0 = k_1 \ln \frac{x_1 + x_2 + x_3 + x_4 + A + G}{x_1 + x_2 + (B_2 - cy_1^0) + x_3 + B_3 + x_4 + B_4 + G} +$$

$$W_2 \ln \frac{x_2 + (B_2 - cy_1^0) + x_3 + B_3 + x_4 + B_4 + G}{x_2 + x_3 + B_3 + x_4 + B_4 + G} +$$

$$W_3 \ln \frac{x_3 + B_3 + x_4 + B_4 + G}{x_3 + x_4 + B_4 + G} + W_4 \ln \frac{x_4 + B_4 + G}{x_4 + G}$$

即可求出 G 的最大量，记为 G^*。而 $(G^* - G)$ 就是此时载荷所增加的量。

而对带一组助推火箭的 n 级火箭，若也有 y_1 固定为 y_1^0。则考虑

$$V_1 = k_1 \ln \frac{\sum_{i=1}^{n} x_i + \sum_{i=1}^{n} y_i + G}{\sum_{i=1}^{n} x_i + \sum_{i=1}^{n} y_i - (1+c) y_1^0 + G} +$$

$$W_2 \ln \frac{\left(\sum_{i=1}^{n} x_i - x_1\right) + \sum_{i=1}^{n} y_i - (1+c) y_1^0 + G}{\left(\sum_{i=1}^{n} x_i - x_1\right) + \left(\sum_{i=1}^{n} y_i - y_1^0 - y_2\right) + G} + \cdots + W_n \ln \frac{x_n + y_n + G}{x_n + G}$$

依然有随着 G 增大而 V_1 减小的性质，因此要使有效载荷 G 能达到最大量，也是只要加满就行。将 $V_1 = V_0$ 与 $A = \sum_{i=2}^{n} B_i + y_1^0$ 代入特征速度表达式，即得

$$V_0 = k_1 \ln \frac{\sum_{i=1}^{n} x_i + A + G}{\sum_{i=1}^{n} x_i + A - (1+c) y_1^0 + G} + W_2 \ln \frac{\left(\sum_{i=1}^{n} x_i - x_1\right) + A - (1+c) y_1^0 + G}{\left(\sum_{i=1}^{n} x_i - x_1\right) + (A - y_1^0 - B_2) + G} + \cdots +$$

$$W_n \ln \frac{x_n + B_n + G}{x_n + G}$$

即可求出 G 的最大量，记为 G^*。而 $(G^* - G)$ 就是此时载荷所增加的量。

(5) 以航天飞机为例来考虑，若其助推火箭的推进剂量可以改变

$$V_1 = k_1 \ln \frac{G + x_1 + y_1 + x_2 + y_2}{G + x_1 + x_2 + y_2 - cy_1} + W_2 \ln \frac{G + x_2 + y_2 - cy_1}{x_2 + G}$$

分析特征速度表达式可以看见，若 G 增大，则 $\frac{x_1+y_1+x_2+y_2+G}{x_1+x_2+y_2-cy_1+G}$ 与 $\frac{x_2+y_2-cy_1+G}{x_2+G}$ 均减小，也就是说 V_1 减小。因此能看到，只要找到最宜推进剂量方案，也就解决了最大有效载荷问题。因为此时其助推器未必是加满最好，最宜推进剂量方案需要用单元函数求极值的方法来进行分析和求解，所以最大载荷问题也只能类似处理。但是我们已经证明过此时对外储箱而言还有加满最好的性质，因此只要用单元函数求极值的方法求出助推器的最佳推进剂量，记为 y_1^*，那么将 $V_1=V_0$ 与 $A=B_2+y_1^*$ 代入特征速度表达式，即得

$$V_0 = k_1 \ln \frac{G + x_1 + x_2 + A}{G + x_1 + x_2 + B_2 - cy_1^*} + W_2 \ln \frac{G + x_2 + B_2 - cy_1^*}{x_2 + G}$$

可以立即得出最大载荷 G^*。而 $(G^* - G)$ 就是此时载荷所增加的量。

同样对带助推火箭的 n 级火箭(设为一组助推火箭)而言，若其助推火箭的推进剂量可以改变

$$V_1 = k_1 \ln \frac{\sum_{i=1}^{n} x_i + \sum_{i=1}^{n} y_i + G}{\sum_{i=1}^{n} x_i + \sum_{i=3}^{n} y_i + (y_2 - cy_1) + G} + W_2 \ln \frac{\sum_{i=2}^{n} x_i + \sum_{i=3}^{n} y_i + (y_2 - cy_1) + G}{\sum_{i=2}^{n} x_i + \sum_{i=3}^{n} y_i + G} + \cdots + W_n \ln \frac{x_n + y_n + G}{x_n + G}$$

仍然有随着 G 增大而 V_1 减小的性质，那么因为其助推火箭未必是加满最好，最宜推进剂量方案需要用单元函数求极值的方法来进行分析和求解，所以最大载荷问题也只能类似处理。但是我们已经证明过此时对主火箭而言还有加满最好的性质，因此只要用单元函数求极值的方法求出助推火箭的最佳推进剂量，记为 y_1^*，那么将 $V_1 = V_0$ 与 $A = \sum_{i=2}^{n} B_i + y_1^*$ 代入特征速度表达式，即得

$$V_0 = k_1 \ln \frac{\sum_{i=1}^{n} x_i + A + G}{\sum_{i=1}^{n} x_i + (A - y_1^*) + G} + W_2 \ln \frac{(\sum_{i=1}^{n} x_i - x_1) + (A - y_1^*) + G}{(\sum_{i=1}^{n} x_i - x_1) + (A - y_1^* - B_2) + G} + \cdots + W_n \ln \frac{x_n + B_n + G}{x_n + G}$$

依然可以立即得出最大载荷 G^*。而 $(G^* - G)$ 就是此时载荷所增加的量。

若助推火箭不止一组，而且允许改变推进剂量，也都可以类似处理。

(6) 如果出现 $W_i > W_{i+1}$ 的情况，以带一组助推火箭的单级主火箭为例来考虑，$W_1 > W_2$，

先考虑第1种燃烧方式

$$V_1 = k_1 \ln \frac{G + x_1 + y_1 + x_2 + y_2}{G + x_1 + x_2 + y_2 - cy_1} + W_2 \ln \frac{G + x_2 + y_2 - cy_1}{x_2 + G}$$

分析特征速度表达式依然有若 G 增大，则$\frac{x_1+y_1+x_2+y_2+G}{x_1+x_2+y_2-cy_1+G}$与$\frac{x_2+y_2-cy_1+G}{x_2+G}$均减小，也就是说 V_1 减小。因此能看到，只要找到最宜推进剂量方案，也就解决了最大有效载荷问题。这种最宜推进剂量方案的求法我们以前已提出，不妨记为(y_1^0, y_2^0)。将 $A=y_1^0+y_2^0$ 与 $V_1=V_0$ 代入特征速度表达式，即得

$$V_0 = k_1 \ln \frac{G + x_1 + x_2 + A}{G + x_1 + x_2 + y_2^0 - cy_1^0} + W_2 \ln \frac{G + x_2 + y_2^0 - cy_1^0}{x_2 + G}$$

就可以马上得出最大载荷值 G^*。而(G^*-G)就是此时载荷所增加的量。

总之，不管 W_i 有怎样的大小次序关系，也不论是带有几组助推火箭的多级火箭，由于我们总能求出其最宜推进剂量方案来，也可以写出其特征速度表达式，不妨记为 $V=f(y_1, y_2, \cdots, y_n, G, c)$，而且从特征速度表达式总可以看出对于一组固定的 $y_i(i=1, 2, \cdots, n)$，G 与 V 成反比。

因此对于一个给定的 $V_0<V^*$，只要把最宜推进剂量方案$\{y_i^0\}$代入特征速度表达式，就可求出 G 的最大量 G^* 来，然后由(G^*-G)可知此时载荷增加了多少。由此解决了最大有效载荷问题。

6.9 载荷改变时的优化

在工程上会面临载荷临时减小的问题。就是说，当载荷临时由 G 减小到 $\bar{G}$ 时，应当如何重新分配在各级火箭中的推进剂量，以使有效载荷 $\bar{G}$ 能达到给定的速度 V_0 且使起飞质量最小。

(1) 首先以一个不带助推火箭的两级火箭为例开始考虑。若 $W_1 \leqslant W_2$，$y_2+y_1=A$

$$V_1 = W_1 \ln \frac{x_1 + y_1 + x_2 + y_2 + G}{x_1 + x_2 + y_2 + G} + W_2 \ln \frac{x_2 + y_2 + G}{x_2 + G}$$

分析特征速度表达式可以看见，若 G 减小，则$\frac{x_1+y_1+x_2+y_2+G}{x_1+x_2+y_2+G}$与$\frac{x_2+y_2+G}{x_2+G}$均增大，也就是说 V_1 增大。因此当 G 减小到 $\bar{G}$ 时，要使 V_1 依然保持 V_0，就必须减小推进剂总量。怎样才能使推进剂总量减得最多，而速度依然保持为 V_0 呢？当然要使减少后的推进剂总量能够按最大速度方案分配，而且其能达到的最大速度值就是 V_0。因此这实质上是一个用最少的推进剂量达到指定速度的问题，其实也就是最省的最省推进剂方案问题。所以只要找到

对应于V_0和$\bar{G}$的最省的最省推进剂方案，也就解决了载荷减小问题。在$W_1 \leqslant W_2$的情况下，对不带助推火箭的两级火箭而言，已经知道其最省推进剂方案与最省的最省推进剂方案问题方案是一致的，$V_{\max}(A)$随着A的增大而单调递增，推进剂的最好加注法是先加火箭的第2级，若有多余再加火箭的第1级。因此此时要找出对应于V_0的最省的最省推进剂方案，应当先比较当火箭的第2级加满，第1级不加时所能达到的最大速度V。

若V大于V_0，说明此时火箭第1级不应当加推进剂，也就是应当去掉整个火箭第1级，而且第2级也还不必加满。代入表达式

$$V_0 = W_2 \ln \frac{x_2 + y_2 + \bar{G}}{x_2 + \bar{G}}$$

就可求出y_2此时应加的量，记为y_2^*。因此此时的最省的最省推进剂方案为$y_1=0$，$y_2=y_2^*$，也就是说，面对减小为$\bar{G}$的载荷，只要将原来的推进剂分配方案(y_1^0, y_2^0)改正为$(0, y_2^*)$，即火箭第1级应当完全去掉，火箭第2级应当减少的推进剂量为$(y_2^0 - y_2^*)$。

若V等于V_0，说明此时第2级必须加满，而且第1级中不应该加推进剂，也就是去掉第1级。这时

$$V_0 = W_2 \ln \frac{x_2 + B_2 + \bar{G}}{x_2 + \bar{G}}$$

显然推进剂分配方案为$(0, B_2)$。

若V小于V_0，说明此时第2级必须加满，而且需要在火箭第1级中加推进剂。这时代入表达式

$$V_0 = W_1 \ln \frac{x_1 + x_2 + y_1 + B_2 + \bar{G}}{x_1 + x_2 + B_2 + \bar{G}} + W_2 \ln \frac{x_2 + B_2 + \bar{G}}{x_2 + \bar{G}}$$

就可求出y_1此时应加的量，记为y_1^*。因此此时的最省的最省推进剂方案为$y_1 = y_1^*$，$y_2 = B_2$，即火箭第1级应当减少推进剂量为$y_1^0 - y_1^*$，火箭第2级的推进剂量保持为B_2不变。

但是必须注意到，如果真的发生了需要去掉整个一级火箭的情况，那么在实际应用上必然是考虑改用其他更合适的型号。比如在刚才的情况下，如果真的需要去掉火箭的第1级，那么我们就不再使用不带助推火箭的两级火箭，而是改用不带助推火箭的单级火箭。

(2) 同样在$W_i \leqslant W_{i+1}(i=1,2,\cdots, n-1)$的情况下，对不带助推火箭的多级火箭(设为$n$级)而言

$$V_1 = W_1 \ln \frac{\sum_{i=1}^{n} x_i + \sum_{i=1}^{n} y_i + G}{\sum_{i=1}^{n} x_i + (\sum_{i=1}^{n} y_i - y_1) + G} + W_2 \ln \frac{(\sum_{i=1}^{n} x_i - x_1) + (\sum_{i=1}^{n} y_i - y_1) + G}{(\sum_{i=1}^{n} x_i - x_1) + (\sum_{i=1}^{n} y_i - y_1 - y_2) + G} + \cdots + W_n \ln \frac{x_n + y_n + G}{x_n + G}$$

分析特征速度表达式可以看见，若 G 减小，则 $\dfrac{\sum\limits_{i=1}^{n} x_i + \sum\limits_{i=1}^{n} y_i + G}{\sum\limits_{i=1}^{n} x_i + (\sum\limits_{i=1}^{n} y_i - y_1) + G}$，$\dfrac{(\sum\limits_{i=1}^{n} x_i - x_1) + (\sum\limits_{i=1}^{n} y_i - y_1) + G}{(\sum\limits_{i=1}^{n} x_i - x_1) + (\sum\limits_{i=1}^{n} y_i - y_1 - y_2) + G}$，…，$\dfrac{x_n + y_n + G}{x_n + G}$ 各项均增大，也就是说 V_1 单调增大。所以现在面临的也是一个减少推进剂量的问题，只要找到此时的最省的最省推进剂方案，也就解决了载荷减小问题。

我们也已经知道其最省推进剂方案与最省的最省推进剂方案问题方案是一致的，$V_{\max}(A)$随着 A 的增大而单调递增，推进剂的最好加注法是先加火箭的第 n 级，若有多余再加火箭的第$(n-1)$级……直至主火箭第 1 级为止。因此此时要找出对应于 V_0 的最省的最省推进剂方案，应当先比较当主火箭的第 n 级加满，第$(n-1)$级至第 1 级均不加时所能达到的最大速度 V：若 V 大于或等于 V_0，说明此时主火箭第$(n-1)$级及以后各级均不应当加推进剂，也就是应该统统去掉，只要加注第 n 级即可，也就是成了一个单级火箭。这时代入表达式

$$V_0 = W_n \ln \frac{x_n + y_n + \bar{G}}{x_n + \bar{G}}$$

就可以求出 y_n 此时应加的量，记为 y_n^*。因此此时的最省的最省推进剂方案为 $y_1 = \cdots = y_{n-1} = 0$，$y_n = y_n^*$，也就是说，面对减小为 $\bar{G}$ 的载荷，只要将原来的推进剂分配方案$(y_1^0, \cdots, y_{n-1}^0, y_n^0)$改正为$(0, \cdots, 0, y_n^*)$，即火箭的前$(n-1)$级完全去掉，火箭第 n 级应当减少的推进剂量为$(y_n^0 - y_n^*)$。显然若 V 等于 V_0，说明此时第 n 级必须加满，推进剂分配方案为$(0, \cdots, 0, B_n)$；若 V 小于 V_0，说明此时第 n 级必须加满，而且需要在火箭第$(n-1)$级中加推进剂。但是加满第$(n-1)$级后是否就能达到或大于 V_0 呢？这就需要用类似上面的方法不断进行比较，直到找到 V_0 是在加满第 m 级与加满第$(m-1)$级之间，也就是说，如果加满第 m 级，则速度还小于 V_0；但如果加满第$(m-1)$级，则速度大于 V_0。于是只需要代入表达式

$$V_0 = W_{m-1} \ln \frac{\sum\limits_{i=m-1}^{n} x_i + y_{m-1} + \sum\limits_{i=m}^{n} B_i + \bar{G}}{\sum\limits_{i=m-1}^{n} x_i + \sum\limits_{i=m}^{n} B_i + \bar{G}} + W_m \ln \frac{\sum\limits_{i=m}^{n} x_i + \sum\limits_{i=m}^{n} B_i + \bar{G}}{\sum\limits_{i=m}^{n} x_i + \sum\limits_{i=m+1}^{n} B_i + \bar{G}} + \cdots + W_n \ln \frac{x_n + B_n + \bar{G}}{x_n + \bar{G}}$$

就可求出 y_{m-1} 此时应加的量，记为 y_{m-1}^*。因此此时的最省的最省推进剂方案为 $y_1 = \cdots = y_{m-2} = 0$，$y_{m-1} = y_{m-1}^*$，$y_m = B_m$，…，$y_n = B_n$，即火箭第 1 级至第$(m-2)$级应当完全去掉，火箭第$(m-1)$级应当减少的推进剂量为$(y_{m-1}^0 - y_{m-1}^*)$，火箭第 m 级及以上各级的推进剂量保持为 $B_i(i = m, m+1, \cdots, n)$不变。

同样也必须注意到，如果真的需要去掉火箭的前$(m-2)$级，那么就不再使用不带助推火箭的n级火箭，而是改用不带助推火箭的$(n-m-2)$级火箭了。因此以下不再考虑会发生去掉整个一级火箭的情况，也就是假设我们的载荷减少量没有大到需要去掉整个一级火箭的情况。

(3) 在$W_1 \leqslant W_2$的情况下，如果考虑目前使用的航天飞机，也就是带一组助推火箭的单级火箭，而且只考虑第1种燃烧方式。若助推器是固体火箭，而且不允许改变推进剂量，也就是说y_1固定为y_1^0。取$c=\dfrac{\beta_2}{\beta_1}$，$k_1=\dfrac{W_1\beta_1+W_2\beta_2}{\beta_1+\beta_2}$，则特征速度表达式为

$$V_1=k_1\ln\frac{G+x_1+y_1^0+x_2+y_2}{G+x_1+x_2+y_2-cy_1^0}+W_2\ln\frac{G+x_2+y_2-cy_1^0}{x_2+G}$$

可见若G减小，还是有V_1增大。此时$V_{\max}(A)$随着A的增大而单调递增，而助推器的推进剂量又不能改变，因此只有减少外储箱内的推进剂量。只要代入表达式

$$V_0=k_1\ln\frac{\bar{G}+x_1+x_2+y_1^0+y_2}{\bar{G}+x_1+x_2+y_2-cy_1^0}+W_2\ln\frac{\bar{G}+x_2+y_2+cy_1^0}{x_2+\bar{G}}$$

就可求出外储箱y_2此时应该加的推进剂量，记为y_2^*。因此此时的最省的最省推进剂方案为$y_1=y_1^0, y_2=y_2^*$，即助推器保持推进剂量为y_1^0不变，外储箱的推进剂量减少$(y_2^0-y_2^*)$。

(4) 对带一组助推火箭的两级火箭而言，若还有$W_1 \leqslant W_2 \leqslant W_3$，而且助推火箭是固体火箭，不允许改变推进剂量，也就是说y_1固定为y_1^0。也只考虑第1种燃烧方式

$$V_1=k_1\ln\frac{x_1+y_1^0+x_2+y_2+x_3+y_3+G}{x_1+x_2+(y_2-cy_1^0)+x_3+y_3+G}+$$

$$W_2\ln\frac{x_2+(y_2-cy_1^0)+x_3+y_3+G}{x_2+x_3+y_3+G}+W_3\ln\frac{x_3+y_3+G}{x_3+G}$$

同样有若G减小，则V_1增加。我们也已经知道$V_{\max}(A)$随着A的增大而单调递增，推进剂的最好加注法是先加主火箭的第2级，若有多余再加主火箭的第1级。因此此时要找出对应于V_0的最省的最省推进剂方案，必然是保持助推火箭与主火箭的第2级的推进剂量不变，减少主火箭第1级的推进剂量。至于此时主火箭第1级中到底应当加多少推进剂，只要代入表达式

$$V_0=k_1\ln\frac{x_1+x_2+x_3+y_1^0+y_2+B_3+\bar{G}}{x_1+x_2+(y_2-cy_1^0)+x_3+B_3+\bar{G}}+$$

$$W_2\ln\frac{x_2+(y_2-cy_1^0)+x_3+B_3+\bar{G}}{x_2+x_3+B_3+\bar{G}}+W_3\ln\frac{x_3+B_3+\bar{G}}{x_3+\bar{G}}$$

就可求出y_2此时应加的量，记为y_2^*。因此此时的最省的最省推进剂方案为$y_1=y_1^0$，$y_2=y_2^*$，$y_3=B_3$，即助推火箭保持推进剂量为y_1^0，主火箭第2级的推进剂量保持为B_3，主火箭第1级的推进剂量减少$(y_2^0-y_2^*)$。

而对带一组助推火箭的n级火箭，若也有$W_i \leqslant W_{i+1}(i=1,2,\cdots,n)$，$y_1$固定为$y_1^0$。

则考虑

$$V_1 = k_1 \ln \frac{\sum_{i=1}^{n} x_i + \sum_{i=1}^{n} y_i + G}{\sum_{i=1}^{n} x_i + \sum_{i=1}^{n} y_i - (1+c)y_1^0 + G} +$$

$$W_2 \ln \frac{(\sum_{i=1}^{n} x_i - x_1) + \sum_{i=1}^{n} y_i - (1+c)y_1^0 + G}{(\sum_{i=1}^{n} x_i - x_1) + (\sum_{i=1}^{n} y_i - y_1^0 - y_2) + G} + \cdots + W_n \ln \frac{x_n + y_n + G}{x_n + G}$$

依然有随着 G 减小而 V_1 增大的性质，因此只要找到最省的最省推进剂方案，也就解决了载荷减小问题。我们也已经知道其最省推进剂方案与最省的最省推进剂方案问题是一致的，$V_{\max}(A)$ 随着 A 的增大而单调递增，推进剂的最好加注法是先加主火箭的第 n 级，若有多余再加主火箭的第$(n-1)$级……直至主火箭第 1 级为止。因此想要减少推进剂总量，就应该从主火箭第 1 级中减。代入表达式

$$V_0 = k_1 \ln \frac{\sum_{i=1}^{n} x_i + \sum_{i=3}^{n} B_i + y_2 + y_1^0 + \overline{G}}{\sum_{i=1}^{n} x_i + \sum_{i=3}^{n} B_i + (y_2 - cy_1^0) + \overline{G}} +$$

$$W_2 \ln \frac{\sum_{i=2}^{n} x_i + \sum_{i=3}^{n} B_i + (y_2 - cy_1^0) + \overline{G}}{\sum_{i=2}^{n} x_i + \sum_{i=3}^{n} B_i + \overline{G}} + \cdots + W_n \ln \frac{x_n + B_n + \overline{G}}{x_n + \overline{G}}$$

就可求出 y_2 此时应加的量，记为 y_2^*。因此此时的最省的最省推进剂方案为 $y_1 = y_1^0$，$y_2 = y_2^*$，$y_i = B_i (i=3,4,\cdots,n+1)$，即助推火箭保持推进剂量为 y_1^0，主火箭第 2 级及以上各级的推进剂量保持为 $B_i (i=3,4,\cdots,n+1)$，主火箭第 1 级的推进剂量减少$(y_2^0 - y_2^*)$。

显然若助推火箭不止一组，但只要是固体的，而且不允许改变推进剂量，就都可以类似处理。

(5) 再考虑航天飞机，若 $W_1 \leqslant W_2$，但其助推火箭的推进剂量可以改变

$$V_1 = k_1 \ln \frac{G + x_1 + y_1 + x_2 + y_2}{G + x_1 + x_2 + y_2 - cy_1} + W_2 \ln \frac{G + x_2 + y_2 - cy_1}{x_2 + G}$$

G 减小时仍有 V_1 增大。因此能看到，只要找到最省的最省推进剂方案，也就解决了载荷减小问题。此时其助推器未必是加满最好，但是我们已经证明过此时对外储箱而言还有加满最好的性质，因此此时必须从助推器中减少推进剂量，而使外储箱保持加满状态。至于助推器内现在应该加的推进剂量，只要代入表达式

$$V_0 = k_1 \ln \frac{\overline{G} + x_1 + x_2 + B_2 + y_1}{\overline{G} + x_1 + x_2 + B_2 - cy_1} + W_2 \ln \frac{\overline{G} + x_2 + B_2 - cy_1}{x_2 + \overline{G}}$$

就可求出。由于此时求出的可能不止一个值，我们当然是选取其中最小的那一个为所求值，

并记为 y_1^* 因此此时的最省的最省推进剂方案为 $y_1=y_1^*$，$y_2=B_2$，即助推器推进剂量减少 $(y_1^0-y_1^*)$，外储箱的推进剂量保持 B_2 不变。

同样对带助推火箭的 n 级火箭(设为一组助推火箭)而言，若有 $W_i \leqslant W_{i+1}(i=1,2,\cdots,n)$，其助推火箭的推进剂量可以改变，也是只考虑第 1 种燃烧方式

$$V_1=k_1\ln\frac{\sum_{i=1}^{n}x_i+\sum_{i=1}^{n}y_i+G}{\sum_{i=1}^{n}x_i+\sum_{i=3}^{n}y_i+(y_2-cy_1)+G}+W_2\ln\frac{\sum_{i=2}^{n}x_i+\sum_{i=3}^{n}y_i+(y_2+cy_1)+G}{\sum_{i=1}^{n}x_i+\sum_{i=3}^{n}y_i+G}+\cdots+W_n\ln\frac{x_n+y_n+G}{x_n+G}$$

仍然有随着 G 减小而 V_1 增大的性质，那么虽然其助推火箭未必是加满最好，但是我们已经证明过此时对主火箭而言还有加满最好的性质，所以要求出最省的最省推进剂方案并由此解决载荷减小问题，只要用类似上面的方法代入表达式

$$V_0=k_1\ln\frac{\sum_{i=1}^{n}x_i+y_1+\sum_{i=2}^{n}B_i+\bar{G}}{\sum_{i=1}^{n}x_i+\sum_{i=2}^{n}B_i-cy_1+\bar{G}}+W_2\ln\frac{\sum_{i=2}^{n}x_i+\sum_{i=2}^{n}B_i-cy_1+\bar{G}}{\sum_{i=2}^{n}x_i+\sum_{i=3}^{n}B_i+\bar{G}}+\cdots+W_n\ln\frac{x_n+B_n+\bar{G}}{x_n+\bar{G}}$$

求出助推火箭的推进剂量，当所求不止一个值时取最小的那一个，记为 y_1^*，那么$(y_1^*,B_2,\cdots,B_{n+1})$就是所求的方案。

若助推火箭不止一组，而且允许改变推进剂量，也都可以类似处理。

(6) 如果出现 $W_i>W_{i+1}$ 的情况，以带一组助推火箭的单级主火箭为例来考虑，$W_1>W_2$，考虑第 1 种燃烧方式

$$V_1=k_1\ln\frac{G+x_1+y_1+x_2+y_2}{G+x_1+x_2+y_2-cy_1}+W_2\ln\frac{G+x_2+y_2-cy_1}{x_2+G}$$

分析特征速度表达式依然有若 G 减小，则$\frac{x_1+y_1+x_2+y_2+G}{x_1+x_2+y_2-cy_1+G}$与$\frac{x_2+y_2-cy_1+G}{x_2+G}$均增大，也就是说 V_1 增大。因此我们能看到，只要找到最省的最省推进剂方案问题方案，也就解决了载荷减小问题。这种最省的最省推进剂方案的求法我们以前已经解决，不妨记为(y_1^*,y_2^*)，它也就是所要求的分配方案。那么推进剂应该减少的量也就立即可以得出了。

应当注意，在这种情况下如果建立本身的数学模型，也能求出最省的最省推进剂方案。

总之，不管 W_i 有怎样的大小次序关系，也不论是带有几组助推火箭的多级火箭，由于根据它们各自的特征速度表达式总有 G 与 V 成反比的关系，所以载荷减少问题总能化为最省的最省推进剂方案问题。而我们已经解决了最大速度值的一般变化规律，因此立即就可以得到对应于 V_0 的最省的最省推进剂方案。同样，建立它本身的数学模型，也能直接解决最省

的最省推进剂方案问题，从而解决载荷减少问题。

6.10　几个有关问题

6.10.1　关于不带助推火箭的单级火箭

对于

$$V = W\ln\frac{x+y+G}{x+G}$$

显见

(1) W 越大则 V 越大。

(2) 记$\frac{y}{x}=B$，$x+y=A$，那么 B 越大越好。

(3) 从

$$V = W\ln\frac{x+y+G}{x+G} = W\ln\left(1+\frac{y}{x+G}\right) = W\ln\left(1+\frac{B}{1+\frac{G}{x}}\right)$$

可见对某一给定的 B 而言，A 越大则 x 越大，从而 V 越大。但 V 有上限 $W\ln(1+B)$。

这上限本应跟 x 也有关，但由于 x 很大，故$\frac{G}{x}$被忽略了，下面也如此。

也是因为有上限，所以当要求速度较大时单级火箭已不能满足要求，而需采用多级火箭。

如果 W 越大而 B 也不断增大，实际上随着科学的发展 W 和 B 等都在不断增大，那么显见 V 的上限 $W\ln(1+B)$ 也将不断增大。

这就是说：要 V 越大则 W 越大越好，B 越大越好，A 越大越好；而且 A，B，W 这 3 个参数是相互独立的。

6.10.2　关于不带助推火箭的多级火箭

设为 n 级火箭

$$V_n = W_1\ln\frac{x_1+y_1+x_2+y_2+\cdots+x_n+y_n+G}{x_1+x_2+y_2+\cdots+x_n+y_n+G}+$$

$$W_2\ln\frac{x_2+y_2+x_3+y_3+\cdots+x_n+y_n+G}{x_2+x_3+y_3+\cdots+x_n+y_n+G}+\cdots+W_n\ln\frac{x_n+y_n+G}{x_n+G}$$

显见

（1）W_i 越大则 V 越大，故不妨设 $W_i=W$。

（2）记$\frac{y_i}{x_i}=B_i$，$(x_i+y_i)=A_i(i=1,2,\cdots,n)$，可见 B_i 越大则 V 越大。不妨设 $B_i=\max(B_i)=B(i=1,2,\cdots,n)$。

（3）从$\frac{y_i}{x_i}=B(i=1,2,\cdots,n)$，$x_i+y_i=A_i$，

$$V_n=W_1\ln\left(1+\frac{y_1}{x_1+\bar{G}_{n-1}}\right)+W_2\ln\left(1+\frac{y_2}{x_2+\bar{G}_{n-2}}\right)+\cdots+W_{n-1}\ln\left(1+\frac{y_{n-1}}{x_{n-1}+\bar{G}_1}\right)+W_n\ln\left(1+\frac{y_n}{x_n+G}\right)$$

其中

$$\begin{cases}\bar{G}_{n-1}=x_2+y_2+x_3+y_3+\cdots+x_n+y_n+G\\ \quad\vdots\\ \bar{G}_1=x_n+y_n+G\end{cases}$$

我们可得 A_1 越大(即 x_1 越大)则 V_n 也越大。

但对给定的有限总质量而言，实际上，A_1，A_2，A_3，…等如何确定类似于第 1 章确定最佳质量比那样。

不妨取 A_i 跟 A_1 一样大，那么此时上限也可求出来，而且 V 随 A_i 增大而增大。

因为 $B_i=\max(B_i)=B$，x_i 相等$(i=1,2,\cdots,n)$，所以

$$\bar{G}_{n-1}=(n-1)(x_i+Bx_i)+G=(n-1)(1+B)x_i+G$$

因此

$$W\ln\left[1+\frac{y_1}{x_1+(n-1)(1+B)x_i+G}\right]=W\ln\left[1+\frac{B}{1+(n-1)(1+B)+\frac{G}{x_1}}\right]$$

同样因为

$$\begin{cases}\bar{G}_{n-2}=(n-2)(x_i+Bx_i)+G=(n-2)(1+B)x_i+G\\ \quad\vdots\\ \bar{G}_1=(x_n+Bx_n)+G=(1+B)x_n+G\end{cases}$$

所以

$$V_n=W_1\ln\left[1+\frac{B}{1+(n-1)(1+B)+\frac{G}{x_1}}\right]+W_2\ln\left[1+\frac{B}{1+(n-2)(1+B)+\frac{G}{x_2}}\right]+\cdots+$$

$$W_{n-1}\ln\left[1+\frac{B}{1+(1+B)+\dfrac{G}{x_{n-1}}}\right]+W_n\ln\left(1+\frac{B}{1+\dfrac{G}{x_n}}\right)$$

故而上限为

$$W\ln\left\{\left[1+\frac{B}{1+(n-1)(1+B)}\right]\left[1+\frac{B}{1+(n-2)(1+B)}\right]\cdots\left[1+\frac{B}{1+(1+B)}\right](1+B)\right\}$$

而 B 和 W 随着科技的发展而不断增大，所以 V_n 的上限也会不断增大。

同样，A_i，B_i,$W_i(i=1, 2, \cdots,n)$这 3 组参数也是相互独立的。

最后务请注意：上述论述都是对有限级火箭而言的，而且 W_i 也不是很大。

如果火箭的级数无限增加或者级数有限但 W_i 非常之大等情况下，上述的讨论就不合适，那时要求在相对论力学中来考虑上述问题。这一点前面已经论述过，这里不再重复。

6.10.3　关于不带助推火箭的多级火箭的一般情况

按照前面的理论，对不带助推火箭的多级火箭而言，应有：

W_i 越大越好(推进剂的比冲等越大越好)；

$\dfrac{y_i}{x_i}$越大越好(在保证强度等基础上,构件等材料越轻越好)。

而各级 A_i 的具体设计，则由第 1 章中的最佳质量比理论来解决(包括确定最佳排列)。

以上就可作为串联型多级火箭设计中的优化准则。

但若不是如此，例如对一两级火箭而言，它的有关参数是：$W_1>W_2$ 等。这又涉及 2.3 节中的最佳排列问题，而最佳排列问题的解决实际上就是为用最佳质量比理论进行多级火箭的优化设计提供帮助。

而根据最佳质量比理论设计出来的多级火箭由于误差及工艺或其他原因(例如改变载荷等)又引出第 2 章中那些关于多级火箭的结构参数的优化理论。

另外，前文已述：多级火箭的级数增加是一种提高火箭速度的好方法之一，但带来可靠性等问题，这就产生前已所述的满足工程要求的最小级数问题等。

因此我们讨论的优化准则，就是对给定的级数而言的。

6.10.4　航天飞机及带一组助推火箭的多级火箭

先看航天飞机。

对于第 1 种燃烧方式和第 2 种燃烧方式的航天飞机而言其特征速度的表达式为

$$V=\frac{W_1\beta_1+W_2\beta_2}{\beta_1+\beta_2}\ln\frac{x_1+y_1+x_2+y_2+G}{x_1+x_2+(y_2-\frac{\beta_2}{\beta_1}y_1)+G}+W_2\ln\frac{G+x_2+\left(y_2-\frac{\beta_2}{\beta_1}y_1\right)}{x_2+G}$$

显见 W_i 越大则 V 越大。当 $W_i=\max(W_i)(i=1,2)=W$ 时，V 可写成

$$V=W\ln\frac{x_1+y_1+x_2+y_2+G}{x_1+x_2+\left(y_2-\frac{\beta_2}{\beta_1}y_1\right)+G}+W\ln\frac{G+x_2+\left(y_2-\frac{\beta_2}{\beta_1}y_1\right)}{x_2+G}$$

$$\frac{\partial V}{\partial\beta_1}=\frac{-W}{G+x_1+x_2+\left(y_2-\frac{\beta_2}{\beta_1}y_1\right)}\left(\frac{1}{\beta_1^2}\right)(\beta_2y_1)+\frac{W}{G+x_2+\left(y_2-\frac{\beta_2}{\beta_1}y_1\right)}\left(\frac{1}{\beta_1^2}\right)(\beta_2y_1)>0$$

$$\frac{\partial V}{\partial\beta_2}=\frac{-W}{G+x_1+x_2+\left(y_2-\frac{\beta_2}{\beta_1}y_1\right)}\left(-\frac{y_1}{\beta_1}\right)+\frac{W}{G+x_2+\left(y_2-\frac{\beta_2}{\beta_1}y_1\right)}\left(-\frac{y_1}{\beta_1}\right)<0$$

这就是说要 V 越大则要求 β_1 越大，而 β_2 越小，极限是 $\beta_2=0$，$\beta_1=\max(\beta_1)=\beta$。

此时

$$V=W\ln\frac{x_1+y_1+x_2+y_2+G}{x_1+x_2+y_2+G}+W\ln\frac{G+x_2+y_2}{x_2+G}$$

这就是说：如果载荷较大，为了保证从地面起飞需要助推火箭。如果助推火箭能满足关于推力的要求，那么从特征速度的角度来看这个带着一组助推火箭的航天飞机还不如退化成为一个类似前面的两级火箭(即把它的一组助推火箭作为第 1 级)，也即主火箭不要与助推火箭同时燃烧为好。如果助推火箭的推力不够，那么主火箭就用能满足推力要求的最小 β_2。

从优化设计而言，一经退化成前面所述的两级火箭，那么显然又有结论：W_i 和 B_i 越大越好。而 A_1，A_2 等具体要由最佳质量比的理论来确定(包括确定最佳排列)。

上述论证显然对带一组助推火箭的多级火箭也成立。

其他情况显然可类似叙述。

6.10.5 航天飞机及带一组助推火箭及一般混合型的多级火箭的一般情况

如果助推火箭和主火箭的 W_i 和 B_i 等不是 6.10.4 节中所述的情况，那么通过最佳质量比计算后(包括 β_i 的优化选择)，它显然也有一个最佳排列问题，这个最佳排列问题显然又可像 2.3 节那样去讨论。

这个最佳排列问题的解决又为航天飞机及带一组助推火箭的单级主火箭的优化设计提供了理论根据。它实际上也是在多种的排列中选优。

同样由这样优化设计出来的航天飞机及带一组助推火箭的单级主火箭，制造成型后，由

于误差及工艺等原因，又引出我们以前已作的一系列关于带有助推火箭的多级火箭(包括航天飞机)其结构参数优化的讨论(如果 β_i 可选择，那么包括 β_i 的优化选择)。

至于带多组助推火箭的多级火箭的一般情况，显然也可类似解决。但特殊情况则解决得更好，例如下节的情况。若工程上要用 $W_1 \leqslant W_2 \leqslant \cdots \leqslant W_n$ 的情况，或在一般情况下选出的最佳排列就是 $W_1 \leqslant W_2 \leqslant \cdots \leqslant W_n$ 的情况，这时下节中的优化和较优准则就会在设计和选优的计算及制造后的二次优化等方面显示出很大的优点。

6.10.6　带 n 组助推火箭的情况

本节讨论带 n 组助推火箭的多级火箭的一种情况(对它们的其他情况的讨论显然可类似地进行)。

此时优化准则也会要求 W_i 越大越好。

不妨设主火箭是单级而助推火箭有 $(n-1)$ 组。

那么在 $W_i = W = \max(W_i)$ $(i=1, 2, \cdots, n)$ 时，我们又可得到 $\frac{\partial V}{\partial \beta_1} > 0$，$\frac{\partial V}{\partial \beta_n} < 0$。而在 $\beta_n = 0$ 时，又可得 $\frac{\partial V}{\partial \beta_{n-1}} < 0$……及至 $\frac{\partial V}{\partial \beta_2} < 0$(参见下节)。

根据这个性质，我们可得到如下结果。

(1) 若每组助推火箭的推力能满足要求，那么并联不如串联，即这个带有 $(n-1)$ 组助推火箭的单级火箭还不如退化为一个 n 级的串联火箭。

(2) 若助推火箭虽然只有一组但个数很多，例如同类型的有 8 个，若 4 个推力就能满足，那么在保证稳定性等情况下可先点 4 个，而把另 4 个看做第 2 组助推火箭。其他个数很多的组显然可类似处理。这说明推力大了也不好。

(3) 若第 1 组助推火箭推力不够，那么第 2 组助推火箭以满足推力的最小 β 供给之。

若第 1 组、第 2 组助推火箭的总推力还不够要求，那么第 3 组助推火箭以满足推力的最小 β 供给之……如此直到满足推力。

因此设计一带有 $(n-1)$ 组助推火箭及单级主火箭的多级火箭，其助推火箭的各组推力要刚好满足要求：太小不行，太大不好；而这个并联式的火箭按优化准则应退化为一个串联式的 n 级火箭；当然这是并联式的串联，与以往的串联不同。

这一类外形是并联，实则以串联形式燃烧的多级火箭，虽然其气动阻力等会受影响，但它的优点(例如重心低、可靠性好、检测和试验等都方便)是显而易见的，因此这种形式的火箭设计是很值得有关的实际工作者考虑的。

至于这时 W_i，B_i，A_i 的情况，前文已述，不再重复。

以上就是关于优化准则的情况。

如果 $W_1<W_2<\cdots<W_n$，那显然不是优化，但那时也有上述的性质及结论。而其他不符合优化准则的情况显然也可像以前所述的那样去处理。参见下节。

当然，将来若设计空天飞机，其发动机能利用大气中的氧，又能在空间飞行，那么可省下一部分推进剂。到了高空后再利用这个发动机及自带的推进剂，这就相当于两级火箭了。如果再考虑推进剂有所突破等，那么发射一般的航天器就不会有什么问题。

这样发射的航天器，既可返回，在发射过程中也不损失任何不该损失的东西。而现在有的航天器的发射是要丢掉用尽后的火箭的外壳和发动机等；现在的航天飞机要丢掉用尽后的外储箱等。

如果再利用其他星球(包括月球等卫星)的引力、太阳能及电离层的潜在能量等，那么航天器将会飞得更远。虽然加速时间将会延长，模型也会有所改变，但显然这仍是极大的优化。

6.11 关于并联型多级火箭的优化准则、较优准则等及一些有关性质的说明

6.11.1 带助推火箭的多级火箭的优化准则

首先考虑带一组助推火箭的单级主火箭。若其助推火箭对应的参数为：x_1；y_1，W_1，β_1；单级主火箭对应的参数为：x_2，y_2，W_2，β_2；载荷为 G(见图 6-13)。这里 y_i 是各部分所装的推进剂量，x_i 是各部分的余下质量，W_i 是各自对应的喷气速度，β_i 是对应的秒耗量($i=1,2$)。$\dfrac{y_1}{\beta_1}\leqslant\dfrac{y_2}{\beta_2}$。已知此时的特征速度为

$$V=\frac{W_1\beta_1+W_2\beta_2}{\beta_1+\beta_2}\ln\frac{G+x_1+y_1+x_2+y_2}{G+x_1+x_2+\left(y_2-\dfrac{y_1}{\beta_1}\beta_2\right)}+W_2\ln\frac{G+x_2+\left(y_2-\dfrac{y_1}{\beta_1}\beta_2\right)}{x_2+G}$$

(1) W_i 可以改变的情况下，由特征速度表达式可以马上看出，显然 W_i 越大，V 就会越大。因此应该令 W_i 均取目前工程所允许的最大值。这也说明，未来随着技术的进步，所选取的新型燃料如果喷气速度更大，则火箭所能达到的速度也就会越大。

(2) β_i 可以改变的情况下，若 $W_1=W_2=W$，火箭的特征速度可以写为

$$V=W\ln\left[\frac{G+x_1+y_1+x_2+y_2}{G+x_1+x_2+\left(y_2-\dfrac{y_1}{\beta_1}\beta_2\right)}\,\frac{G+x_2+\left(y_2-\dfrac{y_1}{\beta_1}\beta_2\right)}{x_2+G}\right]$$

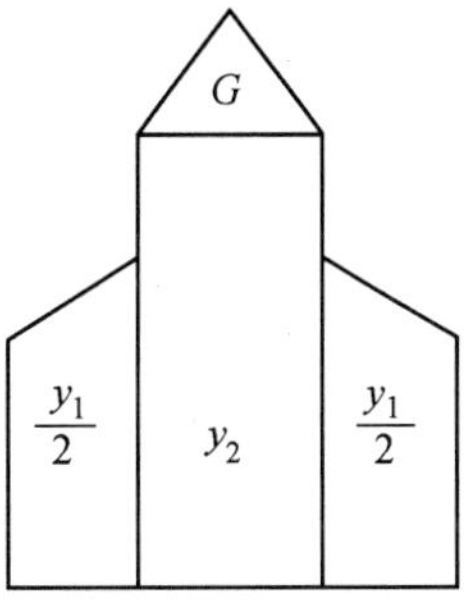

图 6-13　带一组助推火箭的单级主火箭

由于

$$\frac{1}{W}\frac{\partial V}{\partial\beta_1}=-\frac{1}{x_1+x_2+y_2+G-\dfrac{\beta_2}{\beta_1}y_1}\,\frac{y_1\beta_2}{\beta_1^2}+\frac{1}{x_2+y_2+G-\dfrac{\beta_2}{\beta_1}y_1}\,\frac{y_1\beta_2}{\beta_1^2}>0$$

可见随着 β_1 的变大，速度值增加；因此 β_1 越大越好。而 β_1 的变化范围是 $0\leqslant\beta_1\leqslant\beta$，其中 β 是现在工程上能够达到的最大值。

同时由于

$$\frac{1}{W}\frac{\partial V}{\partial\beta_2}=-\frac{1}{x_1+x_2+y_2+G-\dfrac{\beta_2}{\beta_1}y_1}\,\frac{y_1}{\beta_1}-\frac{1}{x_2+y_2+G-\dfrac{\beta_2}{\beta_1}y_1}\,\frac{y_1}{\beta_1}<0$$

就可以知道随着 β_2 的变大，速度值减小；因此 β_2 越小越好，也就是 β_2 应该尽可能达到 0。

β_1 越大越好，β_2 却是越小越好，这说明在第 1 级的推力满足要求时，为了达到更大的速度，这个带一组助推火箭的单级火箭最后退化成为一个不带助推火箭的两级火箭了，而且点火顺序是 y_1，y_2。

下面对带 n 组助推火箭的单级火箭进行讨论。考虑一个带 n 组助推火箭的单级主火箭（如图 6-14），则特征速度表达式为

$$V=\frac{\sum\limits_{i=1}^{n+1}W_i\beta_i}{\sum\limits_{i=1}^{n+1}\beta_i}\ln\frac{\sum\limits_{i=1}^{n+1}(x_i+y_i)+\sum\limits_{i=n+2}^{n+m}(x_i+y_i)+G}{\sum\limits_{i=1}^{n+1}(x_i+y_i)-\dfrac{y_1}{\beta_1}\sum\limits_{i=1}^{n+1}\beta_i+\sum\limits_{i=n+2}^{n+m}(x_i+y_i)+G}+$$

$$\frac{\sum\limits_{i=2}^{n+1}W_i\beta_i}{\sum\limits_{i=2}^{n+1}\beta_i}\ln\frac{\sum\limits_{i=2}^{n+1}(x_i+y_i)-\dfrac{y_1}{\beta_1}\sum\limits_{i=2}^{n+1}\beta_i+\sum\limits_{i=n+2}^{n+m}(x_i+y_i)+G}{\sum\limits_{i=2}^{n+1}(x_i+y_i)-\dfrac{y_2}{\beta_2}\sum\limits_{i=2}^{n+1}\beta_i+\sum\limits_{i=n+2}^{n+m}(x_i+y_i)+G}+\cdots+$$

$$\frac{\sum\limits_{i=k}^{n+1}W_i\beta_i}{\sum\limits_{i=k}^{n+1}\beta_i}\ln\frac{\sum\limits_{i=k}^{n+1}(x_i+y_i)-\dfrac{y_{k-1}}{\beta_{k-1}}\sum\limits_{i=k}^{n+1}\beta_i+\sum\limits_{i=n+2}^{n+m}(x_i+y_i)+G}{\sum\limits_{i=k}^{n+1}(x_i+y_i)-\dfrac{y_k}{\beta_k}\sum\limits_{i=k}^{n+1}\beta_i+\sum\limits_{i=n+2}^{n+m}(x_i+y_i)+G}+\cdots+$$

$$W_{n+1}\ln\frac{x_{n+1}+\left(y_{n+1}-\dfrac{y_n}{\beta_n}\beta_{n+1}\right)+\sum\limits_{i=n+2}^{n+m}(x_i+y_i)+G}{x_{n+1}+\sum\limits_{i=n+2}^{n+m}(x_i+y_i)+G}$$

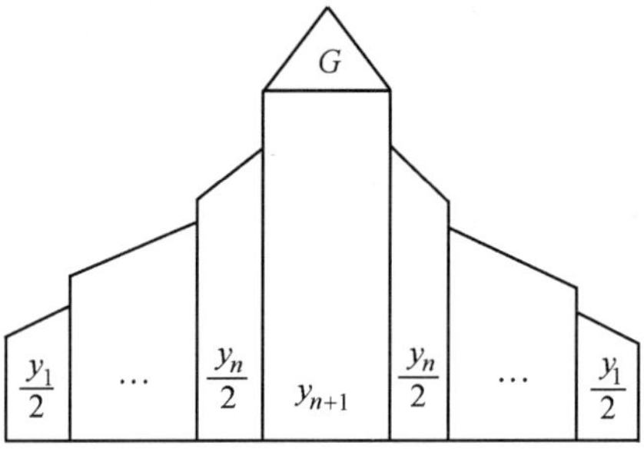

图 6-14　带 n 组助推火箭的单级主火箭

(1) W_i 可以改变的情况下，显然可以看到 W_i 越大，V 就会越大。所以应该令 W_i 均取目前工程所允许的最大值。

(2) β_i 可以改变的情况下，若 $W_i=W(i=1,2,\cdots,n+1)$，火箭的特征速度可以写为

$$V=W\ln\left[\frac{\sum_{i=1}^{n+1}(x_i+y_i)+G}{\sum_{i=1}^{n+1}(x_i+y_i)-\frac{y_1}{\beta_1}\sum_{i=1}^{n+1}\beta_i+G}\frac{\sum_{i=2}^{n+1}(x_i+y_i)-\frac{y_1}{\beta_1}\sum_{i=2}^{n+1}\beta_i+G}{\sum_{i=2}^{n+1}(x_i+y_i)-\frac{y_2}{\beta_2}\sum_{i=2}^{n+1}\beta_i+G}\cdots\right.$$

$$\left.\frac{\sum_{i=k}^{n+1}(x_i+y_i)-\frac{y_{k-1}}{\beta_{k-1}}\sum_{i=k}^{n+1}\beta_i+G}{\sum_{i=k}^{n+1}(x_i+y_i)-\frac{y_k}{\beta_k}\sum_{i=k}^{n+1}\beta_i+G}\cdots\frac{x_{n+1}+(y_{n+1}-\frac{y_n}{\beta_n}\beta_{n+1})+G}{x_{n+1}+G}\right]$$

由于

$$\frac{1}{W}\frac{\partial V}{\partial\beta_{n+1}}=\frac{y_1}{\beta_1}\frac{1}{\sum_{i=1}^{n}(x_i+y_i)-\frac{y_1}{\beta_1}\sum_{i=1}^{n}\beta_i+x_{n+1}+y_{n+1}-\frac{y_1}{\beta_1}\beta_{n+1}+G}+$$

$$\left(-\frac{y_1}{\beta_1}\right)\frac{1}{\sum_{i=2}^{n}(x_i+y_i)-\frac{y_1}{\beta_1}\sum_{i=1}^{n}\beta_i+x_{n+1}+y_{n+1}-\frac{y_1}{\beta_1}\beta_{n+1}+G}+\cdots+$$

$$\frac{y_k}{\beta_k}\frac{1}{\sum_{i=k}^{n+1}(x_i+y_i)-\frac{y_k}{\beta_k}\sum_{i=k}^{n+1}\beta_i+G}+\left(-\frac{y_k}{\beta_k}\right)\frac{1}{\sum_{i=k+1}^{n+1}(x_i+y_i)-\frac{y_k}{\beta_k}\sum_{i=k}^{n+1}\beta_i+G}+\cdots+$$

$$\frac{y_n}{\beta_n}\frac{1}{(x_n+x_{n+1})+(y_{n+1}-\frac{y_n}{\beta_n}\beta_{n+1})+G}+\left(-\frac{y_n}{\beta_n}\right)\frac{1}{x_{n+1}+\left(y_{n+1}-\frac{y_n}{\beta_n}\beta_{n+1}\right)+G}<0$$

就可以知道随着 β_{n+1} 的变大，速度值减小；因此 β_{n+1} 越小越好，也就是 β_{n+1} 应该尽可能达到 0。

下面先取 $n=2$，既然 β_{n+1} 应该尽可能达到 0，那么现在考虑优化就应该在 $\beta_3=0$ 的情况下进行，也就是说主火箭暂时不点燃。此时这个带两组助推火箭的单级主火箭实质上就退化为一个带一组助推火箭的单级主火箭，其中以 y_2 部分为主火箭，以 y_1 部分为助推火箭，而 y_3 部分成为载荷的一部分。而作为一个带一组助推火箭的单级主火箭，本文第一部分已有结

论：此时 β_1 越大越好，β_2 越小越好，也就是 β_2 应该尽可能达到 0。由此确定了此时的点火顺序是 y_1，y_2，y_3。

类似地考虑 $n=3$，同样既然 β_{n+1} 应该尽可能达到 0，那么考虑优化就应该在 $\beta_4=0$ 的情况下进行，也就是说主火箭暂时不点燃。此时这个带三组助推火箭的单级主火箭实质上就退化为一个带两组助推火箭的单级主火箭，其中以 y_3 部分为主火箭，以 y_1，y_2 部分为两组助推火箭，而 y_4 部分成为载荷的一部分。而带两组助推火箭的单级主火箭上面又已经得到结论：我们得到此时 β_1 越大越好，β_3 越小越好，也就是 β_3 应该尽可能达到 0；而在 β_3 达到 0 的情况下，β_2 越小越好，也就是 β_2 也应该尽可能达到 0。由此又确定了此时的点火顺序是 y_1，y_2，y_3，y_4。

反复应用上述过程，确定了带 n 组助推火箭的单级主火箭的点火顺序是 y_1，y_2，y_3，…，y_n，y_{n+1}。

因此如果下面各级的推力刚好满足要求(前已说明推力太大也不好)，为了达到更大的速度，带 n 组助推火箭的单级火箭则退化为“串联型”的$(n+1)$级火箭为好。

既然此时带 n 组助推火箭的单级火箭已经退化为“串联型”的$(n+1)$级火箭，那么通过对不带助推火箭的多级火箭性质的详细讨论，已经知道此时 B_i 总是越大越好。

但是 A_i 到底如何，要通过最佳质量比求出(包括确定最佳排列)。这就是带 n 组助推火箭的多级火箭在设计中要使特征速度达到最大的最优化准则。

对已制造成型的带 n 组助推火箭的多级火箭，例如带两组助推火箭的单级火箭，在各组(级)火箭喷气速度相等(注意并不要求都达到最大值)，例如在 $W_1=W_2=W_3=W_0$ 这种情况下，按照上文对 β_i 的讨论，β_1 已知是越大越好，而 β_2 与 β_3 都是越小越好。在单凭第一组助推火箭不能够把载荷送上去的时候，到底让 y_2 与 y_3 中的哪一个与 y_1 一起燃烧比较好呢？由于无论 β_1 与 β_2 大小如何，β_3 都是越小越好；而在 $\beta_3=0$ 的前提下我们才得到 β_2 越小越好的性质，所以应该尽量保持 $\beta_3=0$，也就是应该让 y_2 与 y_1 一起先燃烧比较好，而且 β_2 在达到推力要求的情况下越小越好。

如果与 y_1 一起点燃 y_2，哪怕其秒耗量 β_2 达到最大值也还不足以补足推力的话，那么只好同时点燃 y_1，y_2 与 y_3，此时由“β_3 越小越好”可知，β_1，β_2 应该尽可能达到现在工程上能够达到的最大值，但 y_3 不要求其秒耗量达到最大值，而是在达到推力要求的情况下尽可能地让秒耗量 β_3 小。如此等等，直到满足推力为止。

对已制造成型的带 n 组助推火箭的多级火箭而言，如果各组(级)火箭喷气速度相等(也不要求都一定要达到最大值)，显然其点火次序等问题也可以类似安排。

显见当 $W_i=W$ 时，对带 n 组助推火箭的 m 级火箭而言，也有上述性质。

6.11.2　一定要用 $W_1<W_2<\cdots<W_{n+1}$ 时的较优准则

同样先考虑带一组助推火箭的单级主火箭，依然考虑 $\frac{y_1}{\beta_1}\leqslant\frac{y_2}{\beta_2}$ 的情况，并有 $W_1<W_2$。已

知此时的特征速度为

$$V=\frac{W_1\beta_1+W_2\beta_2}{\beta_1+\beta_2}\ln\frac{G+x_1+y_1+x_2+y_2}{G+x_1+x_2+\left(y_2-\dfrac{y_1}{\beta_1}\beta_2\right)}+W_2\ln\frac{G+x_2+\left(y_2-\dfrac{y_1}{\beta_1}\beta_2\right)}{x_2+G}$$

由于

$$\frac{\partial V}{\partial\beta_1}=\frac{W_1\beta_2-W_2\beta_2}{(\beta_1+\beta_2)}\ln(x_1+y_1+x_2+y_2+G)-\frac{W_1\beta_2-W_2\beta_2}{(\beta_1+\beta_2)^2}\ln\left(x_1+x_2+y_2+G-\frac{\beta_2}{\beta_1}y_1\right)-$$
$$\frac{W_1\beta_1+W_2\beta_2}{\beta_1+\beta_2}\frac{1}{x_1+x_2+y_2+G-\dfrac{\beta_2}{\beta_1}y_1}\frac{y_1\beta_2}{\beta_1^2}+W_2\frac{1}{x_2+y_2+G-\dfrac{\beta_2}{\beta_1^2}y_1}\frac{y_1\beta_2}{\beta_1^2}$$
$$>\frac{(W_1-W_2)\beta_2}{(\beta_1+\beta_2)^2}\frac{1}{x^2+x_2+y_2+G-\dfrac{\beta_2}{\beta_1}y_1}\frac{y_1(\beta_1+\beta_2)}{\beta_1}+\frac{W_2\beta_1-W_1\beta_1}{\beta_1+\beta_2}\frac{y_1\beta_2}{\beta_1^2}\times$$
$$\frac{1}{x_1+x_2+y_2+G-\dfrac{\beta_2}{\beta_1}y_1}$$
$$=\frac{1}{x_1+x_2+y_2+G-\dfrac{\beta_2}{\beta_1}y_1}\left[\frac{(W_2-W_1)\beta_1}{\beta_1+\beta_2}\frac{y_1\beta_2}{\beta_1^2}-\frac{(W_2-W_1)\beta_2}{(\beta_1+\beta_2)_2^2}\frac{y_1(\beta_1+\beta_2)}{\beta_1}\right]=0$$

可见随着 β_1 的变大，速度值增加；因此 β_1 越大越好。而 β_1 的变化范围是 $0\leqslant\beta_1\leqslant\beta$，其中 β 是现在工程上能够达到的最大值。

类似地，由于

$$\frac{\partial V}{\partial\beta_2}=\frac{W_2\beta_1-W_1\beta_1}{(\beta_1+\beta_2)^2}\ln(x_1+y_1+x_2+y_2+G)-\frac{W_2\beta_1-W_1\beta_1}{(\beta_1+\beta_2)^2}\ln\left(x_1+x_2+y_2+G-\frac{\beta_2}{\beta_1}y_1\right)-$$
$$\frac{W_1\beta_1+W_2\beta_2}{\beta_1+\beta_2}\frac{1}{x_1+x_2+y_2+G-\dfrac{\beta_2}{\beta_1}y_1}\left(-\frac{y_1}{\beta_1}\right)+W_2\frac{1}{x_2+y_2+G-\dfrac{\beta_2}{\beta_1}y_1}\left(-\frac{y_1}{\beta_1}\right)$$
$$<\frac{(W_2-W_1)\beta_1}{(\beta_1+\beta_2)^2}\frac{\cdot\ 1}{x_1+x_2+y_2+G-\dfrac{\beta_2}{\beta_1}y_1}\frac{y_1(\beta_1+\beta_2)}{\beta_1}+\frac{W_1\beta_1-W_2\beta_1}{\beta_1+\beta_2}\frac{y_1}{\beta_1}\times$$
$$\frac{1}{x_1+x_2+y_2+G-\dfrac{\beta_2}{\beta_1}y_1}$$
$$=\frac{1}{x_1+x_2+y_2+G-\dfrac{\beta_2}{\beta_1}y_1}\left[\frac{W_2-W_1}{\beta_1+\beta_2}y_1-\frac{(W_2-W_1)\beta_1}{\beta_1+\beta_2}\frac{y_1}{\beta_1}\right]=0$$

就可以知道随着 β_2 的变大，速度值减小；因此 β_2 越小越好，也就是 β_2 应该尽可能达到 0。

β_1 越大越好，β_2 却是越小越好，这说明此时如果单凭助推火箭就有足够的推力的话，就应该先对 y_1 点火，而不要点燃 y_2；也就是说这个带一组助推火箭的单级主火箭实质上退化为一个串联式的两级火箭，它以 y_1 为第 1 级，以 y_2 为第 2 级。由此也确定了在推力允许的范围内的点火顺序是 y_1，y_2。

显然，如果面对的是带一组助推火箭的多级火箭，例如带一组助推火箭的两级火箭(见图 6-15)和带一组助推火箭的三级火箭(见图 6-16)那么由其特征速度表达式分别为

$$V_3=\frac{W_1\beta_1+W_2\beta_2}{\beta_1+\beta_2}\ln\frac{G+x_1+y_1+x_2+y_2+x_3+y_3}{G+x_1+x_2+\left(y_2-\frac{y_1}{\beta_1}\beta_2\right)+x_3+y_3}+$$

$$W_2\ln\frac{G+x_2+\left(y_2-\frac{y_1}{\beta_1}\beta_2\right)+x_3+y_3}{x_2+x_3+y_3+G}+W_3\ln\frac{x_3+y_3+G}{x_3+G}$$

$$V_4=\frac{W_1\beta_1+W_2\beta_2}{\beta_1+\beta_2}\ln\frac{G+x_1+y_1+x_2+y_2+x_3+y_3+x_4+y_4}{G+x_1+x_2+\left(y_2-\frac{y_1}{\beta_1}\beta_2\right)+x_3+y_3+x_4+y_4}+$$

$$W_2\ln\frac{G+x_2+\left(y_2-\frac{y_1}{\beta_1}\beta_2\right)+x_3+y_3+x_4+y_4}{x_2+x_3+y_3+x_4+y_4+G}+W_3\ln\frac{x_3+y_3+x_4+y_4+G}{x_3+x_4+y_4+G}+$$

$$W_4\ln\frac{x_4+y_4+G}{x_4+G}$$

可知刚才所做的讨论依然有效。因此对带一组助推火箭的多级火箭而言，在推力允许的范围内的点火顺序都有：先点燃助推火箭，然后依次点燃主火箭各级的优化准则成立。

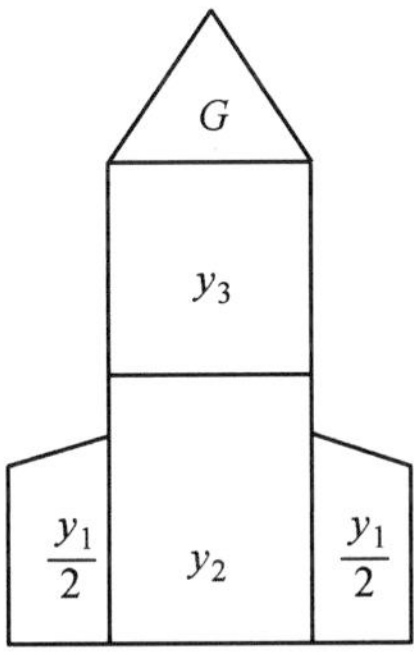

图 6-15　带一组助推火箭的两级火箭

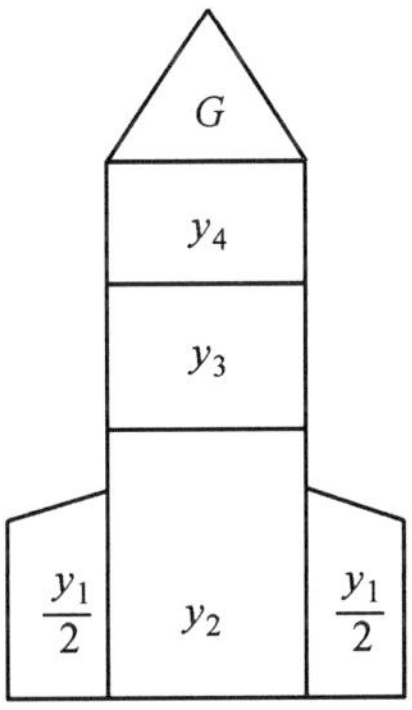

图 6-16　带一组助推火箭的三级火箭

下面接着考虑一个带 n 组助推火箭的单级主火箭(见图 6-14)，则特征速度表达式为

$$V_{n+1}=\frac{\sum_{i=1}^{n+1}W_i\beta_i}{\sum_{i=1}^{n+1}\beta_i}\ln\frac{\sum_{i=1}^{n+1}(x_i+y_i)+G}{\sum_{i=1}^{n+1}(x_i+y_i)-\frac{y_1}{\beta_1}\sum_{i=1}^{n+1}\beta_i+G}+\frac{\sum_{i=1}^{n+1}W_i\beta_i}{\sum_{i=2}^{n+1}\beta_i}\ln\frac{\sum_{i=2}^{n+1}(x_i+y_i)-\frac{y_1}{\beta_1}\sum_{i=2}^{n+1}\beta_i+G}{\sum_{i=2}^{n+1}(x_i+y_i)-\frac{y_2}{\beta_2}\sum_{i=2}^{n+1}\beta_i+G}+\cdots+$$

$$\frac{\sum_{i=k}^{n+1}W_i\beta_i}{\sum_{i=k}^{n+1}\beta_i}\ln\frac{\sum_{i=k}^{n+1}(x_i+y_i)-\frac{y_{k-1}}{\beta_{k-1}}\sum_{i=k}^{n+1}\beta_i+G}{\sum_{i=k}^{n+1}(x_i+y_i)-\frac{y_k}{\beta_k}\sum_{i=k}^{n+1}\beta_i+G}+\cdots+W_{n+1}\ln\frac{x_{n+1}+\left(y_{n+1}-\frac{y_n}{\beta_n}\beta_{n+1}\right)+G}{x_{n+1}+G}$$

$$\frac{\partial V}{\partial \beta_{n+1}}=\frac{W_{n+1}(\beta_1+\beta_2+\cdots+\beta_{n+1})-(W_1\beta_1+W_2\beta_2+\cdots+W_{n+1}\beta_{n+1})}{(\beta_1+\beta_2+\cdots+\beta_{n+1})^2}\ln[(x_1+y_2)+\cdots+$$

$$(x_{n+1}+y_{n+1})+G]-\frac{W_{n+1}(\beta_1+\beta_2+\cdots+\beta_{n+1})-(W_1\beta_1+W_2\beta_2+\cdots+W_{n+1}\beta_{n+1})}{(\beta_1+\beta_2+\cdots+\beta_{n+1})^2}\times$$

$$\ln\left[(x_1+y_1)+\cdots+(x_{n+1}+y_{n+1})+G-\frac{y_1}{\beta_1}(\beta_1+\beta_2+\cdots+\beta_{n+1})\right]+\left(-\frac{y_1}{\beta_1}\right)\times$$

$$\frac{W_1\beta_1+W_2\beta_2+\cdots+W_{n+1}\beta_{n+1}}{\beta_1+\beta_2+\cdots+\beta_{n+1}}\frac{1}{(x_1+y_1)\cdots+(x_{n+1}+y_{n+1})+G-\frac{y_1}{\beta_1}(\beta_1+\beta_2+\cdots+\beta_{n+1})}+$$

$$\frac{W_{n+1}(\beta_2+\beta_3+\cdots+\beta_{n+1})-(W_2\beta_2+W_3\beta_3+\cdots+W_{n+1}\beta_{n+1})}{(\beta_2+\beta_3+\cdots+\beta_{n+1})^2}\ln[(x_2+y_2)+\cdots+$$

$$(x_{n+1}+y_{n+1})+G-\frac{y_1}{\beta_1}(\beta_2+\beta_3+\cdots+\beta_{n+1})]+\left(-\frac{y_1}{\beta_1}\right)\frac{W_2\beta_2+W_3\beta_3+\cdots+W_{n+1}\beta_{n+1}}{\beta_2+\beta_3+\cdots+\beta_{n+1}}\times$$

$$\frac{1}{(x_2+y_2)+\cdots+(x_{n+1}+y_{n+1})+G-\frac{y_1}{\beta_1}(\beta_2+\cdots+\beta_{n+1})}-$$

$$\frac{W_{n+1}(\beta_2+\beta_3+\cdots+\beta_{n+1})-(W_2\beta_2+W_3\beta_3+\cdots+W_{n+1}\beta_{n+1})}{(\beta_2+\beta_3+\cdots+\beta_{n+1})^2}\times$$

$$\ln\left[(x_2+y_2)+\cdots+(x_{n+1}+y_{n+1})+G-\frac{y_2}{\beta_2}(\beta_2+\beta_3+\cdots+\beta_{n+1})\right]+\left(-\frac{y_2}{\beta_2}\right)\times$$

$$\frac{W_2\beta_2+\cdots+W_{n+1}\beta_{n+1}}{\beta_2+\cdots+\beta_{n+1}}\frac{1}{(x_2+y_2)+\cdots+(x_{n+1}+y_{n+1})+G-\frac{y_2}{\beta_2}(\beta_2+\beta_3+\cdots+\beta_{n+1})}+\cdots+$$

$$\frac{W_{n+1}(\beta_i+\beta_{i+1}+\cdots+\beta_{n+1})-(W_i\beta_i+\cdots+W_{n+1}\beta_{n+1})}{(\beta_i+\cdots+\beta_{n+1})^2}\ln[(x_i+y_i)+\cdots+(x_{n+1}+y_{n+1})+$$

$$G-\frac{y_{i+1}}{\beta_{i-1}}(\beta_i+\cdots+\beta_{n+1})]+\left(-\frac{y_{i-1}}{\beta_{i-1}}\right)\frac{W_i\beta_i+\cdots+W_{n+1}\beta_{n+1}}{\beta_i+\beta_{i+1}+\cdots+\beta_{n+1}}\times$$

$$\frac{1}{(x_i+y_i)+\cdots+(x_{n+1}+y_{n+1})+G-\frac{y_{i-1}}{\beta_{i-1}}(\beta_i+\cdots+\beta_{n+1})}-$$

$$\frac{W_{n+1}(\beta_i+\beta_{i+1}+\cdots+\beta_{n+1})-(W_i\beta_i+\cdots+W_{n+1}\beta_{n+1})}{(\beta_i+\cdots+\beta_{n+1})^2}\ln[(x_i+y_i)+\cdots+(x_{n+1}+y_{n+1})+$$

$$G-\frac{y_i}{\beta_i}(\beta_i+\cdots+\beta_{n+1})]+\left(-\frac{y_i}{\beta_i}\right)\frac{W_i\beta_i+\cdots+W_{n+1}\beta_{n+1}}{\beta_i+\beta_{i+1}+\cdots+\beta_{n+1}}\times$$

$$\frac{1}{(x_i+y_i)+\cdots+(x_{n+1}+y_{n+1})+G-\frac{y_i}{\beta_i}(\beta_i+\cdots+\beta_{n+1})}+\cdots+$$

$$\left(-\frac{y_n}{\beta_n}\right)\frac{W_{n+1}}{x_{n+1}+y_{n+1}-\frac{y_n}{\beta_n}\beta_{n+1}+G}$$

由拉格朗日中值定理，有

$$\frac{\partial V}{\partial \beta_{n+1}} < \frac{W_{n+1}(\beta_1+\beta_2+\cdots+\beta_{n+1})-(W_1\beta_1+W_2\beta_2+\cdots+W_{n+1}\beta_{n+1})}{(\beta_1+\beta_2+\cdots+\beta_{n+1})^2}\frac{y_1}{\beta_1}\times$$

$$\frac{\beta_1+\beta_2+\cdots+\beta_{n+1}}{(x_1+y_1)+\cdots+(x_{n+1}+y_{n+1})+G-\frac{y_1}{\beta_1}(\beta_1+\beta_2+\cdots+\beta_{n+1})}+$$

$$\left(-\frac{y_1}{\beta_1}\right)\left(\frac{W_1\beta_1+W_2\beta_2+\cdots+W_{n+1}\beta_{n+1}}{\beta_1+\beta_2+\cdots+\beta_{n+1}}-\frac{W_2\beta_2+\cdots+W_{n+1}\beta_{n+1}}{\beta_2+\cdots+\beta_{n+1}}\right)\times$$

$$\frac{1}{(x_1+y_1)+\cdots+(x_{n+1}+y_{n+1})+G-\frac{y_1}{\beta_1}(\beta_1+\beta_2+\cdots+\beta_{n+1})}+$$

$$\frac{W_{n+1}(\beta_2+\cdots+\beta_{n+1})-(W_2\beta_2+\cdots+W_{n+1}\beta_{n+1})}{(\beta_2+\cdots+\beta_{n+1})}\left(\frac{y_2}{\beta_2}-\frac{y_1}{\beta_1}\right)\times$$

$$\frac{\beta_2+\cdots+\beta_{n+1}}{(x_2+y_2)+\cdots+(x_{n+1}+y_{n+1})+G-\frac{y_2}{\beta_2}(\beta_2+\cdots+\beta_{n+1})}+$$

$$\left(-\frac{y_2}{\beta_2}\right)\left(\frac{W_2\beta_2+\cdots+W_{n+1}\beta_{n+1}}{\beta_2+\cdots+\beta_{n+1}}-\frac{W_3\beta_3+\cdots+W_{n+1}\beta_{n+1}}{\beta_3+\cdots+\beta_{n+1}}\right)\times$$

$$\frac{1}{(x_2+y_2)+\cdots+(x_{n+1}+y_{n+1})+G-\frac{y_2}{\beta_2}(\beta_2+\cdots+\beta_{n+1})}+\cdots+$$

$$\frac{W_{n+1}(\beta_i+\beta_{i+1}+\cdots+\beta_{n+1})-(W_i\beta_i+W_{i+1}\beta_{i+1}+\cdots+W_{n+1}\beta_{n+1})}{(\beta_i+\beta_{i+1}+\cdots+\beta_{n+1})^2}\left(\frac{y_i}{\beta_i}-\frac{y_{i-1}}{\beta_{i-1}}\right)\times$$

$$\frac{\beta_i+\beta_{i+1}+\cdots+\beta_{n+1}}{(x_i+y_i)+(x_{i+1}+y_{i+1})+\cdots+(x_{n+1}+y_{n+1})+G-\frac{y_i}{\beta_i}(\beta_i+\beta_{i+1}+\cdots+\beta_{n+1})}+$$

$$\left(-\frac{y_i}{\beta_i}\right)\left(\frac{W_i\beta_i+W_{i+1}\beta_{i+1}+\cdots+W_{n+1}\beta_{n+1}}{\beta_i+\beta_{i+1}+\cdots+\beta_{n+1}}-\frac{W_{i+1}\beta_{i+1}+\cdots+W_{n+1}\beta_{n+1}}{\beta_{i+1}+\cdots+\beta_{n+1}}\right)\times$$

$$\frac{1}{(x_i+y_i)+(x_{i+1}+y_{i+1})+\cdots+(x_{n+1}+y_{n+1})+G-\frac{y_i}{\beta_i}\times(\beta_i+\beta_{i+1}+\cdots+\beta_{n+1})}+\cdots+$$

$$\left(-\frac{y_n}{\beta_n}\right)\left(\frac{W_n\beta_n+W_{n+1}\beta_{n+1}}{\beta_n+\beta_{n+1}}-W_{n+1}\right)\times$$

$$\frac{1}{(x_n+y_n)+(x_{n+1}+y_{n+1})+G-\frac{y_n}{\beta_n}(\beta_i+\beta_{i+1}+\cdots+\beta_{n+1})}$$

$$<(W_{n+1}-W_{n+1})\frac{y_1}{\beta_1}\frac{1}{(x_1+y_1)+\cdots+(x_{n+1}+y_{n+1})+G-\frac{y_1}{\beta_1}(\beta_1+\beta_2+\cdots+\beta_{n+1})}+$$

$$(W_{n+1}-W_{n+1})\frac{y_2}{\beta_2}\times$$

$$\frac{1}{(x_2+y_2)+\cdots+(x_{n+1}+y_{n+1})+G-\frac{y_1}{\beta_1}\times(\beta_1+\beta_2+\cdots+\beta_{n+1})}+\cdots=0$$

由于$\frac{\partial V}{\partial \beta_{n+1}}<0$，即随着$\beta_{n+1}$的变大，速度值减小；因此$\beta_{n+1}$越小越好，也就是$\beta_{n+1}$应该尽可能达到0。

下面先取$n=2$，既然β_{n+1}应该尽可能达到0，那么现在考虑优化就应该在$\beta_3=0$的情况下进行，也就是说主火箭暂时不点燃。此时这个带两组助推火箭的单级主火箭实质上就退化为一个带一组助推火箭的单级主火箭，其中以y_2部分为主火箭，以y_1部分为助推火箭，而y_3部分成为载荷的一部分。而作为一个带一组助推火箭的单级主火箭，在$\frac{y_1}{\beta_1}\leqslant\frac{y_2}{\beta_2}$，并有$W_1<W_2$的情况下，前面部分已有结论：此时$\beta_1$越大越好，$\beta_2$越小越好，也就是$\beta_2$应该尽可能达到0。由此也确定了此时的点火顺序是$y_1$，$y_2$，$y_3$。

类似地考虑$n=3$，同样既然β_{n+1}应该尽可能达到0，那么考虑优化就应该在$\beta_4=0$的情况下进行，也就是说主火箭暂时不点燃。此时这个带三组助推火箭的单级主火箭实质上就退化为一个带两组助推火箭的单级主火箭，其中以y_3部分为主火箭，以y_1，y_2部分为两组助推火箭，而y_4部分成为载荷的一部分。而带两组助推火箭的单级主火箭上面又已经得到结论：此时β_1越大越好，β_3越小越好，也就是β_3应该尽可能达到0；而在β_3达到0的情况下，β_2越小越好，也就是β_2也应该尽可能达到0。由此又确定了此时的点火顺序是y_1，y_2，y_3，y_4。

反复应用上述过程，确定了此时带n组助推火箭的单级主火箭的点火顺序是y_1，y_2，y_3，…，y_n，y_{n+1}。

综上所述，对带n组助推火箭的单级主火箭，如果$W_1<W_2<\cdots<W_{n+1}$，而下面各级推力刚好满足要求(前已说明推力大了也不好)：

$$\frac{\partial V}{\partial \beta_{n+1}}<0,\ \cdots,\ \frac{\partial V}{\partial \beta_2}<0,\ \frac{\partial V}{\partial \beta_1}>0$$

那么，为了达到更大的速度，带n组助推火箭的单级主火箭应退化为不带助推火箭的$n+1$级火箭为好。

既然在各级推力刚好时，为了达到更大的速度，带n组助推火箭的单级火箭已经退化为不带助推火箭的$n+1$级火箭，那么通过我们对不带助推火箭的多级火箭性质的详细讨论，已经知道此时B_i总是越大越好。但是A_i要通过最佳质量比求出。这就是这种情况下设计中的多级火箭的较优准则。

对已制造成型的带n组助推火箭的多级火箭而言，如果$W_1<W_2<\cdots<W_{n+1}$，那么按照上文对β_i的讨论，β_1已知是越大越好，而$\beta_i(i=2, 3, \cdots, n+1)$都是越小越好。如果单凭第一组助推火箭不能够把载荷送上去的时候，就应该在对y_1点火的同时，考虑点燃y_i中至少一个。那么到底让y_i中的哪一个与y_1一起燃烧比较好呢？由于无论β_1与$\beta_i(i=2,3,\cdots, n)$大小如何，β_{n+1}都是越小越好；而在$\beta_{n+1}=0$的前提下我们才得到β_n越小越好的性质，所以应该让y_2与y_1一起先燃烧比较好，而且β_2在达到推力要求的情况下越小越好。

如果与 y_1 一起点燃 y_2，哪怕其秒耗量 β_2 达到最大值也还不足以补足推力的话，那么只好同时点燃 y_1，y_2 与 y_3，此时由“β_3 越小越好”可知，β_1，β_2 应该尽可能达到现在工程上能够达到的最大值，但 y_3 不要求其秒耗量达到最大值，而是在达到推力要求的情况下尽可能地让秒耗量 β_3 小。其他类推。

显见上面讨论对 W_i 出现若干相等时也成立。

与通常的 $(n+1)$ 级串联火箭相比，带 n 组助推火箭的单级火箭在各级火箭推力刚好满足要求时就相当于“形为并联，实则串联”的 $(n+1)$ 级火箭，它对调试、检测等都带来极大的方便。并联式火箭起飞时虽然气动阻力较大，但刚起飞时速度不高，速度较高时空气又很稀薄，因此气动阻力对并联式火箭的影响不是很大。可以预见，这种“形为并联，实则串联”的火箭拥有广阔的应用前景。本文的有关内容将为这种火箭的工程应用提供帮助。

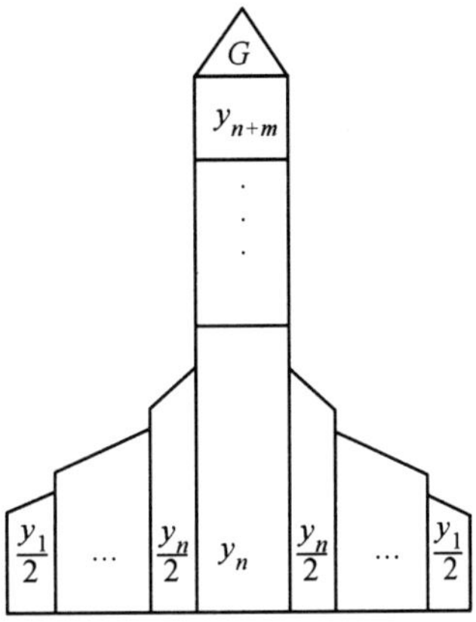

图 6-17　带 n 组助推火箭的 m 级火箭

而对一个带 n 组助推火箭的 m 级火箭（见图 6-17），研究其特征速度表达式

$$
\begin{aligned}
V_{mn} = {} & \frac{\sum_{i=1}^{n+1} W_i\beta_i}{\sum_{i=1}^{n+1}\beta_i}\ln\frac{\sum_{i=1}^{n+1}(x_i+y_i)+\sum_{i=n+2}^{n+m}(x_i+y_i)+G}{\sum_{i=1}^{n+1}(x_i+y_i)-\frac{y_1}{\beta_1}\sum_{i=1}^{n+1}\beta_i+\sum_{i=n+2}^{n+m}(x_i+y_i)+G}+ \\
& \frac{\sum_{i=2}^{n+1} W_i\beta_i}{\sum_{i=2}^{n+1}\beta_i}\ln\frac{\sum_{i=2}^{n+1}(x_i+y_i)-\frac{y_1}{\beta_1}\sum_{i=2}^{n+1}\beta_i+\sum_{i=n+2}^{n+m}(x_i+y_i)+G}{\sum_{i=2}^{n+1}(x_i+y_i)-\frac{y_2}{\beta_2}\sum_{i=2}^{n+1}\beta_i+\sum_{i=n+2}^{n+m}(x_i+y_i)+G}+\cdots+ \\
& \frac{\sum_{i=k}^{n+1} W_i\beta_i}{\sum_{i=k}^{n+1}\beta_i}\ln\frac{\sum_{i=k}^{n+1}(x_i+y_i)-\frac{y_{k-1}}{\beta_{k-1}}\sum_{i=k}^{n+1}\beta_i+\sum_{i=n+2}^{n+m}(x_i+y_i)+G}{\sum_{i=k}^{n+1}(x_i+y_i)-\frac{y_k}{\beta_k}\sum_{i=k}^{n+1}\beta_i+\sum_{i=n+2}^{n+m}(x_i+y_i)+G}+\cdots+ \\
& W_{n+1}\ln\frac{x_{n+1}+(y_{n+1}-\frac{y_n}{\beta_n}\beta_{n+1})+\sum_{i=n+2}^{n+m}(x_i+y_i)+G}{x_{n+1}+\sum_{i=n+2}^{n+m}(x_i+y_i)+G}+ \\
& W_{n+2}\ln\frac{x_{n+2}+y_{n+2}+\cdots+x_{n+m}+y_{n+m}+G}{x_{n+2}+x_{n+m}+y_{n+m}+G}+\cdots+W_{n+m}\ln\frac{x_{n+m}+y_{n+m}+G}{x_{n+m}+G}
\end{aligned}
$$

可以看到上面的讨论依然有效。

6.12 关于多级火箭的最佳搭配及最佳点火次序

假设优化指标是求多级火箭的整体最大速度值。

6.12.1 串联型两级火箭的最佳搭配及最佳点火次序

(1) W_i、x_i、y_i 不变时。

不妨设搭配是图 6-18(a)所示的一种情况，改变次序后就成图 6-18 所示的两种情况。

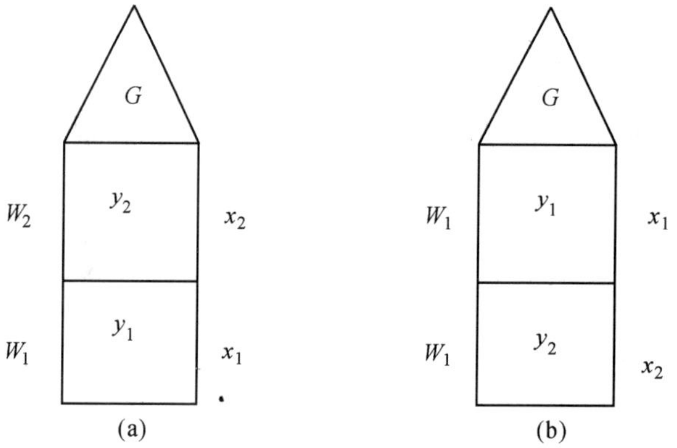

图 6-18　两种火箭示意图(4)

此时，由于调换了次序，特征速度可能会不同。

假设搭配有 k 组，那么对每组调换次序后都会有上述结论。

然后应用 2.3 节中的讨论，对每组都求出最佳排列即最佳点火次序，然后把每组的最佳排列对应的特征速度值减去对应的优化飞行程序下的损耗值就可得 $f_i(i=1,2,\cdots,k)$。

显见 $\max(f_i)(i=1,2,\cdots,k)=f$ 就对应着整体最佳搭配及最佳点火次序。

(2) 两级火箭的 y_i 可变时。

不妨设 $W_2>W_1$，如图 6-18(a)所示。

那么此时由第 2 章中有关最大的最大速度方案的求法可得此时的最大的最大速度方案是 $y_1=B_1$，$y_2=B_2$。

算出 $V=W_1\ln\dfrac{x_1+B_1+x_2+B_2+G}{x_1+B_2+x_2+G}+W_2\ln\dfrac{x_2+B_2+G}{x_2+G}$，减去飞行优化程序下的损耗，就可得 f_{11}。

如果把上面两级次序调换一下，变成图 6-18(b)所示。

那么由第2章中有关最大的最大速度方案的求法，也可求出此时的最宜推进剂量方案，但此时不一定是加满最好，此时求出的对应的速度特征值也可能与上面求出的不一样，此时在飞行优化程序下的损耗也可能会与上面不一样。所以此时算出的 f_{12} 可能与 f_{11} 不一样。

在 f_{11}，f_{12} 中挑选出最佳者并记为 f_1，那么 f_1 就对应这组的最佳搭配及对应的最佳点火次序。假设搭配有 k 组，那么每组调换次序后，都会发生上面所述的类似情况，进行类似处理后我们就求出 $f_i(i=1,2,\cdots,k)$ 来。

显见 $\max(f_i)(i=1,\ 2,\ \cdots,k)=f$ 就对应整体最佳搭配及最佳点火次序。

6.12.2　串联型三级火箭的最佳搭配及最佳点火次序

(1) W_i、x_i、y_i 不变时。

不妨设搭配是图6-19(a)所示的一种情况，改变次序后就成图6-19所示的6种情况。

此时，由于调换了次序，特征速度可能会不同。

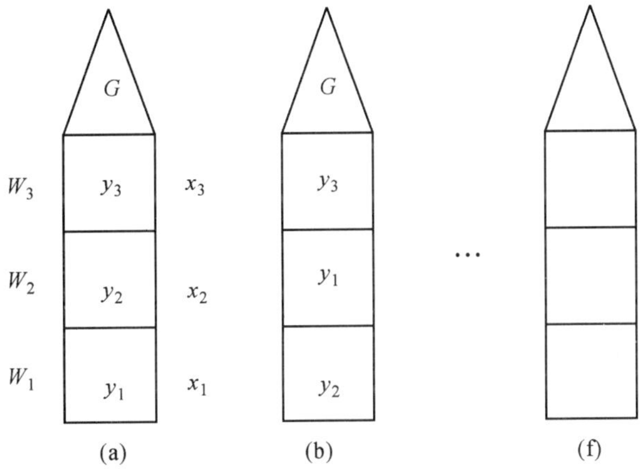

图6-19　三级火箭示意图(2)

假设搭配有 k 组，那么对每组调换次序后都会有上述结论。

然后应用2.3节中的讨论，对每组都求出最佳排列即最佳点火次序，然后把每组的最佳排列对应的特征速度值减去对应的优化飞行程序下的损耗值就可得 $f_i(i=1,2,\cdots,\ k)$。

显见 $\max(f_i)(i=1,2,\cdots,k)=f$ 就对应着整体最佳搭配及最佳点火次序。

(2) 三级火箭的 y_i 可变时。

不妨设 $W_3>W_2>W_1$，如图6-19(a)所示。

那么此时由第2章中有关最大的最大速度方案的求法，可得此时的最大的最大速度方案是 $y_i=B_i(i=1,2,3)$。

算出 $V=W_1\ln\dfrac{x_1+B_1+x_2+B_2+x_3+B_3+G}{x_1+B_2+x_2+x_3+B_3+G}+W_2\ln\dfrac{x_2+B_2+x_3+B_3+G}{x_2+x_3+B_3+G}+$

$W_3\ln\dfrac{x_3+B_3+G}{x_3+G}$，减去飞行优化程序下的损耗，就可得 f_{11}。

如果把上面的三级火箭各级调换次序，变成图 6-19 所示的 6 种情况。

那么由第 2 章中有关最大的最大速度方案的求法，也可求出其余 5 种情况下各自的最宜推进剂量方案，但此时不一定是加满最好，此时求出的对应的速度特征值也可能与上面求出的不一样，此时在飞行优化程序下的损耗也可能会与上面不一样。所以此时算出的 $f_{1i}(i=1,2,3,\cdots,6)$ 就可能与 f_{11} 不一样。

在 $f_{1i}(i=1,2,\cdots,6)$ 中挑选出最佳者并记为 f_1，那么 f_1 就对应着这组的最佳搭配及对应的最佳点火次序。假设搭配有 k 组，那么每组调换次序后，都会发生上面所述的类似情况，进行类似处理后，我们就可求出 $f_i(i=1,2,\cdots,k)$ 来。

显见 $\max(f_i)(i=1,2,\cdots,k)=f$ 就对应着此时的整体最佳搭配及最佳点火次序。

6.12.3 串联型 n 级火箭的最佳搭配及最佳点火次序

对串联型 n 级火箭而言，不管它是下述情况的哪一种：

(1) W_i，x_i，y_i 不变；

(2) y_i 可变。

显见都可像 6.12.2 中那样去进行讨论解决。

6.12.4 混合型多级火箭的最佳搭配及最佳点火次序

不妨设 $W_4>W_3>W_2>W_1$，如图 6-20(a)所示。

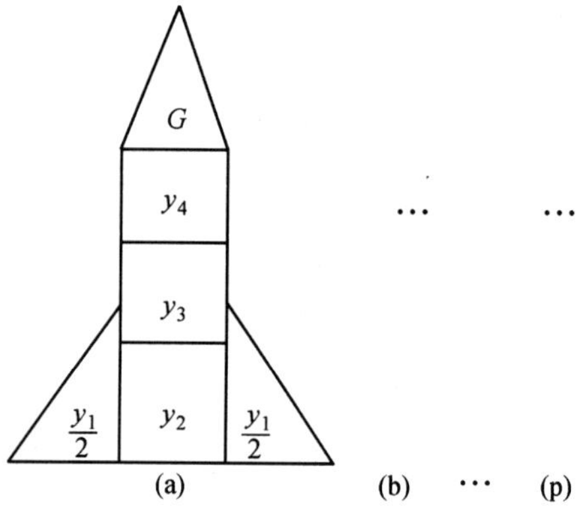

图 6-20　多级火箭示意图(14)

那时由第 6 章有关最大的最大速度方案的求法，可得此时的最宜推进剂量的方案，算出对应的最大的最大速度值，减去飞行优化程序下的速度损耗就可得 f_{11}。

如果对上面的带一组助推火箭三级主火箭的多级火箭进行可允许的调换次序，得到图 6-20 所示的 p 种情况。

那么像第 6 章中有关最大的最大速度方案的求法，也可求出其余的(p－1)种最宜推进剂量方案，此时也不一定是加满最好，此时求出的对应的速度特征值也可能与上面求出的不一样，此时在飞行优化程序下的损耗也可能会与上面不一样。所以此时算出的 $f_{1i}(i=2, 3, \cdots, p)$就可能与 f_{11}不一样。

在 $f_{1i}(i=2,3, \cdots, p)$中挑选出最佳者并记为 f_1，那么 f_1 就对应这组的最佳搭配及对应的最佳点火次序。

假设搭配有 k 组，那么每组进行可允许的调换次序后，都会发生上面所述的类似情况，进行类似处理后，我们就可求出 $f_i(i=1,2,\cdots,k)$来。

显见 $\max(f_i)(i=1,2,\cdots, k)=f$ 就对应着此时的整体最佳搭配及最佳的点火次序。

同样显见：对带 n 组助推火箭的多级主火箭组成的混合型多级火箭(包括并联型多级火箭)其最佳搭配及其对应的最佳点火次序，我们完全可以类似地讨论解决之。

应该注意的是：

(1) 这里设搭配的组元都是单级或单组，若不是单级等显然可类似探讨解决。

(2) 关机点的高度，若是发射绕地飞行的航天器等，那应该考虑到对关机点的要求，问题还是可以在本文的基础上类似解决。

(3) 若再加其他约束，显然也可在本文基础上类似解决。

(4) 本文的结果显然对火箭设计有帮助，而按设计制造成型后，由于误差又可进行再次优化。

6.13　多级火箭的结构参数优化工作的总结

6.13.1　立项背景

早在 20 世纪 50 年代前后，维特里吉特和威廉斯等人就提出关于多级火箭最佳质量比的计算方法。问题是他们的计算方法对不对？若有不对之处，如何改正？另外，即使对的部分也需作很多补正，如何严格补正？

其次对于串联型、并联型、混合型各类多级火箭，它们的最佳设计准则是什么？是不是各级质量比最佳就行了？

再则，对于一要求的速度，如何确定多级火箭的最小级数及级数最小下的起飞质量最小问题？一般多级火箭（不仅仅是两级）的最佳搭配及最佳点火次序又如何确定？

对制造成型后的多级火箭还有没有优化问题？如果有，如何解决此时的优化问题？例如最大速度方案如何求？最省推进剂方案如何求？最大的最大速度方案如何求？最省的最省推进剂方案如何求？最宜的推进剂方案如何求？

最大速度方案与最省推进剂方案是不是一定等价？如果不是，那么何时等价、何时不等价？

难度很大的多级火箭的最大速度值的一般变化规律又如何求？

为什么对一般的多级火箭各级加满不一定最好？这个问题理论上如何严格解决？

当速度、射程等减小时，如何增大此时的载荷为最佳？

当载荷减小时，如何重新分配各级的推进剂为最佳？

经典力学中讨论的多级火箭的这些优化性质，在考虑高速效应（例如相对论效应）时，是否成立？

阿克莱等研究了个相对论力学中单级火箭特征速度表达式，那么相对论力学中多级火箭的特征速度表达式如何求？它与经典力学中的多级火箭特征速度表达式有什么关系……

我们在前人个别、局部工作的基础上，引入一套自己设计的多级火箭的新标志，经过40多年的不断努力，终于初步建立起“多级火箭结构参数的优化理论”这一原始创新的理论；它将完全解决上述问题，也将解决未来有关的问题。

6.13.2 主要研究内容

（1）串联型多级火箭结构参数的优化理论。

首先，介绍实际情况下串联型多级火箭的优化准则及我们设计的多级火箭的新标志。

跟以往的多级火箭标志不同，我们在本成果中采用图6-21所示的新标志。

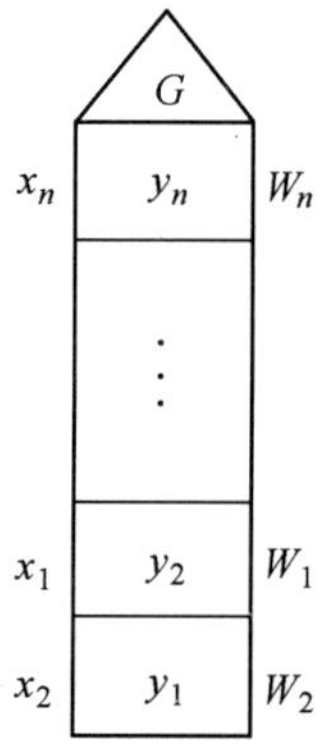

图6-21　多级火箭示意图(15)

记：y_i 为此多级火箭第 i 级的推进剂总量（包括辅助的等）；

x_i 为此多级火箭第 i 级除 y_i 以外的所有余下质量（简称余量）；

W_i 为此多级火箭第 i 级的有效喷气速度（简称喷速）；

G 为载荷；

V_n 为特征速度。

这一套新标志，给我们在以后的有关问题探讨中带来了很大方便。

对于实际允许区域里多级火箭的优化设计，若其最大速度作为我们的优化指标。那么对图 6-21 所示的多级火箭而言

$$V_n = W_1 \ln \frac{x_1 + y_1 + x_2 + y_2 + \cdots + x_n + y_n + G}{x_1 + x_2 + y_2 + \cdots + x_n + y_n + G} + W_2 \ln \frac{x_2 + y_2 + x_3 + y_3 + \cdots + x_n + y_n + G}{x_2 + x_3 + y_3 + \cdots + x_n + y_n + G} + \cdots + W_n \ln \frac{x_n + y_n + G}{x_n + G}$$

我们指出的优化准则就是：

① $W_i(i=1,2,\cdots,n)$越大越好(推进剂的比冲等越大越好)；

② $\frac{y_i}{x_i}(i=1,2,\cdots,n)$越大越好(在保证强度等条件下，构件等材料越轻越好)；

③ 各级的质量分配由最佳质量比的办法来确定(包括确定最佳排列)。

其实这里也隐含一个各级推力的准则问题，小了不行，大了浪费(可参见并联式多级火箭优化准则)，要刚好。另外请注意，这些串、并联式多级火箭的优化准则(包括较优准则)都是设计中的优化准则，跟本书所建立的模型也是一致的。当然对于制造成型的多级火箭，除书中所述的结构参数再次优化外，在实际飞行中我们还要考虑飞行程序的优化选择，就像我们在仿真中做的那样。

由优化准则可派生出一个确定多级火箭的最小级数问题，对于一要求的速度 V，由上面确定的 V_k 等若存在 $V_{k-1}<V<V_k$，那么我们就用 k 级火箭，再多就太浪费，因为发动机是很贵的。

而在这个最小级数下，当然也可派生出最小起飞质量问题等。

其次介绍设计中串联型多级火箭的最佳质量比及多级火箭的最佳点火次序问题。

维特里吉特和威廉斯等人提出多级火箭的最佳质量比问题，建立了它们的模型，提出了计算方法。

但他们求出的驻点是不是存在？在哪里存在？

他们求出的驻点是不是唯一？

他们求出的驻点是不是要求的最佳点？

更为重要的是：这个驻点是不是一定落在实际允许区域内？如果不一定，那又怎么办？……这些问题，他们都没有明确回答。

我们先提出理论允许区域和实际允许区域的概念及它们的区别，然后在理论允许区域里证明了：

① 这个驻点是存在的。

② 这个驻点是唯一的。

③ 这个驻点确实是最佳点。

④ 这个驻点一定在理论允许区域内存在，但不一定落在实际允许区域内，它也可能落在实际允许区域外。

⑤ 即使落在实际允许区域外，我们也提出了一种新方法来确定这时的最佳点。这样在威廉斯等人的方法失效时，这个问题仍可用我们的方法求解，从而完全解决了这个关于多级火箭的最佳质量比问题。

⑥ 提出并解决了此时类似的多级火箭的最小级数确定问题及由此派生出的最小级数情况下的最小起飞质量问题。并且证明了此时的最小起飞质量问题和最大速度问题等价。

⑦ 解决了一般多级火箭的最佳搭配及最佳点火次序问题。

接下来介绍制造成型后串联型多级火箭的结构参数的进一步优化。

针对这种制造成型后的串联型多级火箭，我们：

① 提出并解决了多级火箭的最大速度方案(PLCV)问题。

② 提出并解决了多级火箭的最省推进剂(PLPM)方案问题。

③ 提出并解决了多级火箭最大的最大速度方案问题。

④ 提出并解决了多级火箭的最省的最省推进剂方案问题。

⑤ 提出并解决了多级火箭的最宜推进剂量方案问题。

⑥ 严格证明了 PLCV 与 PLPM 在一般情况下不等价，对其何时等价、何时不等价进行了详细说明。

⑦ 提出并解决了难度很大的多级火箭的最大速度值的一般变化规律问题。

在这些基础上，我们又：

⑧ 解决了“多级火箭的推进剂是不是加满最好?”这个猜想，严格证明了什么时候是加满最好；什么时候不是加满最好；并在不是加满最好时求出了此时的最佳点。

⑨ 对一类有关的多级火箭，解决了载荷减小时，多级火箭的各级如何重新最佳分配推进剂问题。

⑩ 当射程或速度等减小时，多级火箭如何重新最佳分配各级推进剂量以便完成任务又增大载荷。

最后讨论考虑高速效应时，多级火箭结构参数的一些优化结果是否也成立?

为此，我们进行了以下研究工作：

① 建立相对论力学中多级火箭特征速度 $\bar{V}_n$ 的表达式(阿克莱它们建立了相对论力学中单级火箭特征速度 $\bar{V}_1$ 的表达式)。

② 用一个比阿克莱他们更简洁的方法，证明了当速度较低时 $\bar{V}_n$ 退化为经典力学中的 V_n(包括了当速度较低时 $\bar{V}_1$ 退化为 V_1)。

③ 找到了 $\bar{V}_n$ 与 V_n 之间的一个关系式

$$\overline{V}_n = c\,\frac{e^{\frac{2}{r}V_n}-1}{e^{\frac{2}{r}V_n}+1}$$

④ 证明了这个关系式中 $\overline{V}_n$ 是随着 V_n 的增大而单调增大，而且它们之间一一对应。

⑤ 由此可见经典力学中关于多级火箭的结构参数的一些优化结果，在考虑高速效应时也成立。

当然这部分里的某些结果，例如当 $V_n \to +\infty$ 时 $\overline{V}_n \to c$，它们在飞出太阳系探索无限的大宇宙和关于人的寿命等问题方面的作用，不属本项研究的范围，我们在另外成果中叙述。

(2) 并联型和混合型多级火箭结构参数的优化理论。

我们根据自己设计的关于多级火箭的新标志，进行了关于并联型和混合型多级火箭结构参数的优化。

① 我们先推导出带$(n-1)$组助推火箭的并联型多级火箭的特征速度表达式。

② 由上显然可得目前使用的航天飞机的特征速度表达式。

③ 也可得混合型多级火箭的特征速度表达式。

对于图 6-22 所示的带$(n-1)$组助推火箭的并联型多级火箭：

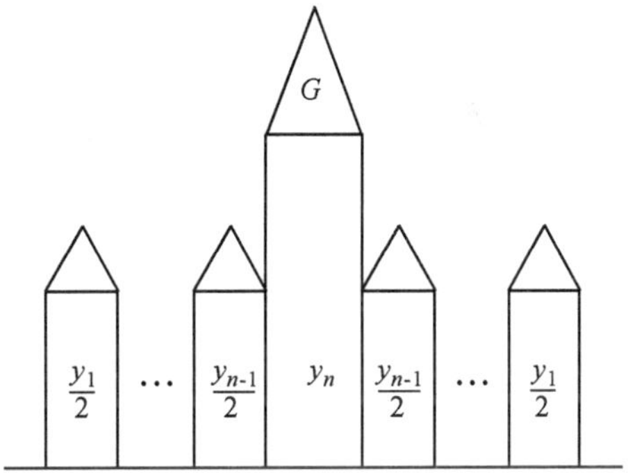

图 6-22　并联型多级火箭示意图

④ 我们证明了一个重要的性质。即当 $W_1 \leqslant W_2 \leqslant \cdots \leqslant W_n$ 时，都有 $\frac{\partial V}{\partial \beta_1}>0$，$\frac{\partial V}{\partial \beta_n}<0$；而当 $\beta_n=0$ 时，又有 $\frac{\partial V}{\partial \beta_{n-1}}<0$……直至 $\beta_n=\beta_{n-1}=\cdots=\beta_3=0$ 时，$\frac{\partial V}{\partial \beta_2}<0$。

⑤ 根据这个重要性质，我们解决了带$(n-1)$组助推火箭的并联型多级火箭在 $W_1 \leqslant W_2 \leqslant \cdots \leqslant W_n$ 时制造成型后的最佳点火次序问题。

⑥ 同样根据这个性质，我们提出了带$(n-1)$组助推火箭的并联型多级火箭的最优设计准则：

a) $W_i (i=1,2,\cdots, n)$越大越好。

b) $\frac{y_i}{x_i}=B_i (i=1,2,\cdots,n)$越大越好。

c) 各组推力要刚好。

d) 各组质量由最佳质量比办法确定(包括确定最佳排列)。

⑦ 同样，根据这个性质我们也得到了当一定要用 $W_1<W_2<\cdots<W_n$ 时，带$(n-1)$组助推火箭的并联型多级火箭的较优化准则(W_i 出现若干相等时也成立)：

a) $\frac{y_i}{x_i}=B_i(i=1,2,\cdots,n)$越大越好。

b) 各组推力要刚好。

c) 各组质量由最佳质量比的办法确定。

⑧ 根据这两个优化准则，我们可知这两种情况下的带有$(n-1)$组助推火箭的并联型火箭，在这两个优化准则下实际上都退化成串联型的多级火箭。

⑨ 这样关于串联型火箭的一些有关性质又可发挥作用了。

如果由于种种原因，这带$(n-1)$组助推火箭的并联型多级火箭在制造成型后并不满足优化准则，也就不能退化为串联型的多级火箭。这时我们将分别情况，继续进行再次优化。

⑩ 对于$W_1 \leqslant W_2 \leqslant \cdots \leqslant W_n$的情况：

a) 我们先证明推进剂加注的最优次序是先后再前(参见图 6-22)。

b) 这时我们还指出了火箭第一组不一定是加满最好(这与串联型多级火箭不同，串联型多级火箭在$W_1 \leqslant W_2 \leqslant \cdots \leqslant W_n$时是加满最好)，并且指出如何求此时的最佳点，这样把这种情况下的“加满是不是最好”问题也解决了。

c) 有了上述两个结果，我们就可写出这种情况下的最大速度方案及最大速度值的一般变化规律。

从而解决了这种情况下的：

最大速度方案问题。

最省推进剂方案问题。

最大的最大速度方案问题。

最省的最省推进剂方案问题。

最宜的推进剂方案问题。

最大速度值的一般变化的规律问题，等等。

⑪ 对于W_i的一般情况：

a) 我们解决了带一组助推火箭及单级主火箭当$W_1 > W_2$时其最大速度值的一般变化规律问题。

从而解决了此时的：

最大速度方案问题。

最省推进剂方案问题。

最大的最大速度方案问题。

最省的最省推进剂方案问题。

最宜的推进剂方案问题。

以及加满是不是最好问题，等等。

b) 在此基础上，我们对于 W_i 的一般情况，显然又可像串联型多级火箭那样进行类似讨论从而解决此时的：最大速度方案问题、最省推进剂方案问题、最大的最大速度方案问题、最省的最省推进剂方案问题、最宜推进剂方案问题、加满是不是最好问题以及 β_i 的优化选择(哪怕是数值解)，等等。

对 W_i 一般情况的多级火箭设计优化，我们在 6.10.5 已叙述。

从而我们初步建立了关于多级火箭结构参数的优化理论这一比较完整的新理论，它从头到尾完全是我们原始创新的新成果，它解决前已所述的所有问题。

作为这个理论的其他应用，我们还解决了工程上的：

⑫ 各种情况下的多级火箭的最大载荷问题。

⑬ 各种情况下的多级火箭的载荷减小时，如何最佳重新分配各级推进剂量问题。

⑭ 各种情况下的多级火箭加满是不是最好的问题，等等。

并且，它还将解决一些我们现在还未论述到的有关问题。

至于这个新理论与其他学科的关系，显见它与非线性规划有关，多级火箭的最佳质量比问题，多级火箭的最大速度值一般变化规律问题等。都是典型的非线性规划中求解析解问题，它们的解决为类似的非线性规划问题求解析解提供了新的方法。

它与多级火箭的运动优化及航天器的最佳发射理论等，更是密不可分。

而它本身各章节之间的关系，例如设计优化与制造成型后多级火箭的二次优化的关系。设计中的多级火箭的最佳质量比与多级火箭的最佳排列的关系，多级火箭的优化结果与仿真结果的关系等，书中都已提到，这里不再重复。

6.13.3　主要创新点

本项目的最大成果是：我们在自己设计的多级火箭一套新标志基础上，初步建立了“多级火箭结构参数优化理论”这一原始创新的理论，主要创新点较多，具体如下：

① 给出了设计中各种类型多级火箭的最优化准则，也给出了 $W_1<W_2<\cdots<W_n$ 时设计中各种类型的多级火箭较优化准则。

② 解决了对要求的速度，如何确定多级火箭的最小级数问题，也解决了在此基础上多级火箭最小起飞质量问题。

③ 提出了理论允许区域和实际允许区域的概念。在此基础上指出威廉斯等人的多级火箭的最佳质量比计算有时可行，有时不行。在可行的地方，对它们一些理论上的漏洞进行了严格补正；在不行的时候，提出了我们自己的新方法(此题难度很大)，从而完全解决了设计中多级火箭的最佳质量比计算。

④ 解决了一般多级火箭(不仅仅是两级)的最佳搭配及最佳点火次序问题。

⑤ 对制造成型的多级火箭，由于工艺误差等原因，它还有二次优化问题。为此我们提出并解决了最大速度方案问题、最省推进剂方案问题、最大的最大速度方案问题、最省的最省推进剂方案问题、最宜的推进剂方案问题。并且解决了最大速度方案与最省推进剂方案何时等价、何时不等价问题。

⑥ 解决了难度很大的多级火箭最大速度值的一般变化规律如何求的问题。

⑦ 从理论上严格地解决了多级火箭的各级是不是加满最好问题。明确指出：何时加满最好，何时不一定加满最好；不是加满最好的，此时的最佳点在哪里我们也可以求出。

⑧ 解决了当速度或射程等减小时，如何增大此时的载荷为最佳问题。

⑨ 解决了载荷减小时，如何重新分配各级的推进剂为最佳的问题。

⑩ 阿克莱等研究了单级火箭在相对论力学中的特征速度表达式 $\bar{V}_1$，我们提出了多级火箭在相对力学中的特征速度表达式 $\bar{V}_n$；并且用比阿克莱它们更简明的方法证明了当速度较低时 $\bar{V}_n$ 退化为 V_n(当然包括 $\bar{V}_1$ 退化为 V_1)。

⑪ 更为重要的是我们得到了：$\bar{V}_n=c\dfrac{\mathrm{e}^{\frac{2V_n}{c}}-1}{\mathrm{e}^{\frac{2V_n}{c}}+1}$（$*$）这个关系式。根据这个关系式我们可知当 $V_n\to+\infty$ 时 $\bar{V}_n\to c$。这个性质很重要，它在飞出太阳系、探索无限的大宇宙及寿命问题上很有用。

⑫ 此外，也是根据（$*$）式，我们可知 $\bar{V}_n$ 随 V_n 单调上升。从而经典力学中多级火箭的一些优化性质在考虑高速效应时也适用……

我们就是在这一系列创新性成果基础上初步建立起我们的多级火箭结构参数的优化理论。

6.13.4 与国内外同行的比较

本项目的重要意义是它初步建立了“多级火箭结构参数的优化理论”这一完全原始创新的理论，这个理论中除个别、局部的成果是前人的工作外(例如威廉斯等人关于最佳质量比的计算，相对论力学中单级火箭的阿克莱公式)，其余都是我们自己的科研成果。它不但解决了前人没有严格解决过的一些问题(当然前人的个别、局部工作对我们有启发，这个功劳是不能抹杀的)，而且提出并解决本项目中所述的一系列前人没有提出和解决过的多级火箭结构参数优化问题，从而填补了航天科学的有关空白，社会效益明确。更为重要的是：它实际上是诞生了一个新的理论，那就是“多级火箭结构参数的优化理论”。

这个新理论应用性很强，有的成果直接可以应用，就像以前我们在国防科技大学做的抽样仿真试验那样。有的成果通过仿真试验后，可能还要继续做工作，因为真实的情况、仿真的情况跟我们站在学科的角度考虑的情况是有区别的，那里则是要把实际应考虑的因素统统都考虑进去，例如气动阻力、引力等，但不管如何，这个理论是解决现实有关问题的重要基础。

这个新理论是我们中国人自己创立的，我真诚地希望大家爱护它、关心它、发展它、壮大它。让它在世界科学之林中，占有它应有的位置！

第 7 章　一些有关问题的说明及示例等

7.1　关于多级火箭最佳质量比的一些说明

7.1.1　函数 F 的定义域

对 $F=\prod_{i=1}^{n}\dfrac{1}{A_i-B_i+\dfrac{B_i}{r_i}}+\lambda\left[V-\sum_{i=1}^{n}W_i\ln r_i\right]$

显见 $\sum_{i=1}^{n}W_i\ln r_i$ 的定义域是 $0<r_i<+\infty(i=1,2,\cdots,n)$，
再看

$$\prod_{i=1}^{n}\frac{1}{A_i-B_i+\dfrac{B_i}{r_i}}$$

显见它只要求

$$r_i\neq 0\qquad(i=1,2,\cdots,n)$$

$$r_i\neq\frac{B_i}{B_i-A_i}\quad(i=1,2,\cdots,n)$$

因此 F 的定义区域为

$$0<r_i<\frac{B_i}{B_i-A_i}\cup\frac{B_i}{B_i-A_i}<r_i<+\infty\qquad(i=1,2,\cdots,n)$$

V 的定义区域为

$$\left(-\infty,\ \sum_{i=1}^{n}W_i\ln\frac{B_i}{B_i-A_i}\right)\cup\left(\sum_{i=1}^{n}W_i\ln\frac{B_i}{B_i-A_i},+\infty\right)$$

7.1.2　问题的理论允许区域

对多级火箭的最佳质量比而言，我们知道 r_i 的理论允许区域是

$$1\leqslant r_i<\frac{B_i}{B_i-A_i}\qquad(i=1,2,\cdots,n)$$

V 的理论允许区域是

$$\left[0,\ \sum_{i=1}^{n} W_i \ln \frac{B_i}{B_i - A_i}\right) \quad (i = 1, 2, \cdots, n)$$

对于上述范围内给定的 V 而言，对应的驻点变化区域是

$$0 < \bar{r}_i < \frac{B_i}{B_i - A_i} \qquad (i=1,2,\cdots, n)$$

7.1.3　驻点的唯一性和存在性

假设 $W_1 = \min(W_i)$，其他情况可类似考虑。

我们知道驻点的表达式为

$$\begin{cases} \bar{r}_i = \dfrac{B_i W_i B_1 + W_1 B_i[(B_1 - A_1)\bar{r}_1 - B_1]}{W_i B_1 (B_i - A_i)} & (i=2,3,\cdots, n) \\ \bar{r}_1 \text{ 由 } V = \displaystyle\sum_{i=1}^{n} W_i \ln \bar{r}_i \quad \text{确定} & \end{cases}$$

其中

$$V = W_1 \ln \bar{r}_1 + W_2 \ln(M_2 + N_2 \bar{r}_1) + \cdots + W_n \ln(M_n + N_n \bar{r}_1)$$

而

$$M_i = \frac{(W_i - W_1) B_i}{W_i (B_i - A_i)} \geqslant 0 \qquad (i=2,3,\cdots, n)$$

$$N_i = \frac{W_1 B_i (B_1 - A_1)}{W_i B_1 (B_i - A_i)} > 0 \qquad (i=2,3,\cdots, n)$$

再则，当 $\bar{r}_1 \to \dfrac{B_1}{B_1 - A_1}$ 时，$\bar{r}_i \to \dfrac{B_i}{B_i - A_i}(i=2,3,\cdots, n)$，

此时

$$V \to \sum_{i=1}^{n} W_i \ln \frac{B_i}{B_i - A_i}$$

而

$$\frac{\mathrm{d}V}{\mathrm{d}\bar{r}_1} > 0$$

$$\frac{\mathrm{d}\bar{r}_i}{\mathrm{d}\bar{r}_1} > 0 \qquad (i=2,3,\cdots, n)$$

所以对于 $\left[0,\ \sum_{i=1}^{n} W_i \ln \dfrac{B_i}{B_i - A_i}\right)$ 范围内给定的 V 不会有驻点在区域

$$\frac{B_i}{B_i - A_i} < r_i < +\infty \qquad (i=1,2,\cdots, n)$$

之内。

而在区域

$$0<r_i<\frac{B_i}{B_i-A_i} \qquad (i=1,2,\cdots,n)$$

之内，第 1 章中已指出确有唯一驻点存在。

再则，用这里的想法去证明第 1 章中的驻点存在、唯一比原文更方便、简易。

7.1.4 关于驻点是最小点

对于两级火箭的最佳质量比而言，我们得到

$$\frac{\mathrm{d}P}{\mathrm{d}r_1}=\frac{-1}{(r_1)^2\left(A_1-B_1+\dfrac{B_1}{r_1}\right)^2\left(A_2-B_2+\dfrac{B_2}{r_2}\right)^2}\times$$

$$\left\{-B_1\left[A_2-B_2+\frac{B_2(r_1)^{\frac{W_1}{W_2}}}{\mathrm{e}^{\frac{V}{W_2}}}\right]+\left[(A_1-B_1)r_1+B_1\right]\frac{B_2W_1}{W_2\mathrm{e}^{\frac{V}{W_2}}}(r_1)^{\frac{W_1}{W_2}}\right\}$$

因此

$$\frac{\mathrm{d}P}{\mathrm{d}r_1}=\begin{cases}- & \text{当 } r_1 \text{ 从右边趋近 0 时}\\ + & \text{当 } r_1 \text{ 从左边趋近}\dfrac{B_1}{B_1-A_1}\text{时}\end{cases}$$

这样文献[12]中结果(3)(见文献[12]P330)被改善，而本书第 1 章中已采纳了这个结果。

7.2 例：在理论允许区域内威廉斯意义下多级火箭最佳质量比的确定

作为 1.2 节和 1.3 节所述的一般理论的一个应用，当然可以把解决理论允许区域内威廉斯意义下多级火箭的最佳质量比的确定问题作为一个例子。但本节并不把它作为特例来处理，而是作为本书的一节单独解决。当然，每一步写得更加详细，甚至把一些比较明显的性质和类似的证明也都仔细地写出，这对读者理解 1.2 节和 1.3 节会有帮助。

此外，这一节还有它本身的意义。它使本节中所述的特殊问题的解决变得更具体了。再则，本节的最后还按前述的理论和方法具体地写出了两级、三级、四级火箭在本节这一特殊问题中的最佳质量比的解析表达式。这对于用前述的理论和方法具体地去求其他情况下的最佳质量比也有一定的参考价值。

特别要指出的是，本节中还有一些有意义的新结果，这些结果对于较快地确定这种特殊情况下的最佳质量比是有益的。

7.2.1　两级火箭在理论允许区域内威廉斯意义下的最佳质量比计算

确定两级火箭在理论允许区域内威廉斯意义下的最佳质量比，就是求下面数学问题 P_2 的解[其最小解 $M_2(V)$所对应的 P 记为 Min$P$，而与下面的 min$P$ 不同]：

$$P_2:\begin{cases}\sum_{i=1}^{2}W_i\ln r_i=V\\ 1\leqslant r_i<\dfrac{B_i}{B_i-A_i} \qquad (i=1,2)\\ \mathrm{Min}P=\prod_{i=1}^{2}\dfrac{r_i}{B_i-(B_i-A_i)r_i}\end{cases}$$

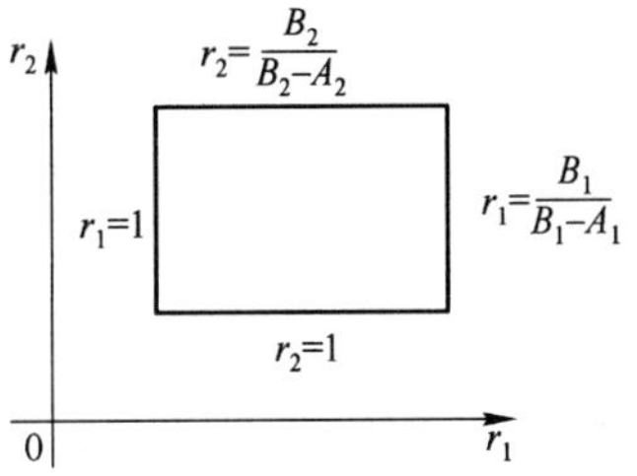

图 7-1　两级火箭的理论允许区域(1)

见图 7-1。

为了解决这个问题，这里先看几个有关的简单性质。

(1) 曲线 $V=\sum_{i=1}^{2}W_i\ln r_i$ 是严格凹的。

因为

$$r_2=\mathrm{e}^{\frac{V-W_1\ln r_1}{W_2}}$$

$$\frac{\mathrm{d}r_2}{\mathrm{d}\,r_1}=-\frac{W_1}{W_2}\frac{1}{r_1}\mathrm{e}^{\frac{V-W_1\ln r_1}{W_2}}<0$$

$$\frac{\mathrm{d}^2r_2}{\mathrm{d}r_1^2}=-\frac{W_1}{W_2}\left(-\frac{r_2}{r_1^2}+\frac{1}{r_1}\frac{\mathrm{d}r_2}{\mathrm{d}r_1}\right)>0$$

所以曲线 $V=\sum_{i=1}^{2}W_i\ln r_i$ 为严格凹。

若记

$$\text{区域 } D_2 \text{ 为：} 1\leqslant r_i<\frac{B_i}{B_i-A_i} \quad (i=1,2)$$

$$\text{区域 } D'_2 \text{ 为：} 0<r_i<\frac{B_i}{B_i-A_i} \quad (i=1,2)$$

那么，从第 1 章知，下述问题

$$\overline{P}_2:\begin{cases}\sum_{i=1}^{2}W_i\ln r_i=V\\ 0<r_i<\dfrac{B_i}{B_i-A_i} \qquad (i=1,2)\\ \min P=\prod_{i=1}^{2}\dfrac{r_i}{B_i-(B_i-A_i)r_i}\end{cases}$$

的唯一解就是

$$F = P + \lambda\left(V - \sum_{i=1}^{2} W_i \ln r_i\right)$$

在 D'_2 内的唯一驻点，记为 $S_2(V)$。

若以$\bar{r}_1$ 为参数，则驻点 $S_2(V)=(\bar{r}_1, \bar{r}_2)$可表示为

$$\begin{cases} \bar{r}_2 = \dfrac{(W_2 - W_1)B_1B_2 + W_1B_2(B_1 - A_1)\bar{r}_1}{W_2B_1(B_2 - A_2)} = A + B\bar{r}_1 \\ \bar{r}_1 \text{ 由 } V = \displaystyle\sum_{i=1}^{2} W_i \ln \bar{r}_i \text{ 确定} \end{cases}$$

其中

$$A = \frac{(W_2 - W_1)B_1B_2}{W_2B_1(B_2 - A_2)}$$

$$B = \frac{W_1B_2(B_1 - A_1)}{W_2B_1(B_2 - A_2)}$$

若以$\bar{r}_2$ 为参数，则驻点$(\bar{r}_1, \bar{r}_2)$可表示为

$$\begin{cases} \bar{r}_1 = \dfrac{B_1B_2(W_1 - W_2) + W_2B_1(B_2 - A_2)\bar{r}_2}{W_1B_2(B_1 - A_1)} = C + D\bar{r}_2 \\ \bar{r}_2 \text{ 由 } V = \displaystyle\sum_{i=1}^{2} W_i \ln \bar{r}_i \text{ 确定} \end{cases}$$

其中

$$C = \frac{B_1B_2(W_1 - W_2)}{W_1B_2(B_1 - A_1)}$$

$$D = \frac{W_2B_1(B_2 - A_2)}{W_1B_2(B_1 - A_1)}$$

从上述的驻点表达式又可得到(2)。

(2) 驻点 $S_2(V)$的坐标$\bar{r}_2$ 随 $\bar{r}_1$ 的增大而增大，从而 $\bar{r}_1$ 也随 $\bar{r}_2$ 的增大而增大。

因为

$$V = \sum_{i=1}^{2} W_i \ln \bar{r}_i = W_1 \ln \bar{r}_1 + W_2 \ln(A + B\bar{r}_1)$$

$$\frac{\mathrm{d}V}{\mathrm{d}\bar{r}_1} = \frac{W_1}{\bar{r}_1} + \frac{W_2B}{A + B\bar{r}_1} > 0$$

利用上式及性质(2)又可得到(3)。

(3) V 随着驻点的任一坐标 $\bar{r}_i$ 的增大而增大，从而 $\bar{r}_i$ 也随着 V 的增大而增大。

因为

$$\min P = \prod_{i=1}^{2} \frac{1}{A_i - B_i + \dfrac{B_i}{\bar{r}_i}}$$

$$\frac{\mathrm{d}\min P}{\mathrm{d}\bar{r}_1}=\frac{B_1}{(\bar{r}_1)^2}\frac{1}{\left(A_1-B_1+\frac{B_1}{\bar{r}_1}\right)^2}\frac{1}{A_2-B_2+\frac{B_2}{\bar{r}_2}}+$$

$$\frac{B_2}{(\bar{r}_2)^2}\frac{1}{\left(A_2-B_2+\frac{B_2}{\bar{r}_2}\right)^2}\frac{1}{A_1-B_1+\frac{B_1}{\bar{r}_1}}>0$$

再利用性质(2)可知(4)。

(4) $\min P$ 随着驻点任一坐标$\bar{r}_i$ 的增大而增大。再利用性质(3)可知(5)。

(5) $\min P$ 随着 V 的增大而增大

已知 V 可写成

$$V=W_1\ln\bar{r}_1+W_2\ln(A+B\bar{r}_1)$$
$$=W_1\ln(C+D\bar{r}_2)+W_2\ln\bar{r}_2$$

把$\bar{r}_i=1$ 时的 V 值分别记为 $\tilde{V}_i$　$(i=1,2)$，即

$$\tilde{V}_1=W_2\ln(A+B)$$
$$\tilde{V}_2=W_1\ln(C+D)$$

再记

$$A+B=\frac{(W_2-W_1)B_1B_2+W_1B_2(B_1-A_1)}{W_2B_1(B_2-A_2)}$$
$$=\frac{B_2}{B_2-A_2}\left(1-\frac{W_1A_1}{W_2B_1}\right)=C_1$$
$$C+D=\frac{B_1}{B_1-A_1}\left(1-\frac{W_2A_2}{W_1B_2}\right)=C_2$$

那么，显见

$$C_1<\frac{B_2}{B_2-A_2}$$
$$C_2<\frac{B_1}{B_1-A_1}$$

再利用性质(3)就有(6)。

(6) 当 $\tilde{V}_i\leqslant V<\sum_{i=1}^{2}W_i\ln\frac{B_i}{B_i-A_i}$时，驻点 $S_2(V)$的坐标$\bar{r}_i$ 有$\bar{r}_i\geqslant1(i=1,2)$。显然可证(参见下节)。

(7) 若 $\tilde{V}_1>0$，则 $\tilde{V}_2<0$；若 $\tilde{V}_2>0$，则 $\tilde{V}_1<0$。从而知，若 $\tilde{V}_1=0$ 则亦有 $\tilde{V}_2=0$；反之亦然。

此外，从第1章已知驻点 $S_2(V)$的坐标$\bar{r}_i$ 满足

$$0<\bar{r}_i<\frac{B_i}{B_i-A_i}\quad(i=1,2)$$

(8) 对于给定之 V，若问题 $\bar{P}_2$ 中的驻点落在 D_2 内，那么此驻点显然是问题 P_2 的唯一最佳点。而当问题 $\bar{P}_2$ 中的驻点落在区域 D_2 外时，例如 $S_2(V)$的某一坐标$\bar{r}_i<1(i=1$ 或 $2)$，

那么，由驻点的唯一性知，离驻点越远 P 值越大，显见问题 P_2 的最佳点即为 V 曲线与边界 $r_i=1$的交点。

据上所述，可知问题 P_2 有唯一的最小解，并且这唯一的最小解即问题 P_2 的唯一最佳点，可用下面格式来具体表示：

$$\begin{cases} \tilde{V}_2>0,\ \tilde{V}_1<0 & \begin{cases} \tilde{V}_2 \leqslant V < \sum\limits_{i=1}^{2} W_i \ln \dfrac{B_i}{B_i-A_i} \\ \text{驻点为最佳点} \\ 0 \leqslant V < \tilde{V}_2 \\ \text{最佳点为 } N_1(e^{\frac{V}{W_1}},\ 1)\text{(见图 7-2)} \end{cases} \\ \tilde{V}_1>0,\ \tilde{V}_2<0 & \begin{cases} \tilde{V}_1 \leqslant V < \sum\limits_{i=1}^{2} W_i \ln \dfrac{B_i}{B_i-A_i} \\ \text{驻点为最佳点} \\ 0 \leqslant V < \tilde{V}_1 \\ \text{最佳点为 } M_1(1,\ e^{\frac{V}{W_2}})\text{(见图 7-3)} \end{cases} \\ \tilde{V}_1=\tilde{V}_2=0 & \begin{cases} 0 \leqslant V < \sum\limits_{i=1}^{2} W_i \ln \dfrac{B_i}{B_i-A_i} \\ \text{驻点为最佳点(见图 7-4)} \end{cases} \end{cases} \qquad (*)$$

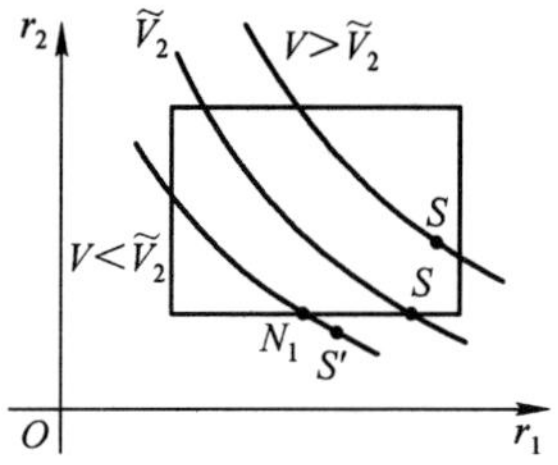

图 7-2　驻点分析(12)

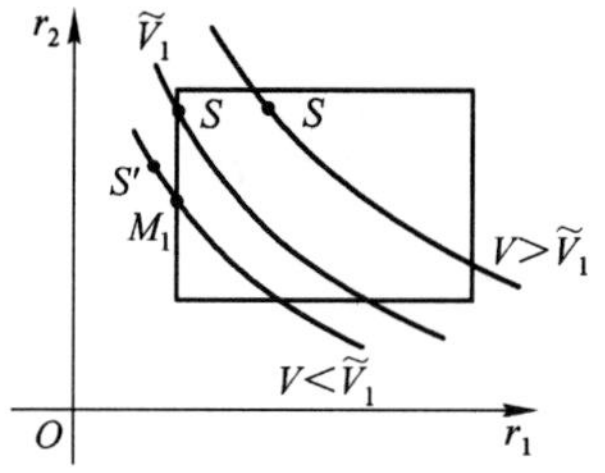

图 7-3　驻点分析(13)

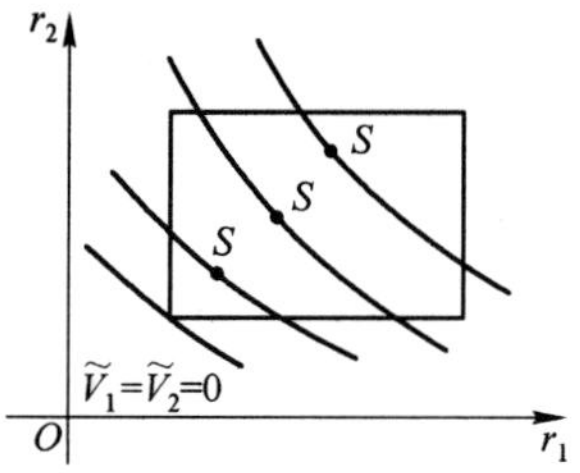

图 7-4　驻点分析(14)

此外，对于 M 型最佳点而言，其统一形式为 $(1,\ e^{\frac{V}{W_2}})$，代入 P 的表达式得

$$\text{Min}P = \prod_{i=2}^{2} \frac{1}{A_i - B_i + \dfrac{B_i}{r_i}} \Bigg|_{\text{最佳点处}} = \frac{1}{A_1} \frac{1}{A_2 - B_2 + \dfrac{B_2}{e^{\frac{V}{W_2}}}}$$

显见，Min$P$ 随着 V 的增大而增大。

对于 N 型最佳点而言，其统一形式为$(e^{\frac{V}{W_1}},\ 1)$，代入 P 的表达式得

$$\text{Min}P=\frac{1}{A_2} \frac{1}{A_1-B_1+\dfrac{B_1}{e^{\frac{V}{W_1}}}}$$

可见，对这两种类型言，Min$P$ 随着 V 的增大而增大。

再考虑到性质(5)，又可知(9)。

(9) 当 V 在 $\left[0, \sum W_i \ln \frac{B_i}{B_i - A_i}\right]$ 内单调地增大时，Min$P$ 也单调地增大。

综上所述，可知：对于任意的两级火箭，它们在威廉斯意义下的最佳质量比的具体表达式就是式(＊)，并且 Min$P$ 随着 V 的单调上升而单调上升，这里 $V \in \left(0, \sum_{i=1}^{2} W_i \ln \frac{B_i}{B_i - A_i}\right)$。

7.2.2　n 级火箭在理论允许区域内威廉斯意义下最佳质量比的确定

(1) 关于问题 $\overline{P}_n$ 和问题 P_n 的一些性质的讨论如下。

在速度 V 给定时，要使火箭起飞质量最小，就要确定多级火箭在理论允许区域内威廉斯意义下的最佳质量比，它实际上是如下的数学问题：

$$P_n: \begin{cases} \sum_{i=1}^{n} W_i \ln r_i = V \\ 1 \leqslant r_i < \frac{B_i}{B_i - A_i} \qquad (i = 1,2,\cdots, n) \\ \text{Min}P = \prod_{i=1}^{n} \frac{r_i}{B_i - (B_i - A_i) r_i} \end{cases} \tag{7.2-1}$$

这里 $V, W_i, A_i, B_i (i=1,2,\cdots, n)$ 均是常数，n 表示火箭级数。为叙述方便起见，称这个问题为问题 P_n，其最小解 $(r_1, r_2, \cdots, r_n)$ 则称为问题 P_n 的最小点，用 $M_n(V)$ 表示。又称

$$\overline{P}_n: \begin{cases} \sum_{i=1}^{n} W_i \ln r_i = V \\ 0 < r_i < \frac{B_i}{B_i - A_i} \qquad (i = 1,2,\cdots, n) \\ \text{min}P = \prod_{i=1}^{n} \frac{r_i}{B_i - (B_i - A_i) r_i} \end{cases} \tag{7.2-2}$$

为问题 $\overline{P}_n$，其拉格朗日式的驻点称为问题 $\overline{P}_n$ 的驻点，用 $S_n(V)$ 表示。

现用拉格朗日乘子法求解问题 $\overline{P}_n$，令

$$F = P + \lambda\left(V - \sum_{i=1}^{n} W_i \ln r_i\right)$$

这个式子称为拉格朗日式，其中 λ 是待定因子。由

$$\frac{\partial F}{\partial r_i} = 0 \qquad (i=1,2,\cdots, n)$$

得到方程组

$$\left.\begin{aligned}&\frac{B_1}{B_1-(B_1-A_1)r_1}\prod_{i=1}^{n}\frac{r_i}{B_i-(B_i-A_i)r_i}=\lambda W_1\\&\qquad\vdots\\&\frac{B_j}{B_j-(B_j-A_j)r_j}\prod_{i=1}^{n}\frac{r_i}{B_i-(B_i-A_i)r_i}=\lambda W_j\\&\qquad\vdots\\&\frac{B_n}{B_n-(B_n-A_n)r_n}\prod_{i=1}^{n}\frac{r_i}{B_i-(B_i-A_i)r_i}=\lambda W_n\end{aligned}\right\}\tag{7.2-3}$$

关于 r_j 解方程组(7.2-3)，得到

$$\left.\begin{aligned}r_1&=\frac{B_1}{B_1-A_1}\left(1-\frac{W_j}{W_1}+\frac{W_j}{W_1}\frac{B_j-A_j}{B_j}r_j\right)\\r_2&=\frac{B_2}{B_2-A_2}\left(1-\frac{W_j}{W_2}+\frac{W_j}{W_2}\frac{B_j-A_j}{B_j}r_j\right)\\&\vdots\\r_n&=\frac{B_n}{B_n-A_n}\left(1-\frac{W_j}{W_n}+\frac{W_j}{W_n}\frac{B_j-A_j}{B_j}r_j\right)\end{aligned}\right\}\tag{7.2-4}$$

将式(7.2-4)代入式(7.2-1)，得到

$$V=\sum_{i=1}^{n}W_i\ln\left[\frac{B_i}{B_i-A_i}\left(1-\frac{W_j}{W_i}+\frac{W_j}{W_i}\frac{B_j-A_j}{B_j}r_j\right)\right]\tag{7.2-5}$$

或者

$$e^V=\prod_{i=1}^{n}\left(\frac{B_i}{B_i-A_i}\right)^{W_i}\left(1-\frac{W_j}{W_i}+\frac{W_j}{W_i}\frac{B_j-A_j}{B_j}r_j\right)^{W_i}\tag{7.2-6}$$

由式(7.2-5)或式(7.2-6)解出 r_j，再代入式(7.2-4)求出其他 r_i，即得 $S_n(V)$。

这样求出的是问题 $\overline{P}_n$ 的驻点 $S_n(V)$。

下面讨论问题 $\overline{P}_n$、问题 P_n、驻点 $S_n(V)$ 以及最小点 $M_n(V)$的一些性质。

命题 1：问题 $\overline{P}_n$ 的诸变元 r_s 有

$$0<r_s<\frac{B_s}{B_s-A_s}\quad(s=1,2,\cdots,n)$$

命题 2：对于问题 $\overline{P}_n$，在区域 D'_n：

$$0<r_s<\frac{B_s}{B_s-A_s}\quad(s=1,2,\cdots,n)$$

内，越靠近边界 $\frac{B_s}{B_s-A_s}(s=1,2,\cdots,n)$ P 越大，故 $\min P$ 不能在 D'_n 的边界 $\frac{B_s}{B_s-A_s}(s=1,2,\cdots,n)$上达到。

命题 3：P 是 r_i 的连续可微的严格增函数，V 是 r_i 的连续可微的严格增函数。

命题 4：驻点 $S_n(V)$ 的坐标 $r_i(i=1,2,\cdots,n)$ 是 V 的严格增函数，诸 r_i 之间也是彼此严格增的。

证明：由式(7.2-5)和式(7.2-6)即得。

命题 5：$V \geqslant \sum_{i=1}^{n} W_i \ln \frac{B_i}{B_i - A_i}$ 时，问题 $\bar{P}_n$ 和 P_n 无解。

证明：V 的理论允许区域是

$$\left[0,\ \sum_{i=1}^{n} W_i \ln \frac{B_i}{B_i - A_i}\right)$$

命题 6：超曲面 $V = \sum_{i=1}^{n} W_i \ln r_i$ 是严格凹的。

证明：函数

$$r_n = \exp\left(\frac{V - \sum_{i=1}^{n-1} W_i \ln r_i}{W_n}\right)$$

是开凸集

$$\{0 < r_i < \infty\} \quad (i=1,2,\cdots,n-1)$$

上的二阶连续可微实函数，它的 Hesse 阵为

$$\begin{bmatrix} \frac{\partial^2 r_n}{\partial r_1^2} & \frac{\partial^2 r_n}{\partial r_1 \partial r_2} & \cdots & \frac{\partial^2 r_n}{\partial r_1 \partial r_{n-1}} \\ \frac{\partial^2 r_n}{\partial r_2 \partial r_1} & \frac{\partial^2 r_n}{\partial r_2^2} & \cdots & \frac{\partial^2 r_n}{\partial r_2 \partial r_{n-1}} \\ & \vdots & & \\ \frac{\partial^2 r_n}{\partial r_{n-1} \partial r_1} & \frac{\partial^2 r_n}{\partial r_{n-1} \partial r_2} & \cdots & \frac{\partial^2 r_n}{\partial r_{n-1}^2} \end{bmatrix}$$

$$= \begin{bmatrix} \frac{(W_1+W_n)W_1}{W_n^2 r_1^2} & \frac{W_1 W_2}{W_n^2 r_1 r_2} & \cdots & \frac{W_1 W_{n-1}}{W_n^2 r_1 r_{n-1}} \\ \frac{W_2 W_1}{W_n^2 r_2 r_1} & \frac{(W_2+W_n)W_2}{W_n^2 r_2^2} & \cdots & \frac{W_2 W_{n-1}}{W_n^2 r_2 r_{n-1}} \\ & \vdots & & \\ \frac{W_{n-1} W_1}{W_n^2 r_{n-1} r_1} & \frac{W_{n-1} W_2}{W_n^2 r_{n-1} r_2} & \cdots & \frac{(W_{n-1}+W_n)W_{n-1}}{W_n^2 r_{n-1}^2} \end{bmatrix} \times \exp\left(\frac{V - \sum_{i=1}^{n-1} W_i \ln r_i}{W_n}\right)$$

矩阵部分相应的行列式为

$$\begin{vmatrix} W_1+W_n & W_2 & \cdots & W_{n-1} \\ W_1 & W_2+W_n & \cdots & W_{n-1} \\ \vdots & \vdots & & \vdots \\ W_1 & W_2 & \cdots & W_{n-1}+W_n \end{vmatrix} \times \frac{W_1 W_2 \cdots W_{n-1}}{W_n^{2(n-1)} r_1^2 r_2^2 \cdots r_{n-1}^2}$$

其各级主子式都>0，是正定的，故由凸分析可知，超曲面 $V=\sum_{i=1}^{n}W_i\ln r_i$ 是严格凹的。

命题 7：V 固定时，问题 $\overline{P}_n$ 的驻点唯一。（第 1 章中已证明）

命题 8：V 固定时，$\min P$ 在驻点 $S_n(V)$ 处达到。（第 1 章中已证明）

命题 9：类似两级火箭情况，显然可证 $\min P$ 对于驻点坐标 r_j 是严格增的。

命题 10：$\min P$ 是 V 的严格增函数。

证明：由命题 4、命题 9 即得。

由此可见，问题 $\overline{P}_n$ 的 $\min P$ 随着 V 的增大而单调增大，V 越大，则 $\min P$ 也越大。

命题 11：V 固定时，若问题 $\overline{P}_3$ 的驻点 $S_3(V)$ 的某个坐标 $r_i<1$，那么，问题 P_3 的最小点 $M_3(V)$ 必在区域 D_3：

$$1\leqslant r_i<\frac{B_i}{B_i-A_i}\quad (i=1,2,3)$$

的 $r_i=1$ 的面上。

证明：不失一般性，设在 $S_3(V)$ 的坐标中 $r_1=(0<a<1)$。

由韦厄斯特拉斯定理，问题 P_3 有最小值；但驻点在 D_3 外，可知 $\mathrm{Min}P$ 只能在 D_3 的边界上达到。

由命题 2，$\mathrm{Min}P$ 不能在 D_3 的 $r_i=\dfrac{B_i}{B_i-A_i}(i=1,2,3)$ 面上达到。今证 $\mathrm{Min}P$ 只能在 $r_1=1$ 的面上达到。

作平面 $r_1=r_1^0(r_1^0\geqslant a)$，可得到二维问题

$$\overline{P}_2^0:\begin{cases}W_2\ln r_2+W_3\ln r_3=V-W_1\ln r_1^0\\ 0<r_i<\dfrac{B_i}{B_i-A_i}\qquad (i=2,3)\\ \min P=\displaystyle\prod_{i=2}^{3}\frac{r_i}{B_i-(B_i-A_i)r_i}C(r_1^0)\end{cases}\tag{7.2-7}$$

其中，$C(r_1^0)=\dfrac{r_1^0}{B_1-(B_1-A_1)r_1^0}$ 是常数。

设问题 $\overline{P}_2^0$ 的驻点 $S_2^0(V)=(r_2^0,r_3^0)$，它就是三维曲面

$$V=\sum_{i=1}^{3}W_i\ln r_i$$

上的点 (r_1^0,r_2^0,r_3^0)，由命题 7 知道，随着 r_1^0 从 a 递增，P 在点 (r_1^0,r_2^0,r_3^0) 的值[简记为 $P(r_1^0,r_2^0,r_3^0)$，以下同]是单调增的[因若不然，$P(r_1^0,r_2^0,r_3^0)$ 就一定在某 $r_1^0=a'>a$ 处下降，从而 $P(r_1^0,r_2^0,r_3^0)$ 在 $a<r_1^0\leqslant a'$ 中有驻点，这个点也是问题 $\overline{P}_3$ 的驻点 $S_3^0(V)$，且不同于 $S_3(V)$，这与驻点的唯一性矛盾]。因此，当 $r_1^0=1$ 时，$P(1,r_2^0,r_3^0)$ 必小于 D_3 内 V 曲面上的任一点的 P 值。这样，如果 r_2^0，r_3^0 都不小于 1，也就是说点 $(1,r_2^0,r_3^0)$ 在 D_3 的 $r_1=1$ 面上时，它就

是$M_3(V)$。

如果$r_1^0=1$时，r_2^0与r_3^0中有一个小于1(不可能同时小于1)，不妨设$r_2^0<1$，那么$M_3(V)$必然是D_3的$r_1=1$面、$r_2=1$面和V曲面的交点$(1, 1, \bar{r}_3^0)$。分两种情形说明。

1) 在$S_3(V)$上，$r_2=b(b\geqslant 1)$，$r_3>1$，而当$r_1^0=1$时，$r_2^0<1$。下面来看二维问题

$$\bar{P}'_2:\begin{cases}W_1\ln r_1+W_3\ln r_3=V-W_2\ln r'_2\\ 0<r_i<\dfrac{B_i}{B_i-A_i}\quad(i=1,3)\\ \min P=\prod\limits_{i=1,\,3}\dfrac{r_i}{B_i-(B_i-A_i)r_i}C(r'_2)\end{cases}\tag{7.2-8}$$

这里$r'_2\leqslant b$，$C(r'_2)=\dfrac{r'_2}{B_2-(B_2-A_2)r'_2}$是常数。

当r'_2从b递减时，由于$\min P$中的常系数$C(r'_2)$不影响问题$\bar{P}'_2$的驻点坐标，故由式(7.2-8)及命题4知：$\bar{P}'_2$的驻点$S'_2(V)$的坐标(r'_1,r'_3)将单调上升，且当$r'_2=1$时，仍然有$r'_1<1$。[不然的话，必有$r'_2=r_2^*>1$，使$r'_1=1$，也就有

$$P(1,\ r_2^*,\ r'_3)<P(r'_1,1,r'_3)<P(1,1,\bar{r}_3^0)$$

但另一方面，由假设当$r_1=r_1^0=1$时，驻点是(r_2^0,r_3^0)又有

$$P(1,\ r_2^0,\ r_3^0)<P(1,1,\bar{r}_3^0)$$

且

$$r_2^0<1$$

这意味着当$r_1^0=1$时，问题$\bar{P}_2^0$至少有两个驻点，这与驻点的唯一性相矛盾。]因此，在$r_2=1$面与V曲面的交线的任何点上的P值都大于$P(1,\ 1,\ \bar{r}_3^0)$。

2) 在$S_3(V)$中，$r_2=C(0<C<1)$，$r_3>1$，那么当$r_1^0=1$时，由式(7.2-7)及命题4，仍然$r_2^0<1$。此时问题$\bar{P}'_2$的驻点坐标当r'_2从C递增时都单调减小，故当$r'_2=1$时，仍有$r'_1<1$。同样可知，在$r_2=1$面与V曲面的交线的任何点上，P值都大于$P(1,\ 1,\ \bar{r}_3^0)$。

对于问题$\bar{P}_3$和$\bar{P}_3^0$，驻点坐标不可能都小于1，故在上述假设中都有$r_3>1$，$r_3^0>1$。同样由驻点的唯一性可知，在D_3内V曲面的点上，及$r_3=1$面与V曲面的交线的点上P值都大于$P(1,\ 1,\ \bar{r}_3^0)$，所以$(1,\ 1,\ \bar{r}_3^0)$就是$M_3(V)$，证毕。

命题 12：V固定时，若问题$\bar{P}_n$的驻点$S_n(V)$的某个坐标$r_i<1$，那么问题P_n的最小点$M_n(V)$必然在方体D_n：

$$1\leqslant r_i<\frac{B_i}{B_i-A_i}\quad(i=1,2,\cdots,\ n)$$

的$(n-1)$维包腔$r_i=1$与超曲面V的截痕上。

证明：用归纳法。$k=2,3$时已证。设$k=n$时命题成立，那么当$k=n+1$时，不妨设$S_{n+1}(V)$的坐标

$$r_{n+1}=q \quad (0<q<1)$$

由驻点的唯一性，$M_{n+1}(V)$不可能在D_{n+1}内。

今证$M_{n+1}(V)$也不可能在对应于驻点坐标$r_j>1$的n维包腔上。n维问题

$$\overline{P}_n^0: \begin{cases} \sum_{i=1}^{n} W_i \ln r_i = V - W_{n+1} \ln r_{n+1}^0 \\ 0 < r_i < \dfrac{B_i}{B_i - A_i} \quad (i = 1, 2, \cdots, n) \\ \min P = \prod_{i=1}^{n} \dfrac{r_i}{B_i - (B_i - A_i) r_i} C(r_{n+1}^0) \end{cases}$$

[这里$r_{n+1}^0 \geqslant q$，$C(r_{n+1}^0)=\dfrac{r_{n+1}^0}{B_{n+1}-(B_{n+1}-A_{n+1})r_{n+1}^0}$是常数]的驻点($r_1^0$，$r_2^0$，…，$r_n^0$)的坐标当$r_{n+1}^0=1$时如果都不小于1，那么由命题4和命题7知道，必然有

$$M_{n+1}(V)=(r_1^0,\ r_2^0,\ \cdots,\ r_n^0,\ 1)$$

如果$r_{n+1}^0=1$时，(r_1^0，…，r_n^0)中有小于1的，不妨设$r_1^0<1$(这里也有两种情形，即在原来的$S_{n+1}(V)$中$r_1>1$和$r_1 \leqslant 1$，这里仅证前者)。下面来看n维问题

$$\overline{P}'_n: \begin{cases} \sum_{i=2}^{n+1} W_i \ln r_i = V - W_1 \ln r'_1 \\ 0 < r_i < \dfrac{B_i}{B_i - A_i} \quad (i = 2, \cdots, n+1) \\ \min P = \prod_{i=2}^{n+1} \dfrac{r_i}{B_i - (B_i - A_i) r_i} C(r'_1) \end{cases}$$

它的驻点$S'_n(V)=(r'_2,\ r'_3,\ \cdots,\ r'_{n+1})$的坐标将随着$r'_1$的递减而增大，且由命题4和命题7知，对一切$r'_1 \geqslant 1$，$S'_n(V)$的$r'_{n+1}$仍小于1。根据归纳法假设，对每一固定的$r'_1$，问题$P'_n$的最小点$M'_n(V)$必然有$r'_{n+1}=1$，这说明对于原先的问题$P_{n+1}$，最小点$M_{n+1}(V)$只能在方体$D_{n+1}$的$n$维包腔$r_{n+1}=1$与$V$超曲面的截痕上。

命题 13：V变化时，$M_n(V)$在方体D_n内分段连续变化，或者说，问题P_n的最小点轨迹(V，$M_n(V)$)是D_n上的一条分段、降维的连续超曲线。

证明：在方程

$$V = \sum_{i=1}^{n} W_i \ln\left[\frac{B_i}{B_i - A_i}\left(1 - \frac{W_j}{W_i} + \frac{W_j}{W_i} \frac{B_j - A_j}{B_j} r_j\right)\right]$$

中，当j取1，2，…，n时，分别令$r_j=1$，求得$\tilde{v}_1, \tilde{v}_2, \cdots, \tilde{v}_n$。

令

$$V_{n-1}=\max\{\tilde{v}_1, \tilde{v}_2, \cdots, \tilde{v}_n\}$$

那么由命题4，当$V \in [V_{n-1},\ U_n)$时，$S_n(V)$的所有坐标不小于1，因此由命题8，$M_n(V)=$

$S_n(V)$再由$S_n(V)$对于V的连续性，可知，此时$(V, M_n(V))$是D_n内的一条n维连续超曲线。

当$V<V_{n-1}$且大于某值时，由命题4，$S_n(V)$的坐标中至少有一个小于1，不妨设为$r_n<1$(也可能同时有几个坐标小于1，情况类似)，那么由命题12，$M_n(V)$必然在$(n-1)$维包腔$r_n=1$上。此时，由于$W_n\ln r_n=0$，$\dfrac{r_n}{B_n-(B_n-A_n)r_n}=\dfrac{1}{A_n}$是个常数(且>1)，问题$P_n$已退化为问题

$$P_{n-1}: \begin{cases} \sum_{i=1}^{n-1} W_i \ln r_i = V \\ 1 \leqslant r_i < \dfrac{B_i}{B_i - A_i} \quad (i = 1,2,\cdots, n-1) \\ \mathrm{Min}P = \prod_{i=1}^{n-1} \dfrac{r_i}{B_i - (B_i - A_i) r_i} \dfrac{1}{A_n} \end{cases}$$

对于相应的问题$\overline{P}_{n-1}$，在方程(7.2-5)中令$r_j=1$，分别求得$\tilde{v}'_1$，$\tilde{v}'_2$，…，$\tilde{v}'_{n-1}$，令

$$V_{n-2}=\max\{\tilde{v}'_1, \tilde{v}'_2, \cdots, \tilde{v}'_{n-1}\}$$

那么当$V\in[V_{n-2}, V_{n-1}]$时，$M_{n-1}(V)=S_{n-1}(V)$，即说明$(V, M_n(V))$是方体D_n的$(n-1)$维包腔$r_n=1$内的一条$(n-1)$维连续超曲线。

当$V<V_{n-2}$时，问题P_{n-1}同样也退化为问题

$$P_{n-2}: \begin{cases} \sum_{i=1}^{n-2} W_i \ln r_i = V \\ 1 \leqslant r_i < \dfrac{B_i}{B_i - A_i} \quad (i = 1,2,\cdots, n-2) \\ \mathrm{Min}P = \prod_{i=1}^{n-2} \dfrac{r_i}{B_i - (B_i - A_i) r_i} \dfrac{1}{A_{n-1}} \dfrac{1}{A_n} \end{cases}$$

[这里假设了$S_{n-1}(V)$的坐标$r_{n-1}<1$]

同样可确定V_{n-3}，……

由上可见，当V在$(0, U_n)$内连续变化时，问题P_n的最小点$M_n(V)$是分段连续变化的，其每一段曲线$(V, M_n(V))$的下端对应的V值，充分接近于低一维曲线的上端点。证毕。

命题14:V变化时，$\mathrm{Min}P$随着V严格单调增，V越大，$\mathrm{Min}P$也越大。

证明：当$V\in[V_{n-1}, U_n)$时，$\mathrm{Min}P=\min P$，由命题10可知，此时$\mathrm{Min}P$随着V严格单调增。

当$V<V_{n-1}$时，在每一分划区间，问题$\overline{P}_{n-i}$和P_{n-i}的$\min P$和$\mathrm{Min}P$仅相差一个大于1的常系数，这并不影响驻点坐标，故仍由命题10，$\mathrm{Min}P$随着V而严格单调增。

当V充分小时，问题P_n退化为一维问题P_1，此时最小点$M_n(V)$的坐标中$(n-1)$个为1，另一个可解出为$e^{\frac{V}{W_j}}$，而此时

$$\operatorname{Min}P=\prod_{\substack{i=1\\i\neq j}}^{n}\frac{1}{A_i}\frac{1}{A_j-B_j+\dfrac{B_j}{\exp\left(\dfrac{V}{W_j}\right)}}$$

显见，Min$P$ 还是随着 V 严格单调增。证毕。

命题 15：在问题 P_n 中，诸 $\tilde{v}_1,\tilde{v}_2,\cdots,\tilde{v}_n$ 或必有异号的，或同时为 0。

证明：由方程(7.2-6)

$$\tilde{v}_j=\ln\left[\prod_{\substack{i=1\\i\neq j}}^{n}\left(1-\frac{A_i}{B_i}\right)^{-W_i}\left(1-\frac{W_j}{W_i}\frac{A_j}{B_j}\right)^{W_i}\right]\quad(j=1,2,\cdots,n)$$

若全为负值，即 $\tilde{v}_j<0$，则有

$$\prod_{\substack{i=1\\i\neq j}}^{n}\left(1-\frac{A_i}{B_i}\right)^{W_i}>\prod_{\substack{i=1\\i\neq j}}^{n}\left(1-\frac{W_j}{W_i}\frac{A_j}{B_j}\right)^{W_i}\quad(j=1,2,\cdots,n)$$

也就是说，下列 n 个命题必须同时成立。

1：$W_2\dfrac{A_2}{B_2}<W_1\dfrac{A_1}{B_1},W_3\dfrac{A_3}{B_3}<W_1\dfrac{A_1}{B_1},\cdots,W_n\dfrac{A_n}{B_n}<W_1\dfrac{A_1}{B_1}$中至少一个成立；

2：$W_1\dfrac{A_1}{B_1}<W_2\dfrac{A_2}{B_2},W_3\dfrac{A_3}{B_3}<W_2\dfrac{A_2}{B_2},\cdots,W_n\dfrac{A_n}{B_n}<W_2\dfrac{A_2}{B_2}$中至少一个成立；

……

n：$W_1\dfrac{A_1}{B_1}<W_n\dfrac{A_n}{B_n},W_2\dfrac{A_2}{B_2}<W_n\dfrac{A_n}{B_n},\cdots,W_{n-1}\dfrac{A_{n-1}}{B_{n-1}}<W_n\dfrac{A_n}{B_n}$中至少一个成立。

对于 n 个常数，这是不可能的。

同样可证，$\tilde{v}_j$ 全大于 0 也不可能；$\tilde{v}_j$ 部分为 0，部分同号也不可能，也就是说，诸 $\tilde{v}_j$ 中有大于 0 的，必也有小于 0 的。

但是，这 n 个值相等是可能的，而这意味着上述 $n\times(n-1)$个关系式全为等式，即所有 $\tilde{v}_j$ 等于 0。证毕。

命题 16：V_{n-i}总是小于问题 P_{n-i}的速度上界 U_{n-i}。

证明：只须证

$$V_{n-1}<\sum_{\substack{i=1\\i\neq j}}^{n}W_i\ln\frac{B_i}{B_i-A_i}=U_{n-1}$$

其余类似。

因为
$$\frac{B_i}{B_i-A_i}\left(1-\frac{W_j}{W_i}\frac{A_j}{B_j}\right)<\frac{B_i}{B_i-A_i}\quad(i\neq j)$$

所以
$$\tilde{v}_j=\sum_{\substack{i=1\\i\neq j}}^{n}W_i\ln\left[\frac{B_i}{B_i-A_i}\left(1-\frac{W_j}{W_i}\frac{A_j}{B_j}\right)\right]<\sum_{\substack{i=1\\i\neq j}}^{n}W_i\ln\frac{B_i}{B_i-A_i}$$
$$(j=1,2,\cdots,n)$$

所以 $$V_{n-1}=\max\{\tilde{v}_1,\tilde{v}_2,\cdots,\tilde{v}_n\}<\sum_{\substack{i=1\\i\neq j}}^{n}W_i\ln\frac{B_i}{B_i-A_i}$$

这里 s 是 $\tilde{v}_1$，$\tilde{v}_2$，…，$\tilde{v}_n$ 中值最大的 $\tilde{v}_j$ 的下标。

命题 17：在参数 $W_i, A_i, B_i(i=1,2,\cdots,n)$ 中，若有

$$W_s\frac{A_s}{B_s}>W_t\frac{A_t}{B_t},W_s\frac{A_s}{B_s}=W_t\frac{A_t}{B_t},W_s\frac{A_s}{B_s}<W_t\frac{A_t}{B_t}$$

那么，相应的 $\tilde{v}_s$，$\tilde{v}_t$ 分别有

$$\tilde{v}_s<\tilde{v}_t,\tilde{v}_s=\tilde{v}_t,\tilde{v}_s>\tilde{v}_t$$

其中 s，t 是 1，2，…，n 中不同的两个数。

证明：由式(7.2-6)

$$\begin{aligned}\tilde{v}_j&=\ln\left[\prod_{i=1}^{n}\left(\frac{B_i}{B_i-A_i}\right)^{W_i}\left(1-\frac{W_j}{W_i}\frac{A_j}{B_j}\right)^{W_i}\right]\\&=C+\ln\left[\prod_{i=1}^{n}\left(1-\frac{W_j}{W_i}\frac{A_j}{B_j}\right)^{W_i}\right]\end{aligned}$$

其中，$j=1,2,\cdots,n$；$C=\sum_{i=1}^{n}W_i\ln\frac{B_i}{B_i-A_i}$ 是常数。

因此，$\tilde{v}_j$ 的大小完全决定于

$$\ln\left[\prod_{i=1}^{n}\left(1-\frac{W_j}{W_i}\frac{A_j}{B_j}\right)^{W_i}\right]$$

当

$$W_s\frac{A_s}{B_s}\gtreqless W_t\frac{A_t}{B_t}$$

时，对任意 $W_i(i=1,2,\cdots,n)$ 都有

$$1-\frac{W_s}{W_i}\frac{A_s}{B_s}\lesseqgtr 1-\frac{W_t}{W_i}\frac{A_t}{B_t}$$

由于不等式(等式)两边都是正数，故有

$$\ln\left[\prod_{i=1}^{n}\left(1-\frac{W_s}{W_i}\frac{A_s}{B_s}\right)^{W_i}\right]\lesseqgtr\ln\left[\prod_{i=1}^{n}\left(1-\frac{W_t}{W_i}\frac{A_t}{B_t}\right)^{W_i}\right]$$

也就是

$$\tilde{v}_s\lesseqgtr\tilde{v}_t$$

证毕。

(2) 关于问题 P_n 的最小点 $M_n(V)$ 的一般求法如下。

给定一个 n 级火箭的材料，则问题 P_n 中的诸参数 W_i，A_i，$B_i(i=1,2,\cdots,n)$ 是已知的。在末速度 V 给定时，整个火箭的最佳级数、最小起飞质量以及各级子火箭按威廉斯意义的最佳质量比可按下列步骤来确定：

1）确定这个火箭的理论允许速度的最大范围。

$$U_n = \sum_{i=1}^{n} W_i \ln \frac{B_i}{B_i - A_i}$$

$$V \in (0, U_n)$$

2）确定 V_{n-1}，V_{n-2}，V_{n-3}，…

V_{n-1}：使问题 $\bar{P}_n$ 的驻点坐标有一个（或若干个）等于 1，其余都大于 1 的速度，也就是

$$V_{n-1} = \max\{\tilde{v}_1, \tilde{v}_2, \cdots, \tilde{v}_n\}$$

将 P_n 中对应于最大 $\tilde{v}_j$ 的坐标项去掉，得到问题

$$P_{n-1}: \begin{cases} \sum_{i=1}^{n-1} W'_i \ln r'_i = V \\ 1 \leqslant r'_i < \dfrac{B'_i}{B'_i - A'_i} \quad (i = 1, 2, \cdots, n-1) \\ \text{Min}P = \prod_{i=1}^{n-1} \dfrac{r'_i}{B'_i - (B'_i - A'_i) r'_i} \alpha \qquad (\alpha > 1\text{，是常数}) \end{cases}$$

［注意，这里的 r'_i 不一定是 P_n 的前 $(n-1)$ 个 r_i，而是 P_n 中去掉一项后的 $(n-1)$ 个 r_i 的重新排序。此外，P_n 的 $\tilde{v}_j$ 中有多于一个的等于 V_{n-1}，比如 s 个，那么，应在 P_n 中去掉这 s 个 $\tilde{v}_j$ 对应的坐标项，而得到问题 P_{n-s}。以下亦同］。对 P_{n-1} 求 V_{n-2}，使问题 P_{n-1} 的驻点有一个（或若干个）坐标等于 1，其余都大于 1 的速度，也就是

$$V_{n-2} = \max\{\tilde{v}'_1, \tilde{v}'_2, \cdots, \tilde{v}'_{n-1}\}$$

将 P_{n-1} 中与最大 $\tilde{v}'_j$ 对应的坐标项去掉，得到

$$P_{n-2}: \begin{cases} \sum_{i=1}^{n-2} W''_i \ln r''_i = V \\ 1 \leqslant r''_i < \dfrac{B''_i}{B''_i - A''_i} \quad (i = 1, 2, \cdots, n-2) \\ \text{Min}P = \prod_{i=1}^{n-2} \dfrac{r''_i}{B''_i - (B''_i - A''_i) r''_i} \alpha \beta \qquad (\alpha > 1, \beta > 1\text{ 是常数}) \end{cases}$$

（也可能是问题 P_{n-1-t}，或 P_{n-s-1}，或 P_{n-s-t}）。再求

$$V_{n-3}, \cdots$$

3）若给定的火箭速度 V 落在分划

$$0 < \cdots < V_{n-t} < V_{n-s} < \cdots < U_n$$

（这里 $1 \leqslant s < t < n$）的小区间 $(V_{n-t}, V_{n-s}]$ 中，则根据命题 11、命题 12 和命题 13，立即可知 $M_n(V)$ 的坐标中有 s 个值是 1，其余 $(n-s)$ 个坐标大于 1，可从求解问题 $\bar{P}_{n-s}$ 的驻点 $S_{n-s}(V)$ 得到。

4）计算 Min$P$。

这样，就在理论允许区域内确定了火箭的最佳级数是 $(n-s)$ 级，$S_{n-s}(V)$ 的坐标值就是相应各级子火箭按威廉斯意义的最佳质量比，Min$P$ 就是整体火箭的最小相对总重。

7.2.3 三级、四级火箭在理论允许区域内按威廉斯意义的最佳质量比的具体表达式

(1) 关于三级火箭的讨论如下。

对于

$$P_3\begin{cases}\sum_{i=1}^{3}W_i\ln r_i = V\\ 1\leqslant r_i < \dfrac{B_i}{B_i - A_i} \quad (i=1,2,3)\\ \mathrm{Min}P = \prod_{i=1}^{3}\dfrac{r_i}{B_i-(B_i-A_i)r_i}\end{cases}$$

1) $U_3 = \sum_{i=1}^{3}W_i\ln\dfrac{B_i}{B_i-A_i}$;

2) 确定 V_2。

在方程

$$V = \sum_{i=1}^{3}W_i\ln\Big[\frac{B_i}{B_i-A_i}\Big(1-\frac{W_j}{W_i}+\frac{W_j}{W_i}\,\frac{B_j-A_j}{B_j}r_j\Big)\Big]$$

中，当 $j=1,2,3$ 时，分别令 r_1, r_2, r_3 等于 1，求得

$$\tilde{v}_1 = \ln\Big[\prod_{i=2,3}\Big(1-\frac{A_i}{B_i}\Big)^{-W_i}\Big(1-\frac{W_1}{W_i}\,\frac{A_1}{B_1}\Big)^{W_i}\Big]$$

$$\tilde{v}_2 = \ln\Big[\prod_{i=1,3}\Big(1-\frac{A_i}{B_i}\Big)^{-W_i}\Big(1-\frac{W_2}{W_i}\,\frac{A_2}{B_2}\Big)^{W_i}\Big]$$

$$\tilde{v}_3 = \ln\Big[\prod_{i=1,2}\Big(1-\frac{A_i}{B_i}\Big)^{-W_i}\Big(1-\frac{W_3}{W_i}\,\frac{A_3}{B_3}\Big)^{W_i}\Big]$$

那么

$$V_2=\max\{\tilde{v}_1,\ \tilde{v}_2,\ \tilde{v}_3\}$$

3) 当 $W_1\dfrac{A_1}{B_1}=W_2\dfrac{A_2}{B_2}=W_3\dfrac{A_3}{B_3}$ 时

$$\tilde{v}_1=\tilde{v}_2=\tilde{v}_3=0$$

因此

$$V_2=0$$

此时，对 $V\in(0,\ U_3)$，驻点 $S_3(V)$ 永远是最小点 $M_3(V)$，所以应造三级火箭，它的

$$\begin{cases}\mathrm{Min}P = \prod_{i=1}^{3}\dfrac{r_i}{B_i-(B_i-A_i)r_i}\\ r_1\ \text{由方程}\ V = \sum_{i=1}^{3}W_i\ln\Big[\dfrac{B_i}{B_i-A_i}\Big(1-\dfrac{W_1}{W_i}+\dfrac{W_1}{W_i}\,\dfrac{B_1-A_1}{B_1}r_1\Big)\Big]\ \text{确定}\\ r_i = \dfrac{B_i}{B_i-A_i}\Big(1-\dfrac{W_1}{W_i}+\dfrac{W_1}{W_i}\,\dfrac{B_1-A_1}{B_1}r_1\Big) \quad (i=2,3)\end{cases} \tag{7.2-9}$$

4）当 $W_1\dfrac{A_1}{B_1}\leqslant W_2\dfrac{A_2}{B_2}, W_1\dfrac{A_1}{B_1}\leqslant W_3\dfrac{A_3}{B_3}$，且等号不同时成立时

$$\tilde{v}_1\geqslant\max\{\tilde{v}_2,\ \tilde{v}_3\}$$

因而

$$V_2=\tilde{v}_1=\sum_{i=2}^{3}W_i\ln\left[\frac{B_i}{B_i-A_i}\left(1-\frac{W_1}{W_i}\frac{A_1}{B_1}\right)\right]$$

在分划 $0<V_2<U_3$ 中，当 $V\in(V_2,\ U_3)$时，$S_3(V)=M_3(V)$，应造三级火箭，它的 $\mathrm{Min}P, r_1,\ r_2$ 及 r_3 同于式(7.2-9)

当 $V\in(0,\ V_2]$时，如果还有

(a) $W_1\dfrac{A_1}{B_1}<\min\left\{W_2\dfrac{A_2}{B_2}, W_3\dfrac{A_3}{B_3}\right\}$，也就是

$$\tilde{v}_1>\max\{\tilde{v}_2,\tilde{v}_3\}$$

那么问题 P_3 退化为二级火箭问题

$$P_2:\begin{cases}\displaystyle\sum_{i=2}^{3}W_i\ln r_i=V\\ 1\leqslant r_i<\dfrac{B_i}{B_i-A_i}\quad(i=2,\ 3)\\ \mathrm{Min}P=\displaystyle\prod_{i=2}^{3}\frac{r_i}{B_i-(B_i-A_i)r_i}\cdot\frac{1}{A_1}\end{cases}$$

按二级情况处理，有 5 种情形，下面列出结果：

$$\begin{cases}W_2\dfrac{A_2}{B_2}<W_3\dfrac{A_3}{B_3}\text{：此时，}V_1=W_3\ln\left[\dfrac{B_3}{B_3-A_3}\left(1-\dfrac{W_2}{W_3}\dfrac{A_2}{B_2}\right)\right]\\ \qquad V\in(V_1,\ V_2]\text{，造二级火箭，驻点是最小点}\\ \qquad V\in(0,\ V_1]\text{，造单级火箭，}r_3=\mathrm{e}^{\frac{V}{W_3}}\\ W_2\dfrac{A_2}{B_2}>W_3\dfrac{A_3}{B_3}\text{：此时，}V_1=W_2\ln\left[\dfrac{B_2}{B_2-A_2}\left(1-\dfrac{W_3}{W_2}\dfrac{A_3}{B_3}\right)\right]\\ \qquad V\in(V_1,\ V_2]\text{，造二级火箭，驻点是最小点}\\ \qquad V\in(0,\ V_1]\text{，造单级火箭，}r_2=\mathrm{e}^{\frac{V}{W_2}}\\ W_2\dfrac{A_2}{B_2}=W_3\dfrac{A_3}{B_3}\text{：此时，}V_1=0\\ \qquad V\in(0,\ V_2]\text{，造二级火箭，驻点是最小点}\end{cases}\tag{7.2-10}$$

(b) $W_1\dfrac{A_1}{B_1}=W_2\dfrac{A_2}{B_2}<W_3\dfrac{A_3}{B_3}$，也就是

$$\tilde{v}_1=\tilde{v}_2>\tilde{v}_3$$

那么问题 P_3 退化为单级火箭问题 P_1，对任意的 $V\in(0,\ V_2]$，都应造单级火箭，它的

$$\begin{cases} \mathrm{Min}P=\dfrac{r_3}{B_3-(B_3-A_3)r_3}\dfrac{1}{A_1}\dfrac{1}{A_2} \\ r_3=\mathrm{e}^{\frac{V}{W_3}} \end{cases} \tag{7.2-11}$$

(c) $W_1\dfrac{A_1}{B_1}=W_3\dfrac{A_3}{B_3}<W_2\dfrac{A_2}{B_2}$，也就是

$$\tilde{v}_1=\tilde{v}_3>\tilde{v}_2$$

那么问题 P_3 退化为单级火箭问题 P_1，对任意的 $V\in(0, V_2]$，都应造单级火箭，它的

$$\begin{cases} \mathrm{Min}P=\dfrac{r_2}{B_2-(B_2-A_2)r_2}\dfrac{1}{A_1}\dfrac{1}{A_3} \\ r_2=\mathrm{e}^{\frac{V}{W_2}} \end{cases} \tag{7.2-12}$$

5）当 $W_2\dfrac{A_2}{B_2}\leqslant W_3\dfrac{A_3}{B_3}, W_2\dfrac{A_2}{B_2}\leqslant W_1\dfrac{A_1}{B_1}$，且等号不同时成立时

$$\tilde{v}_2\geqslant\max\{\tilde{v}_3, \tilde{v}_1\}$$

因而

$$V_2=\tilde{v}_2=\sum_{i=1,3}W_i\ln\left[\frac{B_i}{B_i-A_i}\left(1-\frac{W_2}{W_i}\frac{A_2}{B_2}\right)\right]$$

在分划 $0<V_2<U_3$ 中，当 $V\in(V_2, U_3)$时，$S_3(V)=M_3(V)$，应造三级火箭，它的

$$\begin{cases} \mathrm{Min}P=\prod\limits_{i=1}^{3}\dfrac{r_i}{B_i-(B_i-A_i)r_i} \\ r_2 \text{ 由方程 } V=\sum\limits_{i=1}^{3}W_i\ln\left[\dfrac{B_i}{B_i-A_i}\left(1-\dfrac{W_2}{W_i}+\dfrac{W_2}{W_i}\dfrac{B_2-A_2}{B_2}r_2\right)\right] \text{确定} \\ r_i=\dfrac{B_i}{B_i-A_i}\left(1-\dfrac{W_2}{W_i}+\dfrac{W_2}{W_i}\dfrac{B_2-A_2}{B_2}r_2\right)\quad(i=1, 3) \end{cases} \tag{7.2-13}$$

当 $V\in(0, V_2]$时，如果还有

(a) $W_2\dfrac{A_2}{B_2}<\min\left\{W_3\dfrac{A_3}{B_3}, W_1\dfrac{A_1}{B_1}\right\}$，也就是

$$\tilde{v}_2>\max\{\tilde{v}_3, \tilde{v}_1\}$$

那么问题 P_3 退化为问题

$$P_2:\begin{cases} \sum\limits_{i=1,3}W_i\ln r_i=V \\ 1\leqslant r_i<\dfrac{B_i}{B_i-A_i}\quad(i=1, 3) \\ \mathrm{Min}P=\prod\limits_{i=1,3}\dfrac{r_i}{B_i-(B_i-A_i)r_i}\dfrac{1}{A_2} \end{cases}$$

也有 5 种情形，下面列出结果：

$$\begin{cases} W_1\dfrac{A_1}{B_1}<W_3\dfrac{A_3}{B_3}\text{：此时 } V_1=W_3\ln\left[\dfrac{B_3}{B_3-A_3}\left(1-\dfrac{W_1}{W_3}\dfrac{A_1}{B_1}\right)\right] \\ \quad V\in(V_1,V_2]\text{，造二级火箭，驻点是最小点} \\ \quad V\in(0,V_1]\text{，造单级火箭，} r_3=e^{\frac{V}{W_3}} \\ W_1\dfrac{A_1}{B_1}>W_3\dfrac{A_3}{B_3}\text{：此时 } V_1=W_1\ln\left[\dfrac{B_1}{B_1-A_1}\left(1-\dfrac{W_3}{W_1}\dfrac{A_3}{B_3}\right)\right] \\ \quad V\in(V_1,V_2]\text{，造二级火箭，驻点是最小点} \\ \quad V\in(0,V_1]\text{，造单级火箭，} r_1=e^{\frac{V}{W_1}} \\ W_1\dfrac{A_1}{B_1}=W_3\dfrac{A_3}{B_3}\text{：此时 } V_1=0 \\ \quad V\in(0,V_2]\text{，造二级火箭，驻点是最小点} \end{cases} \tag{7.2-14}$$

(b) $W_2\dfrac{A_2}{B_2}=W_1\dfrac{A_1}{B_1}<W_3\dfrac{A_3}{B_3}$，也就是

$$\tilde{v}_2=\tilde{v}_1>\tilde{v}_3$$

那么问题 P_3 退化为问题 P_1，应造单级火箭，它的 Min$P$ 和 r 同于式(7.2-11)。

(c) $W_2\dfrac{A_2}{B_2}=W_3\dfrac{A_3}{B_3}<W_1\dfrac{A_1}{B_1}$，也就是

$$\tilde{v}_2=\tilde{v}_3>\tilde{v}_1$$

那么问题 P_3 退化为问题 P_1，应造单级火箭，且

$$\begin{cases} \text{Min}P=\dfrac{r_1}{B_1-(B_1-A_1)r_1}\dfrac{1}{A_2}\dfrac{1}{A_3} \\ r_1=e^{\frac{V}{W_1}} \end{cases} \tag{7.2-15}$$

6）当 $W_3\dfrac{A_3}{B_3}\leqslant W_1\dfrac{A_1}{B_1}$，$W_3\dfrac{A_3}{B_3}\leqslant W_2\dfrac{A_2}{B_2}$，且等号不同时成立时

$$\tilde{v}_3\geqslant\max\{\tilde{v}_1,\tilde{v}_2\}$$

因而

$$V_2=\tilde{v}_3=\sum_{i=1}^{2}W_i\ln\left[\frac{B_i}{B_i-A_i}\left(1-\frac{W_3}{W_i}\frac{A_3}{B_3}\right)\right]$$

在分划 $0<V_2<U_3$ 中，当 $V\in(V_2,U_3)$时，$S_3(V)=M_3(V)$，应造三级火箭，它的

$$\begin{cases} \text{Min}P=\prod\limits_{i=1}^{3}\dfrac{r_i}{B_i-(B_i-A_i)r_i} \\ r_3\text{ 由方程 } V=\sum\limits_{i=1}^{3}W_i\ln\left[\dfrac{B_i}{B_i-A_i}\left(1-\dfrac{W_3}{W_i}+\dfrac{W_3}{W_i}\dfrac{B_3-A_3}{B_3}r_3\right)\right]\text{确定} \\ r_i=\dfrac{B_i}{B_i-A_i}\left(1-\dfrac{W_3}{W_i}+\dfrac{W_3}{W_i}\dfrac{B_3-A_3}{B_3}r_3\right)\quad(i=1,2) \end{cases} \tag{7.2-16}$$

当 $V\in(0, V_2]$ 时，如果还有

(a) $W_3\dfrac{A_3}{B_3}<\min\left\{W_1\dfrac{A_1}{B_1},W_2\dfrac{A_2}{B_2}\right\}$，也就是

$$\tilde{v}_3>\max\{\tilde{v}_1, \tilde{v}_2\}$$

那么问题 P_3 退化为问题

$$P_2:\begin{cases}\sum_{i=1}^{2}W_i\ln r_i=V\\ 1\leqslant r_i<\dfrac{B_i}{B_i-A_i}\quad(i=1, 2)\\ \text{Min}P=\sum_{i=1}^{2}\dfrac{r_i}{B_i-(B_i-A_i)r_i}\dfrac{1}{A_3}\end{cases}$$

也有 5 种情形，下面列出结果：

$$\begin{cases}W_1\dfrac{A_1}{B_1}<W_2\dfrac{A_2}{B_2}\text{: 此时 } V_1=W_2\ln\left[\dfrac{B_2}{B_2-A_2}\left(1-\dfrac{W_1}{W_2}\dfrac{A_1}{B_1}\right)\right]\\ \qquad V\in(V_1, V_2]\text{，造二级火箭，驻点是最小点}\\ \qquad V\in(0, V_1]\text{，造单级火箭，}r_2=\mathrm{e}^{\frac{V}{W_2}}\\ W_1\dfrac{A_1}{B_1}>W_2\dfrac{A_2}{B_2}\text{: 此时 } V_1=W_1\ln\left[\dfrac{B_1}{B_1-A_1}\left(1-\dfrac{W_2}{W_1}\dfrac{A_2}{B_2}\right)\right]\\ \qquad V\in(V_1, V_2]\text{，造二级火箭，驻点是最小点}\\ \qquad V\in(0, V_1]\text{，造单级火箭，}r_1=\mathrm{e}^{\frac{V}{W_1}}\\ W_1\dfrac{A_1}{B_1}=W_2\dfrac{A_2}{B_2}\text{: 此时 } V_1=0\\ \qquad V\in(0, V_2]\text{，造二级火箭，驻点是最小点}\end{cases}\tag{7.2-17}$$

(b) $W_3\dfrac{A_3}{B_3}=W_1\dfrac{A_1}{B_1}<W_2\dfrac{A_2}{B_2}$，也就是

$$\tilde{v}_3=\tilde{v}_1>\tilde{v}_2$$

那么问题 P_3 退化为问题 P_1 应造单级火箭，它的 $\text{Min}P$ 和 r 同于式(7.2-12)。

(c) $W_3\dfrac{A_3}{B_3}=W_2\dfrac{A_2}{B_2}<W_1\dfrac{A_1}{B_1}$，也就是

$$\tilde{v}_3=\tilde{v}_2>\tilde{v}_1$$

那么问题 P_3 退化为问题 P_1，应造单级火箭，它的 $\text{Min}P$ 和 r 同于式(7.2-5)。

这样，对于三级火箭问题，就得到了各种情况下的 $\text{Min}P$ 和诸 r 的具体表达式。

(2) 关于四级火箭的讨论如下。

$$P_4:\begin{cases}\sum\limits_{i=1}^{4}W_i\ln r_i=V\\1\leqslant r_i<\dfrac{B_i}{B_i-A_i}\quad(i=1,2,3,4)\\\mathrm{Min}P=\prod\limits_{i=1}^{4}\dfrac{r_i}{B_i-(B_i-A_i)r_i}\end{cases}$$

由命题 7 知，对于一个给定的 n 级火箭，它的 $\tilde{v}_j(j=1,2,\cdots,n)$ 之间的大小取决于相应 $W_j\dfrac{A_j}{B_j}$ 之间的大小。也就是说，如果

$$W_{i1}\frac{A_{i1}}{B_{i1}}\leqslant W_{i2}\frac{A_{i2}}{B_{i2}}\leqslant\cdots\leqslant W_{in}\frac{A_{in}}{B_{in}}$$

那么必有

$$\tilde{v}_{i1}\geqslant\tilde{v}_{i2}\geqslant\cdots\geqslant\tilde{v}_{in}$$

其中，i_1，i_2，…，i_n，是 1，2，…，n 的一个排列。

据此，就得到一个直接确定四级火箭的 V_3，V_2，V_1 的方法(对一般 n 级火箭同样可行)。本文仅讨论

$$W_1\frac{A_1}{B_1}\leqslant\min\left\{W_2\frac{A_2}{B_2},W_3\frac{A_3}{B_3},W_4\frac{A_4}{B_4}\right\}$$

的情况。$W_2\dfrac{A_2}{B_2}$ 或 $W_3\dfrac{A_3}{B_3}$ 或 $W_4\dfrac{A_4}{B_4}$ 为最小时的情况都是类似的，不再重复。

1) $U_4=\sum\limits_{i=1}^{4}W_i\ln\dfrac{B_i}{B_i-A_i}$。

2) $W_1\dfrac{A_1}{B_1}=W_2\dfrac{A_2}{B_2}=W_3\dfrac{A_3}{B_3}=W_4\dfrac{A_4}{B_4}$，

此时
$$\tilde{v}_1=\tilde{v}_2=\tilde{v}_3=\tilde{v}_4=0$$
因此
$$V_3=0$$

对于 $V\in(0,U_4)$，问题 $\bar{P}_4$ 的驻点永远是问题 P_4 的最小点，即 $S_4(V)=M_4(S)$，应造四级火箭，且

$$\begin{cases}\mathrm{Min}P=\prod\limits_{i=1}^{4}\dfrac{r_i}{B_i-(B_i-A_i)r_i}\\r_1\text{ 由方程 }V=\sum\limits_{i=1}^{4}W_i\ln\left[\dfrac{B_i}{B_i-A_i}\left(1-\dfrac{W_1}{W_i}+\dfrac{W_1}{W_i}\dfrac{B_1-A_1}{B_1}r_1\right)\right]\text{确定}\\r_s=\dfrac{B_s}{B_s-A_s}\left(1-\dfrac{W_s}{W_s}+\dfrac{W_1}{W_s}\dfrac{B_1-A_1}{B_1}r_1\right)\quad(s=2,3,4)\end{cases}\tag{7.2-18}$$

3) $W_1\dfrac{A_1}{B_1}<W_2\dfrac{A_2}{B_2}=W_3\dfrac{A_3}{B_3}=W_4\dfrac{A_4}{B_4}$，

此时
$$\tilde{v}_1 > \tilde{v}_2 = \tilde{v}_3 = \tilde{v}_4$$
也有
$$\tilde{v}_2' = \tilde{v}_3' = \tilde{v}_4' = 0$$
因此
$$V_3 = \tilde{v}_1 = \sum_{i=2}^{4} W_i \ln\left[\frac{B_i}{B_i - A_i}\left(1 - \frac{W_1}{W_i}\frac{A_1}{B_1}\right)\right]$$
$$V_2 = 0$$

在分划 $0 < V_3 < U_4$ 中，$V \in (V_3, U_4)$时，$S_4(V)$就是 $M_4(V)$，应造四级火箭，它的 Min$P$ 和诸 r 同于式(7.2-18)。

$V \in (0, V_3]$时，问题 P_4 退化为问题 P_3，并且问题 $\bar{P}_3$ 的驻点永远是问题 P_3 的最小点，应造三级火箭，它的

$$\begin{cases} \text{Min}P = \prod_{i=2}^{4} \dfrac{r_i}{B_i - (B_i - A_i) r_i} \dfrac{1}{A_1} \\ r_2 \text{ 由方程 } V = \sum_{i=2}^{4} W_i \ln\left[\dfrac{B_i}{B_i - A_i}\left(1 - \dfrac{W_2}{W_i} + \dfrac{W_2}{W_i}\dfrac{B_2 - A_2}{B_2} r_2\right)\right] \text{确定} \\ r_s = \dfrac{B_s}{B_s - A_s}\left(1 - \dfrac{W_2}{W_s} + \dfrac{W_2}{W_s}\dfrac{B_2 - A_2}{B_2} r_2\right) \quad (s = 3, 4) \end{cases} \tag{7.2-19}$$

4) $W_1 \dfrac{A_1}{B_1} = W_2 \dfrac{A_2}{B_2} < W_3 \dfrac{A_3}{B_3} = W_4 \dfrac{A_4}{B_4}$

此时
$$\tilde{v}_1 = \tilde{v}_2 > \tilde{v}_3 = \tilde{v}_4$$
也有
$$\tilde{v}_3' = \tilde{v}_4' = 0$$
因此
$$V_3 = \tilde{v}_1 = \sum_{i=2}^{4} W_i \ln\left[\frac{B_i}{B_i - A_i}\left(1 - \frac{W_1}{W_i}\frac{A_1}{B_1}\right)\right]$$
$$V_2 = 0$$

在分划 $0 < V_3 < U_4$ 中，$V \in (V_3, U_4)$时，$S_4(V)$就是 $M_4(V)$，应造四级火箭，它的 Min$P$ 与诸 r 同于式(7.2-18)。

$V \in (0, V_3)$时，问题 P_4 退化为问题 P_2，并且问题 $\bar{P}_2$ 的驻点永远是 P_2 的最小点，因此应造二级火箭，它的

$$\begin{cases} \text{Min}P = \prod_{i=3}^{4} \dfrac{r_i}{B_i - (B_i - A_i) r_i} \dfrac{1}{A_1} \dfrac{1}{A_2} \\ r_3 \text{ 由方程 } V = \sum_{i=3}^{4} W_i \ln\left[\dfrac{B_i}{B_i - A_i}\left(1 - \dfrac{W_3}{W_i} + \dfrac{W_3}{W_i}\dfrac{B_3 - A_3}{B_3} r_3\right)\right] \text{确定} \\ r_4 = \dfrac{B_4}{B_4 - A_4}\left(1 - \dfrac{W_3}{W_4} + \dfrac{W_3}{W_4}\dfrac{B_3 - A_3}{B_3} r_3\right) \end{cases} \tag{7.2-20}$$

(注：还有

$$W_1 \frac{A_1}{B_1} = W_3 \frac{A_3}{B_3} < W_2 \frac{A_2}{B_2} = W_4 \frac{A_4}{B_4}$$

及

$$W_1\frac{A_1}{B_1}=W_4\frac{A_4}{B_4}<W_2\frac{A_2}{B_2}=W_3\frac{A_3}{B_3}$$

两种情形，与上类似，不再重复。）

5) $W_1\frac{A_1}{B_1}=W_2\frac{A_2}{B_2}=W_3\frac{A_3}{B_3}<W_4\frac{A_4}{B_4}$

此时 $\tilde{v}_1=\tilde{v}_2=\tilde{v}_3>\tilde{v}_4$

因此

$$V_3=\tilde{v}_1=\sum_{i=2}^{4}W_i\ln\left[\frac{B_i}{B_i-A_i}\left(1-\frac{W_1}{W_i}\frac{A_1}{B_1}\right)\right]$$

在分划 $0<V_3<U_4$ 中，$V\in(V_3, U_4)$时，$S_4(V)$就是 $M_4(V)$，应造四级火箭，它的 Min$P$ 与诸 r 同于式(7.2-18)。

$V\in(0, V_3]$时，问题 P_4 退化为问题 P_1 应造单级火箭，它的

$$\begin{cases}\mathrm{Min}P=\dfrac{r_4}{B_4-(B_4-A_4)r_4}\dfrac{1}{A_1}\dfrac{1}{A_2}\dfrac{1}{A_3}\\ r_4=\mathrm{e}^{\frac{V}{W_4}}\end{cases}\tag{7.2-21}$$

（注：还有

$$W_1\frac{A_1}{B_1}=W_2\frac{A_2}{B_2}=W_4\frac{A_4}{B_4}<W_3\frac{A_3}{B_3}$$

及

$$W_1\frac{A_1}{B_1}=W_3\frac{A_3}{B_3}=W_4\frac{A_4}{B_4}<W_2\frac{A_2}{B_2}$$

两种情形，与上类似，不再重复。）

6) $W_1\frac{A_1}{B_1}<W_2\frac{A_2}{B_2}<W_3\frac{A_3}{B_3}=W_4\frac{A_4}{B_4}$

此时 $\tilde{v}_1>\tilde{v}_2>\tilde{v}_3=\tilde{v}_4$

也有 $\tilde{v}'_2>\tilde{v}'_3=\tilde{v}'_4$

$$\tilde{v}''_3=\tilde{v}''_4=0$$

因此

$$V_1=\tilde{v}_1=\sum_{i=2}^{4}W_i\ln\left[\frac{B_i}{B_i-A_i}\left(1-\frac{W_1}{W_i}\frac{A_1}{B_1}\right)\right]$$

$$V_2=\tilde{v}'_2=\sum_{i=3}^{4}W_i\ln\left[\frac{B_i}{B_i-A_i}\left(1-\frac{W_2}{W_i}\frac{A_2}{B_2}\right)\right]$$

$$V_1=0$$

在分划 $0<V_2<V_3<U_4$ 中，$V\in(V_3, U_4)$时，$S_4(V)$就是 $M_4(V)$，应造四级火箭，它的 Min$P$ 和诸 r 同于式(7.2-18)。

$V\in(V_2, V_3]$时，问题 P_4 退化为问题 P_3 且 $S_3(V)=M_3(V)$，应造三级火箭，它的 Min$P$ 和诸 r 同于式(7.2-19)。

$V\in(0, V_2]$时，问题 P_4 退化为问题 P_2，且问题 $\overline{P}_2$ 的驻点永远是问题 P_2 的最小点，应造二级火箭，它的 Min$P$ 和诸 r 同于式(7.2-20)。

(注：还有

$$W_1\frac{A_1}{B_1}<W_3\frac{A_3}{B_3}<W_4\frac{A_4}{B_4}=W_2\frac{A_2}{B_2}$$

及

$$W_1\frac{A_1}{B_1}<W_4\frac{A_4}{B_4}<W_2\frac{A_2}{B_2}=W_3\frac{A_3}{B_3}$$

两种情形，与上类似，不再重复。)

7) $W_1\frac{A_1}{B_1}<W_2\frac{A_2}{B_2}=W_3\frac{A_3}{B_3}<W_4\frac{A_4}{B_4}$

此时

$$\tilde{v}_1>\tilde{v}_2=\tilde{v}_3>\tilde{v}_4$$

还有

$$\tilde{v}_2'=\tilde{v}_3'>\tilde{v}_4'$$

因此

$$V_3=\tilde{v}_1=\sum_{i=2}^{4}W_i\ln\left[\frac{B_i}{B_i-A_i}\left(1-\frac{W_1}{W_i}\frac{A_1}{B_1}\right)\right]$$

$$V_2=\tilde{v}_2'=\sum_{i=3}^{4}W_i\ln\left[\frac{B_i}{B_i-A_i}\left(1-\frac{W_2}{W_i}\frac{A_2}{B_2}\right)\right]$$

在分划 $0<V_2<V_3<U_4$ 中，$V\in(V_3, U_4)$时，$S_4(V)=M_4(V)$，应造四级火箭，它的 Min$P$ 和诸 r 同于式(7.2-18)。

$V\in(V_2, V_3]$时，问题 P_4 退化为问题 P_3，并且 $S_3(V)=M_3(V)$应造三级火箭，它的 Min$P$ 和诸 r 同于式(7.2-19)。

$V\in(0, V_2]$时，问题 P_4 退化为问题 P_1，应造单级火箭，它的 Min$P$ 和 r 同于式(7.2-21)。

(注：还有

$$W_1\frac{A_1}{B_1}<W_3\frac{A_3}{B_3}=W_4\frac{A_4}{B_4}<W_2\frac{A_2}{B_2}$$

及

$$W_1\frac{A_1}{B_1}<W_4\frac{A_4}{B_4}=W_2\frac{A_2}{B_2}<W_3\frac{A_3}{B_3}$$

两种情形，与上类似，不再重复。)

8) $W_1\frac{A_1}{B_1}=W_2\frac{A_2}{B_2}<W_3\frac{A_3}{B_3}<W_4\frac{A_4}{B_4}$

此时 $$\tilde{v}_1=\tilde{v}_2>\tilde{v}_3>\tilde{v}_4$$

还有 $$\tilde{v}_3'>\tilde{v}_4'$$

因此

$$V_3=\tilde{v}_1=\sum_{i=2}^{4}W_i\ln\left[\frac{B_i}{B_i-A_i}\left(1-\frac{W_1}{W_i}\frac{A_1}{B_1}\right)\right]$$

$$V_1=\tilde{v}_3'=W_4\ln\left[\frac{B_4}{B_4-A_4}\left(1-\frac{W_3}{W_2}\frac{A_3}{B_3}\right)\right]$$

在分划 $0<V_1<V_3<U_4$ 中，$V\in(V_3, U_4)$时，$S_4(V)=M_4(V)$，应造四级火箭，它的 Min$P$ 和诸 r 同于式(7.2-18)。

$V\in(V_1, V_3]$时，问题 P_4 退化为问题 P_2，且 $S_2(V)=M_2(V)$，应造二级火箭，它的 Min$P$ 和诸 r 同于式(7.2-20)。

$V\in(0, V_1]$时，问题 P_4 退化为问题 P_1，应造单级火箭，它的 Min$P$ 和 r 同于式(7.2-21)。

(注：还有

$$W_1\frac{A_1}{B_1}=W_2\frac{A_2}{B_2}<W_4\frac{A_4}{B_4}<W_3\frac{A_3}{B_3}$$

$$W_1\frac{A_1}{B_1}=W_3\frac{A_3}{B_3}<W_2\frac{A_2}{B_2}<W_4\frac{A_4}{B_4}$$

$$W_1\frac{A_1}{B_1}=W_3\frac{A_3}{B_3}<W_4\frac{A_4}{B_4}<W_2\frac{A_2}{B_2}$$

$$W_1\frac{A_1}{B_1}=W_4\frac{A_4}{B_4}<W_2\frac{A_2}{B_2}<W_3\frac{A_3}{B_3}$$

及

$$W_1\frac{A_1}{B_1}=W_4\frac{A_4}{B_4}<W_3\frac{A_3}{B_3}<W_2\frac{A_2}{B_2}$$

等 5 种情形，与上类似，不再重复。)

9) $W_1\frac{A_1}{B_1}<W_2\frac{A_2}{B_2}<W_3\frac{A_3}{B_3}<W_4\frac{A_4}{B_4}$

此时 $$\tilde{v}_1>\tilde{v}_2>\tilde{v}_3>\tilde{v}_4$$

还有 $$\tilde{v}_2'>\tilde{v}_3'>\tilde{v}_4'$$

$$\tilde{v}_3''>\tilde{v}_4''$$

因此 $$V_3=\tilde{v}_1=\sum_{i=2}^{4}W_i\ln\left[\frac{B_i}{B_i-A_i}\left(1-\frac{W_1}{W_i}\frac{A_1}{B_1}\right)\right]$$

$$V_2=\tilde{v}_2'=\sum_{i=3}^{4}W_i\ln\left[\frac{B_i}{B_i-A_i}\left(1-\frac{W_2}{W_i}\frac{A_2}{B_2}\right)\right]$$

$$V_1=\tilde{v}_3''=W_4\ln\left[\frac{B_4}{B_4-A_4}\left(1-\frac{W_3}{W_4}\frac{A_3}{B_3}\right)\right]$$

在分划 $0<V_1<V_2<V_3<U_4$ 中，$V\in(V_3,U_4)$时，$S_4(V)=M_4(V)$，应造四级火箭，它的 Min$P$ 和诸 r 同于式(7.2-18)。

$V\in(V_2,V_3]$时，问题 P_4 退化为问题 P_3，且 $S_3(V)=M_3(V)$，应造三级火箭，它的 Min$P$ 和诸 r 同于式(7.2-19)。

$V\in(V_1,V_2]$时，问题 P_4 退化为问题 P_2，且 $S_2(V)=M_2(V)$，应造二级火箭，它的 Min$P$ 和诸 r 同于式(7.2-20)。

$V\in(0,V_1]$时，问题 P_4 退化为问题 P_1，应造单级火箭，它的 Min$P$ 和 r 同于式(7.2-21)。

（注：还有

$$W_1\frac{A_1}{B_1}<W_2\frac{A_2}{B_2}<W_4\frac{A_4}{B_4}<W_3\frac{A_3}{B_3}$$

$$W_1\frac{A_1}{B_1}<W_4\frac{A_4}{B_4}<W_2\frac{A_2}{B_2}<W_3\frac{A_3}{B_3}$$

$$W_1\frac{A_1}{B_1}<W_4\frac{A_4}{B_4}<W_3\frac{A_3}{B_3}<W_2\frac{A_2}{B_2}$$

$$W_1\frac{A_1}{B_1}<W_3\frac{A_3}{B_3}<W_4\frac{A_4}{B_4}<W_2\frac{A_2}{B_2}$$

及

$$W_1\frac{A_1}{B_1}<W_3\frac{A_3}{B_3}<W_2\frac{A_2}{B_2}<W_4\frac{A_4}{B_4}$$

等 5 种情形，与上类似，不再重复。）

这样，根据诸 $W_i\frac{A_i}{B_i}$之间的关系，对于一定的末速度 V 就直接给出了四级火箭的 Min$P$ 和诸 r 的具体表达式，从而完全解决了四级火箭在理论允许区域内按威廉斯意义下的最佳质量比的确定问题。

7.3 关于多级火箭最佳质量比的几点注记

7.3.1 关于 7.2 节中的 $\tilde{V}_1$ 与 $\tilde{V}_2$

从 7.2 节中我们知道

$$\tilde{V}_1=W_1\ln\bar{r}_1+W_2\ln(A+B\bar{r}_1)\Big|_{\bar{r}_1=1}=W_2\ln(A+B)$$

$$\widetilde{V}_2=W_1\ln(C+D\bar{r}_2)+W_2\ln\bar{r}_2\Big|_{\bar{r}_2=1}=W_1\ln(C+D)$$

$$A+B=\frac{B_2}{B_2-A_2}\left(1-\frac{W_1A_1}{W_2B_1}\right)=C_1<\frac{B_2}{B_2-A_2}$$

$$C+D=\frac{B_1}{B_1-A_1}\left(1-\frac{W_2A_2}{W_1B_2}\right)=C_2<\frac{B_1}{B_1-A_1}$$

设 $\widetilde{V}_1$ 对应之点为 $\bar{y}$，$\widetilde{V}_2$ 对应之点为 $\bar{x}$，显然 $\bar{y}$ 点只能在直线 $r_2=\dfrac{B_2}{B_2-A_2}$ 之下面，而 $\bar{x}$ 点只能在直线$r_1=\dfrac{B_1}{B_1-A_1}$之左边(参见图 7-5)。

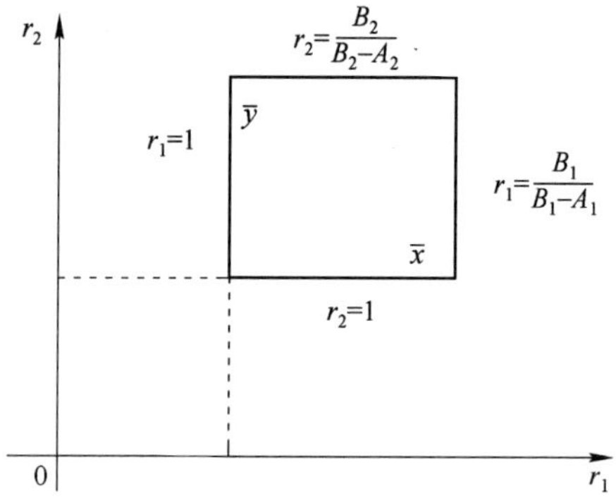

图 7-5　两级火箭的理论允许区域(2)

现证明：若 $\widetilde{V}_1>0$，则 $\widetilde{V}_2<0$；

若 $\widetilde{V}_1<0$，则 $\widetilde{V}_2>0$；

从而 $\widetilde{V}_1=0$，则 $\widetilde{V}_2=0$。

证明如下：

$$\widetilde{V}_1=W_2\ln(A+B)=W_2\ln\left[\frac{B_2}{B_2-A_2}\left(1-\frac{W_1A_1}{W_2B_1}\right)\right]$$

若 $\widetilde{V}_1>0(W_2>0,\ B_2-A_2>0)$，则下述不等式成立

$$\frac{B_2}{B_2-A_2}\left(1-\frac{W_1A_1}{W_2B_1}\right)>1$$

此不等式经简单计算后得

$$\frac{W_1}{W_2}<\frac{A_2B_1}{B_2A_1}$$

因此下面不等式成立

$$\frac{W_2}{W_1}>\frac{B_2A_1}{A_2B_1}$$

从上面不等式经过简单计算又可推得

$$\left(1-\frac{W_2A_2}{W_1B_2}\right)\frac{B_1}{B_1-A_1}<1$$

从而

$$\widetilde{V}_2=W_1\ln(C+D)=W_1\ln\left[\frac{B_1}{B_1-A_1}\left(1-\frac{W_2A_2}{W_1B_2}\right)\right]<0$$

这就是说：若 $\widetilde{V}_1>0$，则 $\widetilde{V}_2<0$；

同理可证，若 $\widetilde{V}_1<0$，则 $\widetilde{V}_2>0$；

从而若 $\widetilde{V}_1=0$，则 $\widetilde{V}_2=0$。

这样结论得证。

7.3.2 关于威廉斯结论成立的范围

对于 7.3.1 节中提到的 $\widetilde{V}_1$ 与 $\widetilde{V}_2$，我们记

$$\widetilde{V}=\max(\widetilde{V}_1,\ \widetilde{V}_2)$$

从图7-5可见

$$\widetilde{V}<\max\left(W_1\ln\frac{B_1}{B_1-A_1},W_2\ln\frac{B_2}{B_2-A_1}\right)=\widetilde{\widetilde{V}}$$

所以除了在 1.2 节的那条原则下，威廉斯的结论是正确的以外，在$(\widetilde{V},\widetilde{\widetilde{V}})$之间，威廉斯的结论也是正确的。这样，我们就把威廉斯结论成立的区域又扩大了，这就是说，威廉斯的结论在范围

$$\left(\widetilde{V},W_1\ln\frac{B_1}{B_1-A_1}+W_2\ln\frac{B_2}{B_2-A_2}\right)$$

内成立，而在此之外，根据 $\widetilde{V}_1$ 与 $\widetilde{V}_2$ 的性质可见威廉斯的结论就不正确。

7.3.3 关于驻点的又一性质

1.2 节中已指出，若取$\bar{r}_1$ 为参数，则驻点的表达式为

$$\begin{cases}\bar{r}_i=\dfrac{W_1B_i(B_1-A_1)\bar{r}_1+(W_i-W_1)B_1B_i}{W_iB_1(B_i-A_i)} \quad (i=2,3,\cdots,n)\\[2ex] \bar{r}_1\ \text{由}\ V=\displaystyle\sum_{i=1}^{n}W_i\ln\bar{r}_i\ \text{确定}\end{cases}$$

我们在 7.2 节中已知：$\bar{r}_i(i=2,\ 3,\ \cdots,\ n)$随着$\bar{r}_1$ 的增大而严格单调增大。

显然，若选任意的$\bar{r}_j$ 为参数，我们都可知其他的$\bar{r}_i(i\neq j)$随着$\bar{r}_j$ 的增大而严格单调地增大。

特别当$\bar{r}_1\to\dfrac{B_1}{B_1-A_1}$时，

$$\bar{r}_i\to\frac{B_i}{B_i-A_i}$$

同样，若选$\bar{r}_k$ 为参数，那么显然有，当$\bar{r}_k\to\dfrac{B_k}{B_k-A_k}$时，也有

$$\bar{r}_i\to\frac{B_i}{B_i-A_i}\quad (i\neq k)$$

7.3.4 关于质量比 r_i 与 x_i 及 y_i 的关系

两级火箭和多级火箭示意图分别为图 7-6 和图 7-7。先看两级火箭的情况。我们从 1.2 节可知

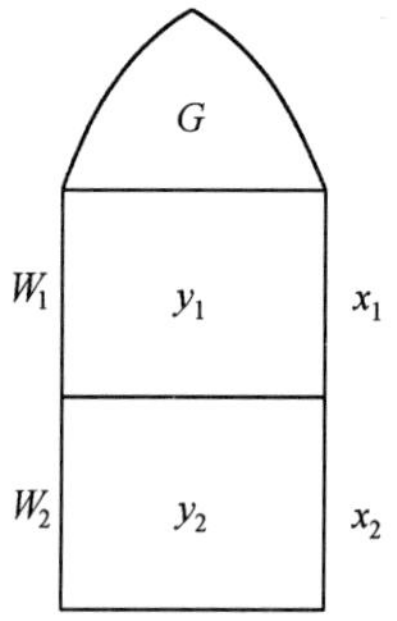

图 7-6 两级火箭示意图(5)

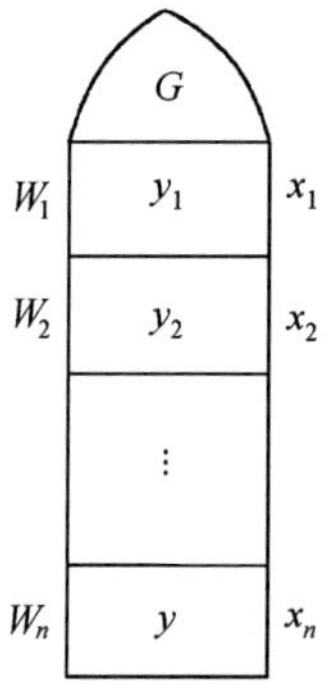

图 7-7 多级火箭示意图(16)

$$\begin{cases} x_1=(\nu_{c1}^1+\nu_{c1}^2)y_1+\nu_{c1}^3(x_1+y_1+G) \\ x_2=(\nu_{c2}^1+\nu_{c2}^2)y_2+\nu_{c2}^3(x_1+y_1+G+x_2+y_2) \end{cases}$$

所以

$$\begin{cases} (1-\nu_{c1}^3)x_1-\nu_{c1}^3G=\left(\sum_{i=1}^{3}\nu_{c1}^i\right)y_1 \\ (1-\nu_{c2}^3)x_2-\nu_{c2}^3(x_1+G)=\nu_{c2}^3y_1+\left(\sum_{i=1}^{3}\nu_{c2}^i\right)y_2 \end{cases}$$

再则

$$r_1=\frac{x_1+y_1+G}{x_1+G}$$

这样就可得

$$\begin{cases} y_1=(r_1-1)(x_1+G) \\ y_1=\dfrac{1-\nu_{c1}^3}{\sum_{i=1}^{3}\nu_{c1}^i}x_1-\dfrac{\nu_{c1}^3}{\sum_{i=1}^{3}\nu_{c1}^i}，\text{记为 } Ax_1-B \end{cases}$$

其中 $A>0$，$B>0$。

从而我们有

$$\begin{cases} x_1=\dfrac{(r_1-1)G+B}{A+1-r_1} \\ y_1=(r_1-1)\dfrac{B+GA}{A+1-r_1} \end{cases}$$

且当 $r_1 \to \frac{B_1}{B_1-A_1}=\frac{1+\nu_{c1}^1+\nu_{c1}^2}{\sum_{i=1}^{3}\nu_{c1}^i}$ 时，有

$$\begin{cases} x_1 \to \dfrac{\left(\dfrac{1+\nu_{c1}^1+\nu_{c1}^2}{\sum_{i=1}^{3}\nu_{c1}^i}-1\right)G+\dfrac{\nu_{c1}^3}{\sum_{i=1}^{3}\nu_{c1}^i}}{\dfrac{1-\nu_{c1}^3}{\sum_{i=1}^{3}\nu_{c1}^i}+1-\dfrac{1+\nu_{c1}^1+\nu_{c1}^2}{\sum_{i=1}^{3}\nu_{c1}^i}}=\dfrac{\text{正数}}{0}=+\infty \\ y_1 \to \text{正数}\dfrac{\text{正数}}{\dfrac{1-\nu_{c1}^3}{\sum_{i=1}^{3}\nu_{c1}^i}+1-\dfrac{1+\nu_{c1}^1+\nu_{c1}^2}{\sum_{i=1}^{3}\nu_{c1}^i}}=\dfrac{\text{正数}}{0}=+\infty \end{cases}$$

再则

$$r_2=\frac{x_1+y_1+G+x_2+y_2}{x_1+y_1+G+x_2}$$

所以

$$y_2=(r_2-1)(x_1+y_1+G+x_2) \tag{7.3-1}$$

另外

$$y_2=\frac{(1-\nu_{c2}^3)x_2-\nu_{c2}^3(x_1+G)-\nu_{c2}^3 y_1}{\sum_{i=1}^{3}\nu_{c2}^i}$$

所以

$$(1-\nu_{c2}^3)x_2-\nu_{c2}^3(x_1+G)-\nu_{c2}^3 y_1=\left(\sum_{i=1}^{3}\nu_{c2}^i\right)(r_2-1)(x_1+y_1+G+x_2)$$

从而

$$\left[1-\nu_{c2}^3-\left(\sum_{i=1}^{3}\nu_{c2}^i\right)(r_2-1)\right]x_2=\left(\sum_{i=1}^{3}\nu_{c2}^i\right)(r_2-1)(x_1+y_1+G)+\nu_{c2}^3(x_1+G)+\nu_{c2}^3 y_1$$

因为

$$\frac{B_2}{B_2-A_2}=\frac{1+\nu_{c2}^1+\nu_{c2}^2}{\sum_{j=1}^{3}\nu_{c2}^j}$$

$$\frac{B_2}{B_2-A_2}-1=\frac{1-\nu_{c2}^3}{\sum_{j=1}^{3}\nu_{c2}^j}$$

所以

当　$r_2 \to \frac{B_2}{B_2-A_2}$ 时　$x_2 \to +\infty$

再从(7.3-1)可知

当　$r_2 \to \frac{B_2}{B_2-A_2}$ 时

$$y_2 \to +\infty$$

现在来看 n 级火箭的情况。

由于
$$\begin{cases} x_1 = (\nu_{c1}^1 + \nu_{c1}^2) y_1 + \nu_{c1}^3 (x_1 + y_1 + G) \\ x_2 = (\nu_{c2}^1 + \nu_{c2}^2) y_2 + \nu_{c2}^3 (x_1 + y_1 + G + x_2 + y_2) \\ x_3 = (\nu_{c3}^1 + \nu_{c3}^2) y_3 + \nu_{c3}^3 (x_1 + y_1 + G + x_2 + y_2 + x_3 + y_3) \\ \vdots \\ x_n = (\nu_{cn}^1 + \nu_{cn}^2) y_n + \nu_{cn}^3 (x_1 + y_1 + G + x_2 + y_2 + \cdots + x_n + y_n) \end{cases} \tag{7.3-2}$$

所以有

$$(1-\nu_{cn}^3) x_n = (\nu_{cn}^1 + \nu_{cn}^2 + \nu_{cn}^3) y_n + \nu_{cn}^3 (x_1 + y_1 + G + x_2 + y_2 + \cdots + x_{n-1} + y_{n-1})$$

从而

$$y_n = \frac{1-\nu_{cn}^3}{\sum_{j=1}^{3} \nu_{cn}^j} x_n - \frac{\nu_{cn}^3}{\sum_{j=1}^{3} \nu_{cn}^j} (x_1 + y_1 + G + x_2 + y_2 + \cdots + x_{n-1} + y_{n-1})$$

另外，由于

$$r_n = \frac{x_1 + y_1 + G + x_2 + y_2 + \cdots + x_n + y_n}{x_1 + y_1 + G + x_2 + y_2 + \cdots + x_{n-1} + y_{n-1} + x_n}$$

我们又可得

$$y_n = (r_n - 1)(x_1 + y_1 + G + x_2 + y_2 + \cdots + x_{n-1} + y_{n-1} + x_n) \tag{$\overline{*}$}$$

比较上面的两个关于 y_n 的表达式，我们可得

$$\left[1 - \nu_{cn}^3 - \sum_{j=1}^{3} \nu_{cn}^j (r_n - 1)\right] x_n = \left(\sum_{j=1}^{3} \nu_{cn}^j\right)(r_n - 1)(x_1 + y_1 + G + x_2 + y_2 + \cdots + x_{n-1} + y_{n-1}) + \nu_{cn}^3 (x_1 + y_1 + G + x_2 + y_2 + \cdots + x_{n-1} + y_{n-1}) \tag{7.3-3}$$

因为

$$\frac{B_n}{B_n - A_n} = \frac{1 + \nu_{cn}^1 + \nu_{cn}^2}{\sum_{j=1}^{3} \nu_{cn}^j}$$

$$\frac{B_n}{B_n - A_n} - 1 = \frac{1 - \nu_{cn}^3}{\sum_{j=1}^{3} \nu_{cn}^j}$$

所以，当 $r_n \to \frac{B_n}{B_n - A_n}$ 时，从式 (7.3-3) 可知

$$x_n \to +\infty$$

再从式($\overline{*}$)可知

$$y_n \to +\infty$$

所以对 n 级火箭而言显然就有：

(1) 当 r_i 中有 j 个($j\leqslant n$)$\to\frac{B_i}{B_i-A_i}$时，那么对应的 x_i 及 y_i 都趋向于$+\infty$，但 x_i 与 y_i 的上界显然受到实际限制，所以 r_i 的上界要缩小，这样就引出了实际允许区域的概念。

(2) 当 $r_i\neq\frac{B_i}{B_i-A_i}$时 x_i，y_i 与 r_i 之间显然有通常的一一对应关系。

7.4　关于多级火箭最大速度值的一般变化规律的一点注记

本节将改正文献[12]中的一个结果(参见文献[12])。本书在表述有关结果时已采纳了本节内容。

考虑如下情况：$W_2\leqslant W_1\leqslant W_3$ 和 $B_3<A\leqslant B_1+B_3$(参见文献[12])。

假若 $R^{**}\leqslant 0$，那么

$$\begin{cases} V_{\max}(A)=W_1\ln\dfrac{X+G+A}{X+G} & A\in[B_3,\ B_1] \\ V_{\max}(A)=W_1\ln\dfrac{X+G+A}{X+G+A-B_1}+W_3\ln\dfrac{X_3+G+A-B_1}{X_3+G} & A\in(B_1,\ B_1+B_3] \end{cases}$$

假若 $0<R^{**}\leqslant B_3$，那么

$$\begin{cases} V_{\max}(A)=W_1\ln\dfrac{X+G+A}{X+G+R^{**}}+W_3\ln\dfrac{X_3+G+R^{**}}{X_3+G} & A\in(B_3,\ B_1+R^{**}] \\ V_{\max}(A)=W_1\ln\dfrac{X+G+A}{X+G+A-B_1}+W_3\ln\dfrac{X_3+G+A-B_1}{X_3+G} & A\in[B_1+R^{**},\ B_1+B_3] \end{cases}$$

附录　谢光选等院士对本书①有关成果的意见

谢光选院士的评语

竺苗龙写作的一书，全面系统讨论了以齐奥可夫斯基理论为基础的多级火箭优化理论，研究了多级火箭级的分配、级数、最小起飞重量等问题，取得一些新的见解。同时该书对航天器最佳发射轨道理论也进行了研究，讨论了发射地球人造卫星的轨道优化、冲量变轨和有限推力变轨、小推力飞行、载人飞船离轨优化和小推力飞船轨道等问题。

作者热爱航天科学，长期坚持研究，是非常难得的。在多级火箭优化和轨道优化理论方面做了大量而又刻苦的研究工作，在理论研究上是十分深入的，作者的研究成果对多级火箭的优化和轨道优化理论是有贡献的。

该书从学科角度用数学方法来解决问题的思路对工程技术人员是很有启发的，这对帮助航天工程技术人员提高运用数学工具的自觉性是十分必要的，可使一部分工程技术人员避免陷入计算机求数值解而不能自拔。

希望作者在今后的研究工作中进一步坚持研究工作，结合航天工程实际，深入研究航天领域中提出的新问题，深化研究内容。

该书内容丰富、推理详细、结构严格、系统性强。

根据以上情况，该书具有出版价值，我建议国家科学技术学术著作出版基金资助该书的出版。

谢光选
2004 年 3 月 13 日

① 本附录为作者之一的《关于多级火箭结构参数的优化理论及其他问题的研究》和《关于航天器最佳发射轨道的理论及其他问题的研究》两书，出版前后得到的谢光选等多位院士的评价和推荐，对这些专家意见本次均原文照录，未作任何修改。其中提及的“一书”、“该书”等均指前述两书，均系竺苗龙著，2004 年中国宇航出版社出版，以下不再重复说明。

余梦伦院士对《关于多级火箭结构参数的优化理论及其他问题的研究》一书的评语

该书以齐奥可夫斯基理想速度模型为基础，对多级火箭，级的分配、级数、最小起飞重量等问题在数学理论上作了深入研究，得出许多在齐奥可夫斯基假设条件下的新结果。

作者长期从事多级火箭优化理论方面的研究，特别对以齐奥可夫斯基理想速度模型为基础的多级火箭的速度优化研究是非常深入的，丰富了这方面的研究内容。

现代火箭工程是要解决在复杂环境下和诸多约束条件下的最优解或近似最优解，特别在计算技术发展条件下更多地应用数值方法和仿真技术以及试验技术来研究工程的实践方案。但是经典的齐奥可夫斯基理论在某些场合下对火箭推进概念的研究有不可替代的作用。科学技术的发展是建立在广大科学技术工作者、设计师和工人们的集体智慧上，需要从不同角度探讨其内在规律，不断丰富学科的发展。该书的研究成果有一定的特色，它对研究多级火箭优化理论的科技工作者是有参考和启示作用的。

余梦伦

2003 年 9 月 27 日

梁思礼院士对《关于多级火箭结构参数优化理论及其他问题的研究》一书参加国家自然科学奖评选的推荐意见

该书以齐奥尔柯夫斯基速度理论为基础，运用经典力学及至狭义相对论理论，解决了多级火箭以及带助推器火箭的极限速度、特征速度、最佳质量比、最佳点火秩序、多级火箭速度选择、最省推进剂设计，以及最大速度的一般变化规律等一系列理论问题，对国内外航天工程实践中尚需继续解决的许多问题，进行了深入地研究和较好的理论概念，丰富了航天科学的内容。

航天火箭工程，是一项在极为复杂的环境和约束条件下最优化或近似优化的计算、仿真和试验工程，而火箭推进概念研究对具体工程实践具有不可替代的作用。该书对多级火箭优化理论方面比较系统、完整的论著，为航天科学的发展做出了贡献，对工程实践有一定的参考价值。

该书论证严密，建立的数学模型规整、清晰、可用。著者30余年研究不阕，敢于突破前人结论，其开创精神难能可贵。

因此，我同意该著作申请自然科学奖。

推荐专家签名：梁思礼

2005年1月10日

孙家栋院士对《关于多级火箭结构参数优化理论及其他问题的研究》一书参加国家自然科学奖评选的推荐意见

这是一部关于多级火箭结构参数优化问题的比较系统、完整的专著，对国内外航天工程实践中尚需继续解决的一系列问题进行了较好的理论探讨，为航天科学基础理论的研究做出了贡献。

该书以齐奥尔柯夫斯基速度理论为基础，研究解决了多级火箭的极限速度、特征速度、最佳质量比、最佳点火程序、多级火箭最大速度选择、最省推进剂设计，以及最大速度值的一般变化规律等一系列问题。可以肯定，这些有关火箭推进概念研究成果，对航天工程实践具有不可替代的意义。

该书作者数学、力学功底深厚，论证严密，建立的数学模型规整、清晰，经30余年艰苦努力，踏踏实实从事航天科学基础研究工作，敢于突破前人的结论，其开创精神实堪赞扬。

因此，我同意该著作申请国家自然科学奖。

推荐专家签名：孙家栋

2005年1月18日

崔尔杰院士对《关于多级火箭结构参数优化理论及其他问题的研究》一书参加国家自然科学奖评选的推荐意见

该书在经典力学框架下，以理论速度模型为基础，系统深入地研究了多级火箭结构参数的优化问题，对多级火箭级数、推进剂质量分配、最小起飞质量、最佳点火程序、最大飞行速度等问题，在理论上进行了深入分析，得到了一些有启示意义的结论，丰富了前人有关该问题的研究成果；作者还从狭义相对观点出发，对上述问题做了进一步考察，并给出了在两种条件下，有关多级火箭特征速度的对应关系。此外，还研究了考虑运动优化后多级火箭的最大速度方案和带有助推器情况下，不同燃烧方式、不同质量分配和载荷改变时的优化规律。

反映在全书中的研究成果，数学推理详实，内容系统、丰富，很有特色，对从事航天飞行器的研制，特别是多级火箭优化问题的工程研究和设计人员，有很大的启示与参考意义。

我同意该著作申请国家自然科学奖。

推荐专家签名：崔尔杰

2005年1月15日

崔国良院士对《关于多级火箭结构参数优化理论及其他问题的研究》一书参加国家自然科学奖评选的推荐意见

该书全面系统地讨论了以齐奥尔柯夫斯基理论为基础的多级火箭优化理论，在多级火箭级数、质量、点火秩序以及极限速度、特征速度，以及最大速度值的一般变化规律等许多方面取得了有价值的新成果，为航天科学基础理论研究做出了贡献。

该书理论研究深入，内容丰富、结构严谨、推理准确、系统性强，对航天工程实践有一定的参考价值。

该书作者热爱航天事业，长期坚持研究，非常难得。我同意该书申请国家自然科学奖。

推荐专家签名：崔国良

2005 年 1 月 18 日

参考文献

[1] 钱学森. 星际航行概论. 北京：科学出版社，1962.

[2] Malina F,Summerfield M. The Problem of Escape from the Earth by Rocket. Journal of the Aeronautical Sciences,1947,14(8):471.

[3] Cleaver A. Mass Ratios. Journal of the British Interplanetary Society,1949(8):173.

[4] Krause H. Aelgemeine Theorie der Stu Fenrakete Weltraum-fa-hrt,1953:52.

[5] Vertregt M. Journal of the British Interplanetary Society,1955:14,20,152;1956:15,25.

[6] Williams M L. The Calculation of Fuel Distribution in Step-Rockets. Journal of the British Interplanetary Society. 1957, 16(4): 211-215.

[7] Cornelisse J N,Schŏyer H F R,Wakker K F. Rocket Propulation and Spaceflight Dynamics. Pitman Publishing Ltd,1979.

[8] 贾沛然，等. 远程火箭弹道学. 长沙：国防科技大学出版社，1993.

[9] 竺苗龙，广宇. 多级火箭的几个问题. 航空学报，1978(3).

[10] Zhu Miaolong. On the Optimum Mass Ratios of Step-Rockets. A. M. S,3,1984.

[11] Zhu Miaolong,Guang Yu. General Varing Law of the Largest Velocity of Step-Rockets. A. M. S,1,1990.

[12] 竺苗龙. 多级火箭的优化理论. 北京：宇航出版社，1988.

[13] Zhu Miaolong. Some Theoretical Problems of the Spaceflight Mechanics. New York:Science Press(Beijing), 1994.

[14] 竺苗龙. 航天力学中的一些理论问题(2). 北京：科学出版社，2000.

[15] 竺苗龙. 星际飞行中的几个问题. 西安：陕西科技出版社，1981.

[16] 竺苗龙. 狭义相对论与航天器飞行. 青岛：海洋大学出版社，1990

[17] 竺雪君，竺致文，等. 关于多级火箭的优化理论(22). 青岛大学学报：自然科学版，2005(4).

[18] 竺致文，竺雪君，等. 关于多级火箭的优化理论(20). 青岛大学学报：自然科学版，2005(2).

[19] 竺雪君，竺致文，等. 关于多级火箭的优化理论(17). 青岛大学学报：自然科学版，2004(2).

[20] 竺苗龙. 关于多级火箭结构参数的优化理论及其他问题的研究. 北京：中国宇航出版社，2004.

[21] 雪君，致文，承志，为民. 关于多级火箭的优化理论(03). 青岛大学学报：工程技术版，2000，15(2)：53-55.

[22] 承志，雪君，致文，为民. 关于多级火箭的优化理论(02). 青岛大学学报：工程技术版，2000，15(3)：64-68.

[23] 雪君，致文，为民. 关于多级火箭的优化理论(04). 青岛大学学报：工程技术版，2001，16(2)：80-84.

[24] 致文，雪君，为民. 关于多级火箭的优化理论(05). 青岛大学学报：工程技术版，2001，16(3)：24-27.

[25] 雪君，致文，为民. 关于多级火箭的优化理论(06). 青岛大学学报：工程技术版，2001，16(4)：45-48.

[26] 致文，雪君，为民. 关于多级火箭的优化理论(07). 青岛大学学报：自然科学版，2002，15(2)：42-44.

[27] 雪君，致文，为民. 关于多级火箭的优化理论(08). 青岛大学学报：自然科学版，2002，15(2)：45-47.

[28] 致文，雪君，为民. 关于多级火箭的优化理论(09). 青岛大学学报：自然科学版，2002，15(3)：27-30.

[29] 竺雪君，为民. 关于多级火箭的优化理论(12). 青岛大学学报：自然科学版，2002，15(4)：40-43.

[30] 雪君，为民. 关于多级火箭的优化理论(13). 青岛大学学报：自然科学版，2003，16(1)：27-31.

[31] 竺雪君，为民. 关于多级火箭的优化理论(16). 青岛大学学报：自然科学版，2003，16(4)：11-13.

[32] 竺雪君，竺致文，承志，为民. 关于多级火箭的优化理论(19). 青岛大学学报：自然科学版，2005，18(2)：1-9.

[33] Zhu Xuejun, Zhu Zhiwen, Weimin. The Regularlty of the Maximum Velocity's Change for Multi-Stage Rocket of Parallel Type when the Effective Jet Velocity of Every Stage Increases in Order. J. of Qingdao Univ: Engine ring & Technology Edition. 2006, 21(4): 36-43.

[34] Zhu Xuejun Zhu Zhiwen, Weimin. The Questions of Maximum Payload in the Rocket. J. of Qingdao Univ. : Natural Science Edition, 2007, 20(4): 5-9.

[35] Zhu Xuejun, Zhu Zhiwen, Weimin. The Questions for Payload's Lightened in the Rocket(1). J. of Qingdao Univ. : Natural Science Edition, 2008, 21(1): 7-10.

[36] Zhu Xuejun, Zhu Zhiwen, Weimin. The Questions for Payload's Lightened in the Rocket(2). J. of Qing-dao Univ. : Natural Science Edition, 2008, 21(2): 7-9.

[37] 为民，刘清正，汪师晓. 理论允许区域内维利姆斯意义下多级火箭的最佳质量比确定//竺笛龙. 多级火箭的优化理论. 北京：宇航出版社，1988：54-88.

[38] 为民，杨峻松，潘国林. $W_1 > W_3$ 时三级火箭和一般多级火箭其最大速度值的变化规律//竺笛龙. 多级火箭的优化理论. 北京：宇航出版社，1998：159-218.